深部硬岩开采岩爆倾向性分析与防治技术

苗胜军　编著

北　京
冶　金　工　业　出　版　社
2016

内 容 提 要

岩爆是地下工程活动中由高地应力主导的一种动力灾害，给矿山深部开采带来巨大安全隐患。本书以河南灵宝地区金矿深部硬岩开采为背景，进行了岩爆倾向性分析及其防治技术的基础理论与实验研究。内容包括：深部开采岩爆灾害的研究概述，灵宝地区金矿深部硬岩开采工程地质环境，基于声发射特征的岩石损伤破坏规律研究，岩石加卸载过程中的能量演化机制，基于多种判据的岩爆倾向性分析，灵宝地区金矿深部采场及井巷工程能量分布与岩爆预测，以及岩爆灾害防控技术与措施。本书内容广泛，理论联系实际，既注重新理论的总结与分析，又强调了新技术、新方法的推广和应用。

本书可供矿业工程、水利水电工程、安全工程、隧道工程等专业的科研和工程技术人员阅读，也可供高等院校相关专业的师生参考。

图书在版编目(CIP)数据

深部硬岩开采岩爆倾向性分析与防治技术/苗胜军编著. —北京：冶金工业出版社，2016. 8

ISBN 978-7-5024-7359-4

Ⅰ. ①深…　Ⅱ. ①苗…　Ⅲ. ①硬岩矿山—矿山开采—岩爆—研究　Ⅳ. ①TD8

中国版本图书馆 CIP 数据核字(2016)第 246723 号

出 版 人　谭学余
地　　址　北京市东城区嵩祝院北巷 39 号　邮编　100009　电话　(010)64027926
网　　址　www. cnmip. com. cn　电子信箱　yjcbs@ cnmip. com. cn
责任编辑　杨　敏　美术编辑　彭子赫　版式设计　吕欣童
责任校对　卿文春　责任印制　李玉山
ISBN 978-7-5024-7359-4
冶金工业出版社出版发行；各地新华书店经销；三河市双峰印刷装订有限公司印刷
2016 年 8 月第 1 版，2016 年 8 月第 1 次印刷
169mm × 239mm；12 印张；232 千字；181 页
54. 00 元

冶金工业出版社　投稿电话　(010)64027932　投稿信箱　tougao@ cnmip. com. cn
冶金工业出版社营销中心　电话　(010)64044283　传真　(010)64027893
冶金书店　地址　北京市东四西大街 46 号(100010)　电话　(010)65289081(兼传真)
冶金工业出版社天猫旗舰店　yjgycbs. tmall. com

前　言

经济高速持续发展与国家安全战略离不开能源和矿产资源的开发，随着资源需求量的增加，以及浅部资源的不断消耗，地下矿山陆续转入深部开采。深部开采工程岩体处于高应力、高井温、高岩溶水压和采矿扰动（即“三高一扰动”）的工程地质环境下，致灾机理复杂，采动灾害频发、突发。其中，岩爆作为采动灾害的一种剧烈表现形式，给矿山深部开采带来了巨大安全隐患。随着国内外矿山开采深度的不断加深，岩爆发生频率和强度也逐渐增大。但是，由于深部金属矿山开采所处的复杂地质力学环境，以及岩爆诱发因素的复杂性和岩爆发生的突然性及不确定性，目前对岩爆的发生机理、监测、预测及防控的基础理论研究还远远不足。

本书以河南灵宝地区金矿深部硬岩开采为背景，进行了岩爆倾向性分析及其防治技术的基础理论与实验研究，主要内容如下：

（1）首先介绍了深部开采动力灾害及其复杂的工程地质力学环境，叙述了岩爆的分类、机理及国内外理论和技术研究现状与趋势；然后以灵宝地区金矿深部硬岩开采为例，对其工程地质及水文地质环境进行了调研，并对该地区金矿主要围岩类型开展了各种岩石力学实验，获取了相应的物理力学参数。

（2）开展了单轴压缩、不同围压三轴压缩及单轴周期加卸载、不同围压周期加卸载作用下岩石的声发射试验，总结了不同荷载模式下岩石的声发射特征及岩石损伤破坏规律。基于岩石单轴和三轴刚性循环加卸载试验，分析了两种加卸载模式下岩石能量演化规律及分配规律，探讨了加卸载过程中岩石能量演化的围压效应以及卸围压试验下岩石的应力－应变演化机制。

（3）理论结合实际，提出了岩爆的发生需同时具备两个必要条件：一是岩体具备存储高应变能的能力，即岩爆发生时能形成较强的冲击破坏性；二是开挖等工程活动引起局部区域高应变能聚集，即具备岩爆发生所需能量环境。通过岩石强度脆性系数法、冲击能系数判据、线弹性能判据、岩性判别法、临界深度等多种岩爆预测判据准则，对灵宝地区金矿深部硬岩开采岩体储存高应变能的能力，即发生岩爆的倾向性，作出了定量的分析与评价。在此基础上，运用有限差分FLAC^{3D}软件进行数值模拟，定量计算出深部开采引起的采场围岩能量聚集与分布状况以及随开采过程的变化规律，依据岩体中聚集能量的大小及其分布状况与发展规律，借助地震学的知识，对深部未来开采过程中可能诱发岩爆的时间、地点和级别作出了预测。

（4）针对金属矿山深部硬岩开采复杂的工程地质力学环境，提出了相应的岩爆监测、预测及预警技术，并从能量角度出发提出了基于能量孕育机制的岩爆防控措施。最后，基于大量实验测试成果，提出并探讨了一种适应于深部硬岩开采环境的岩爆防控措施。

本书为我国金属矿山深部的岩爆预控与安全开采提供了宝贵的经验，为有效解决类似条件矿山地压问题提供了示范作用。研究所取得的理论、方法与技术成果，可以推广应用于其他矿山，解决深部开采生产中的岩爆、矿震等技术难题，具有一定的学术价值。本书的研究成果已经在灵宝金源矿业股份有限公司得到应用，项目的实施为金源矿业股份有限公司深部安全开采提供了技术保障，具有重大的经济效益和社会效益。

本书的出版得到了国家自然科学基金（51574014）、国家重点基础研究发展计划（“973”计划）(2015CB060200）的资助，并得到了灵宝金源矿业股份有限公司晋建平总经理、李宗彦总工程师等的大力支持和帮助，在此表示衷心的感谢。本书参阅和借鉴了有关专家的文献与研究成果，在此对这些文献的作者致以崇高的敬意。另外，感谢北京科技大学郭奇峰和黄正均老师，以及硕士研究生王子木、梁明纯、郝欣、张邓、白玉冰、王浩、刘亚运，他们参与了本书的实验、模拟、文献查询、绘图、文字编校等工作，付出了辛勤劳动。

由于作者水平有限，书中不足之处，敬请广大读者批评指正。

作　者

2016年3月

目　录

1　绪论 …… 1

1.1　深部开采概述 …… 1

1.1.1　深部开采动力灾害 …… 1

1.1.2　深部开采的界定 …… 2

1.1.3　深部开采工程地质环境 …… 3

1.2　岩爆的分类及机理研究 …… 4

1.2.1　岩爆的分类 …… 4

1.2.2　岩爆机理研究 …… 4

1.3　深部开采岩爆灾害研究趋势 …… 6

2　灵宝地区金矿深部硬岩开采工程地质环境 …… 8

2.1　灵宝地区金矿硬岩开采概况 …… 8

2.2　区域地质概况 …… 9

2.2.1　区域地质 …… 9

2.2.2　工程地质 …… 10

2.2.3　水文地质 …… 11

2.2.4　灵宝地区金矿开采技术条件及相应问题 …… 12

2.3　灵宝地区金矿主要围岩物理力学参数 …… 12

3　基于声发射特征的岩石损伤破坏规律研究 …… 14

3.1　实验概述 …… 14

3.1.1　声发射系统 …… 14

3.1.2　岩石试件的制备 …… 15

3.1.3　消噪措施 …… 15

3.2　声发射表征参数及分析 …… 16

3.2.1　声发射信号的表征参数 …… 16

3.2.2　声发射的 Kaiser 效应 …… 17

3.3　单调加载条件下岩石的声发射特征 …… 18

3.3.1 岩石单轴压缩的声发射特征 ······ 18
3.3.2 固定围压下岩石加载的声发射特征 ······ 28
3.3.3 单调加载条件下岩石的声发射能量五阶段规律 ······ 32
3.4 周期加卸载作用下岩石的声发射特性 ······ 32
3.4.1 单轴周期荷载作用下岩石的声发射特征 ······ 32
3.4.2 不同围压、周期荷载作用下的岩石声发射特征 ······ 38
3.5 不同荷载模式下岩石的损伤破坏规律 ······ 40

4 岩石加卸载过程中的能量演化机制 ······ 42

4.1 研究方法及岩石试样制备 ······ 42
4.2 岩石单轴刚性循环加卸载压缩试验 ······ 43
4.2.1 片麻岩单轴循环加卸载试验曲线 ······ 43
4.2.2 辉绿岩单轴循环加卸载试验曲线 ······ 45
4.2.3 花岗岩单轴循环加卸载试验曲线 ······ 47
4.2.4 石英岩单轴循环加卸载试验曲线 ······ 49
4.3 岩石刚性三轴压缩循环加卸载试验 ······ 50
4.3.1 片麻岩三轴压缩循环加卸载试验曲线 ······ 50
4.3.2 辉绿岩三轴压缩循环加卸载试验曲线 ······ 52
4.3.3 花岗岩三轴压缩循环加卸载试验曲线 ······ 55
4.4 单轴循环加卸载下岩石能量演化与分配规律 ······ 57
4.4.1 单轴循环加卸载曲线及破坏形态 ······ 57
4.4.2 单轴循环加卸载过程中的岩石能量演化规律 ······ 60
4.4.3 单轴循环加卸载过程中的能量分配规律 ······ 62
4.5 三轴循环加卸载下岩石能量演化与分配规律 ······ 64
4.5.1 三轴循环加卸载曲线及破坏形态 ······ 64
4.5.2 三轴循环加卸载过程中岩石的能量演化规律 ······ 68
4.5.3 三轴循环加卸载过程中的能量分配规律 ······ 69
4.6 岩石能量演化的围压效应 ······ 71
4.6.1 岩石加卸载过程中的围压效应 ······ 71
4.6.2 岩石卸围压试验及其应力 - 应变演化机制 ······ 73

5 基于多种判据的岩爆倾向性分析 ······ 77

5.1 岩爆等级划分 ······ 77
5.2 岩爆倾向性的预测方法 ······ 77
5.2.1 现场实测法 ······ 77

5.2.2 数值模拟法 …… 78
5.2.3 理论分析法 …… 79
5.3 基于实验数据判据的深部岩体岩爆倾向性分析 …… 79
5.3.1 岩石强度脆性系数法 …… 79
5.3.2 冲击能系数判据 …… 80
5.3.3 线弹性能（W_e）判据 …… 81
5.3.4 岩性判别法 …… 82
5.3.5 临界深度 …… 83
5.4 基于地应力值判据的深部岩体岩爆倾向性分析 …… 83
5.4.1 硐室围岩最大主应力 …… 83
5.4.2 Russenses 判据 …… 85
5.4.3 陶振宇判据 …… 85
5.5 适于灵宝地区金矿深部开采的岩爆倾向性评价指标 …… 86

6 灵宝地区金矿深部采场及井巷工程能量分布与岩爆预测 …… 88

6.1 FLAC^{3D}有限差分数值计算软件 …… 88
6.2 灵宝地区金矿主要开采方法 …… 91
6.2.1 开采技术条件 …… 91
6.2.2 留矿全面法 …… 91
6.2.3 全面法 …… 92
6.2.4 浅孔留矿法 …… 93
6.2.5 浅孔房柱法 …… 94
6.2.6 削壁充填法 …… 95
6.3 模拟开采方案与计算模型 …… 96
6.3.1 模拟开采方案 …… 96
6.3.2 力学参数 …… 96
6.3.3 边界条件 …… 96
6.3.4 强度准则 …… 96
6.3.5 数值计算模型 …… 96
6.4 全面法开采数值模拟 …… 98
6.4.1 应力分析 …… 98
6.4.2 位移分析 …… 98
6.4.3 能量分布与岩爆倾向分析 …… 102
6.5 房柱法开采数值模拟 …… 104
6.5.1 应力分析 …… 104

6.5.2 位移分析 …… 106
6.5.3 能量分布与岩爆倾向分析 …… 108
6.6 水平巷道开挖数值模拟 …… 108
6.6.1 模拟方案 …… 108
6.6.2 模拟结果 …… 109
6.6.3 应力分析 …… 114
6.6.4 位移分析 …… 116
6.6.5 能量分布与岩爆倾向分析 …… 116
6.7 竖井开挖稳定性模拟 …… 117
6.7.1 模拟方案 …… 117
6.7.2 结果分析 …… 117
6.8 岩爆倾向性说明 …… 117

7 岩爆灾害防控技术与措施 …… 120

7.1 岩爆的监测、预测及预警 …… 120
7.1.1 岩爆灾害前兆信息特征 …… 120
7.1.2 硬岩矿山深部开采岩爆监测、预测与预警 …… 123
7.2 基于能量孕育机制的岩爆防控措施研究 …… 132
7.2.1 基于能量角度的岩爆防控的总体思想 …… 132
7.2.2 减小能量集中法 …… 133
7.2.3 能量预释放、转移法 …… 135
7.2.4 能量吸收法 …… 137
7.2.5 深部硬岩开挖岩爆防治措施与管理规程 …… 142
7.3 一种深部硬岩环境开采岩爆防控措施的探讨 …… 146
7.3.1 酸性化学溶液作用下花岗岩力学特性与参数损伤效应 …… 146
7.3.2 酸性化学溶液作用下花岗岩损伤时效特征与机理 …… 157
7.3.3 深部硬岩环境开采预注化学溶液防控岩爆的探讨 …… 172

参考文献 …… 174

1 绪　论

1.1 深部开采概述

1.1.1 深部开采动力灾害

我国是矿山采动灾害多发国家，2001 年 ~ 2014 年 9 月，全国非煤矿山累计发生事故 19364 起、死亡 24472 人；其中，地下矿山事故与死亡人数均超过 70%。

经济高速持续发展与国家安全战略离不开能源和矿产资源的开发，随着资源需求量的增加，以及浅部资源的不断消耗，地下矿山陆续转入深部开采。据不完全统计，国外开采深度超千米金属矿山已有近百座。南非的 TauTona 金矿是目前世界上最深的矿山，开采深度超过 4000m，而同一地区的 Mponeng 金矿未来计划拓展到 4500m；印度的 Kolar 金矿开采深度已达 3300m；加拿大的 LaRonde 金矿 3 号矿井已超过 3100m 深……与国外相比，国内金属矿山开采深度普遍较浅，但随着浅部资源的逐渐枯竭和深部资源勘探力度的加强，一批矿山已进入或将逐步进入深部开采行列。例如：辽宁红透山铜矿开采最深已达 1280m；安徽冬瓜山铜矿主井已建至 1220m；吉林夹皮沟金矿二段盲竖井已建至 1390m，并将延深到 1635m；河南崟鑫金矿竖井掘进深度已达 1550m。此外，山东玲珑金矿、辽宁弓长岭铁矿、甘肃金川镍矿、云南会泽铅锌矿、广东凡口铅锌矿、湖北程潮铁矿等很快将进入千米深部开采，而未来 10 ~ 15 年，我国将有 2/5 的有色金属矿山开采深度达到或超过 1000m。2009 年，中国科学院公布了中国 2050 年科技发展路线图，提出了针对深部资源勘探开发的“中国地下四千米透明计划”。

深部开采工程岩体处于高应力、高井温、高岩溶水压和采矿扰动（即“三高一扰动”）的复杂力学环境，致灾机理复杂，采动灾害频发、突发。世界金属矿山深部开采有记录的第一次强岩爆 1900 年发生在印度 Kolar 金矿，释放能量达 106MJ。南非是世界金属矿山采动灾害最严重的国家，深度开采初期，仅岩爆事故就从 1908 年的 7 起上升至 1918 年的 233 起；随着开采深度增加，灾害发生频次和强度不断增大，仅 1975 年南非的 31 个金矿就发生岩爆 680 起，造成 73 人死亡和 4800 个工班损失；1976 年 Welkom 金矿发生了史上强度最大的金属矿山岩爆，震级 $ML=5.1$ 级，致使一栋六层楼房倒塌；此外，深部开采高地应力导致围岩流变性显著，Hartebeestfontein 金矿巷道最大收缩率曾达 500mm/月。近年来，虽然拥有世界最先进的深部采矿技术、设备及动力灾害监控系统，但 TauTona 金矿每年仍有 5 人死于采动灾害，深部开采已成为南非最危险的工业之一。

我国的红透山铜矿 20 世纪 70 年代就有弱岩爆发生，进入深部开采，岩体动力灾害的频度和强度明显增大，1999 年 5 月和 6 月， -467m 水平（埋深 900m）发生两次较大规模岩爆，采场斜坡道和二、三平巷遭到破坏，巷道边壁呈薄片状弹射出来，最大片落厚度达 1m。冬瓜山铜矿井巷施工期间即发生 10 多起弱岩爆事件，2006 年 10 月， -775m 水平（埋深近千米）发生岩爆，巷道片帮和冒顶垮落近百米。金川镍矿深部开采受高地应力影响，新掘巷道最短 2 ~ 3d 即发生侧帮、顶板开裂、整体规格缩小的现象，最严重地段开掘仅一个月，巷道就由 4m 收敛至 2m。近年来，随着深部开采矿山的增多、深度增大，岩爆、岩体碎裂、围岩变形、冒落和垮塌、矿柱坍塌、井筒破裂、突水以及岩体失稳等一系列工程动力灾害事故时有发生，严重威胁生产人员的生命安全和工程设施的生产安全。

1.1.2 深部开采的界定

在采矿学的相关领域中，对于“深部”的界定，并没有一个明确、科学、定量化的表述。对于不同的国家、地区，由于矿山所处的工程地质条件、开采技术水平以及相关的管理协调能力各不相同，因此在国际上对于“深部”的界定及其划分指标也各不相同。在我国，一般按开采的实际深度进行划分，例如：金属矿山将 1000 ~ 2000m 界定为深部开采；而煤矿相对较浅，800 ~ 1500m 即界定为深部开采。日本和俄罗斯等较早进行矿业开采的国家，将超过 600m 的深度界定为深部开采；而南非和加拿大等采矿业相对发达的国家和地区，则将 800 ~ 1000m 界定为深部开采。

由于按埋深的“深部”界定相对较为宽泛，在实际科研中有很多局限性，所以各国学者在对深部岩体进行研究时，以各自研究方向为基础，给出了对于“深部”更多的界定方式。他们描述“深部”的指标以及参数也相差较大，例如：Nikolaevshij 等人以高地应力作为指标，对深部进行界定；李化敏等经过研究提出了深井的概念，并给出了深部的一些相应的判别标准；李海燕和崔希民等分别从经济效益角度和安全开采目标两个方向入手，对深部进行了各自的界定，并定义了合理的经济深度以及安全深度；梁政国通过分析采场中岩体所处地应力水平、岩体弹性强度极限、岩体表现的异常动力程度和岩体的低温梯度表现出的异常现象，以及采用一次性支护对于岩体稳定性的适用程度等对深部开采的范围进行了界定。钱七虎通过对深埋隧洞围岩分区破裂化现象的一系列研究，定义了岩体的“深部”范围，将岩体开始出现非线性力学特征的深度定义为“深部”。此外，何满潮以深埋隧洞所处的特殊地质环境作为研究基础，将岩体开始出现浅部不具有的非线性动力特征所对应深度作为“深部”的界定，并在此基础上提出了判定“深部”的经验公式：

$$H_{cr1} = \frac{2C}{[1 - (1 + \alpha)\tan\varphi]\gamma} \tag{1.1}$$

式中 H_{cr1}——深部概念的上部深度；

C——深部岩体的平均黏聚力；

γ——上覆岩体的重度；

α——隧洞开挖卸荷的围岩应力集中系数，取0.5；

φ——隧洞围岩体的内摩擦角。

1.1.3 深部开采工程地质环境

深部岩体地下工程区别于浅埋岩体工程的特殊之处就在于“三高一扰动”，所谓的“三高一扰动”是指“高地应力、高地温、高渗透压和强烈的开挖扰动”。

（1）高地应力。处于深部环境中的岩体，不仅承受着上覆岩层自重产生的垂直应力，还承受着由于地质构造运动产生的构造应力，当深度达到数千米时，深部岩体中将产生巨大的原岩应力场。根据南非地应力测试结果，当深度达到3500~5000m时，地应力数值高达95~135MPa，在如此高的应力环境下进行工程开挖，将面临巨大的挑战。

（2）高地温。测量结果显示，越往岩体深处地温越高。地温通常以30~50℃/km的梯度递增。而有些局部区域地温梯度变化异常明显，比如断层附近或热导率高的地区，地温梯度有时高达200℃/km。岩石内部温度变化1℃一般可产生0.4~0.5MPa的地应力变化，因此，高温会对深部岩体的力学特性产生显著的影响。所以深部高地应力和高地温下岩体的流变和塑性失稳与浅部环境下具有巨大的差异。

（3）高渗透压。深部原岩应力增大的同时渗透压也明显升高。经测量，在开采深度约1000m的地方，渗透压可高达7MPa。随着渗透压的升高，深部岩体的孔隙水压力增大，并驱动裂隙扩展，使地下工程遭受突水灾害的概率增大，安全隐患增加。

（4）强烈的开挖扰动。对于岩体工程而言，开挖卸荷引起的岩体扰动会造成岩体裂隙的萌生、扩展与贯通，弱化岩体的力学性能。进入深部开采后，在承受高地应力的同时，大多数巷道、硐室围岩要经受开挖或回采引起的强烈应力集中作用，这种作用能达到原岩应力的数倍，甚至十余倍，导致深部巷道、硐室围岩的稳定性远远低于浅部围岩。当深部岩体工程受到爆破等强烈的开挖扰动影响时，岩体内部原始结构面加速扩展、贯通，并不断生成新的裂隙，从而增大了岩爆等采动灾害发生的概率与强度。

1.2 岩爆的分类及机理研究

1.2.1 岩爆的分类

目前，国内外大部分学者主要依据岩体破坏形式、应力作用方式、弹性应变能储存与释放特征等方面对岩爆进行分类。

在影响岩爆的应力方式上，左文智、张齐桂等根据岩爆内部发生的机理把岩爆类型划分为水平构造应力型、垂直压力型和综合型三大类。根据地应力条件（地应力成因、最大主应力方向）不同，谭以安把岩爆分为水平、垂直和混合三种应力型与六个亚类。徐林生、王兰生等把岩爆分成自重、构造、变异和综合四种应力型，并细分为八个亚类。

在岩爆的破坏形式上，武警水电指挥部天生桥二级水电站岩爆课题组分别按照破裂程度和规模对岩爆进行划分。按破裂程度划分为破裂松弛型岩爆和爆脱型岩爆，按规模划分为零星岩爆、成片岩爆和连续岩爆。郭志等根据岩体破坏方式，将岩爆划分为爆裂弹射型岩爆、片状剥落型岩爆和硐壁垮塌型岩爆三大类。

此外，张倬元等从冲击地压的大小和发生部位两个方面对岩爆进行了分类，包括围岩表面突然产生的岩爆、断层伴随产生的岩爆、矿柱和其他大范围的围岩突然损伤破裂产生的岩爆。赵国斌则从岩爆的破坏形式和影响岩爆的应力条件两个方面将岩爆分成两大类，在破坏形式上将岩爆分成松弛型岩爆和爆脱型岩爆两种，在应力条件上则将岩爆分成构造、垂直和混合三种应力型岩爆。

1.2.2 岩爆机理研究

到目前为止，国内外研究学者并未彻底弄清岩爆产生的机制，也未在认识上达成一致，因为岩爆发生的整个过程比较复杂，影响因素较多，不仅与地形地貌、地层岩性、岩体的结构构造、地质构造、深部复杂地质作用等因素有关，而且还与地应力大小及其分布规律、作用特征，以及外界扰动、工程活动的方式方法等密切相关。

岩爆的破坏力十分巨大，各国学者对深部岩体工程岩爆开展了大量而深入的研究。1983 年苏联学者提出了超 1600m 深井开采研究专题，同期联邦德国对 1600m 深的 Hirschberg 矿井进行了大型三维矿压模拟试验，而岩爆即是其中的重要研究内容之一；1985 年加拿大启动了为期 10 年的两个深部开采研究计划："Canadian – Ontario – Industry Rockburst Project（1985—1990）"和"Canadian Rockburst Research Program（1990—1995）"，对微震与岩爆统计预测的计算机模型、岩爆潜在区域的支护体系和岩爆危险评估等进行了研究；1998 年南非耗资 1.38 亿美元启动了"Deep Mine"和"Future Mine"研究计划，开展包括深部开采安全技术、地质构造、采场布置与采矿方法、岩爆控制、降温与通风、采场支护、超深竖井掘进、钢绳提升和无绳提升等技术的研究，旨在解决3000～5000m深度金矿安全经济开采面临的一些关键技术问题；21世纪初美国在三个深度达1650m生产矿井，就深部开采岩爆引发的地震信号和天然地震及化爆与核爆信号的差异与辨别进行了研究。近年来，国外主要围绕深部开采动力灾害监测与控制技术进行了系列研究。

国内“九五”期间，中南大学开展了“深井硬岩矿山岩爆预测与控制研究”，提出了岩爆倾向性综合指标体系和测试方法，建立了硬岩矿山岩爆预测理论；同期，国家科技攻关重点项目“千米深矿井300万吨级矿山强化开采综合技术研究”对冬瓜山铜矿床深部开采方法、岩爆倾向、开采热源与地温规律、地热防治、尾矿充填等进行了前期探索性试验研究，该项目的设立开启了我国深部资源安全开采技术研究；“十五”期间，先后开展的国家科技攻关课题“深部矿床开采关键技术研究”和“复杂难采深部铜矿床安全高效开采关键技术研究”，对大规模深部开采地压活动规律、岩爆监测技术、岩爆倾向性预测，以及岩爆控制措施等进行了理论和技术研究；2004年，国家自然科学基金委员会启动了国家自然科学基金重大项目“深部岩体力学基础研究与应用”，2010年，科技部又启动了国家重点基础研究发展规划（973）项目“深部重大工程灾害的孕育演化机制与动态调控理论”和“深部硬岩爆破开挖诱导岩爆与破裂诱变机理”，旨在建立起深部岩体力学理论与技术框架，为我国深部资源安全开采提供科学依据。

目前对岩爆机理的研究主要包括以下四个方面：

（1）强度理论。它是岩石出现脆性破坏时的理论判断依据，即当开采进入深部阶段时，认为深部巷道和采场围岩存在并出现高应力集中现象，随着应力集中增大，当达到岩石强度极限时，围岩发生突发性破坏。目前摩尔-库仑强度准则和霍克-布朗强度准则研究在岩爆机理方面已经得到广泛的认可和应用。

（2）能量理论。目前库克等人提出的能量理论已得到主流认可。库克等认为：随着开采不断加深，范围不断扩大，岩体-围岩系统的力学平衡状态遭到破坏，当其所释放的能量高于岩石破坏所需要的能量时，多余的能量致使岩石出现岩爆等动力冲击现象。

（3）刚度理论。Bieniawski和Cook在20世纪60年代发现，采用常规压力试验机进行单轴压缩试验时，试样破坏现象比较明显剧烈；而采用刚性试验机时，试样裂隙发展及破坏现象则比较平缓，而且刚性试验可以得到应力-应变全过程曲线。他们认为正是由于试样的刚度高于试验机的刚度才致使试样出现猛烈破坏。结合强度理论与实际工程，Black提出矿山发生岩爆的必要条件就是矿山结构的刚度要大于矿山所负荷的刚度。而佩图霍夫则指出矿山结构的刚度是指峰后应力-应变曲线阶段的刚度。

（4）岩爆倾向性理论。国内外很多学者采用岩石物理力学性质对应的一些指标来衡量岩石的岩爆倾向性，而岩石的物理力学性质本身就体现了岩爆发生的岩石内在条件。目前岩爆倾向性判据指标很多，主要包括弹性应变能指数（PES）、岩石的脆性系数（B）、切向应力判据指标（T_s）、RQD指标等。

近年来，国内谢和平、唐春安、潘岳、徐曾和、费鸿禄、潘一山、傅鹤林和李玉等学者将突变理论、分叉理论、耗散结构理论、混沌理论等应用于岩石变形的局部化问题以及岩石力学系统的稳定性问题研究，推动了我国岩爆及岩石失稳理论的发展。此外，陶振宇等对岩爆的物理过程、形成条件和判别准则等进行了相关的研究。谢和平利用分形几何学研究了岩爆发生的机制及其预测预报方法。谭以安结合模糊数学判断选择方法提出了岩爆预测的模糊数学法。为了建立岩爆的力学模型，潘一山等提出了岩爆的稳定性动力准则、岩爆的突变理论模型。周瑞忠等探讨了岩爆的断裂力学机理，建立了岩爆的损伤断裂模型。这些学者的研究成果为岩爆机理的研究指明了方向，奠定了理论基础。

1.3 深部开采岩爆灾害研究趋势

随着国内外矿山开采深度的不断加深，岩爆发生频率也逐渐增大。但是，由于深部硬岩开采所处的复杂地质力学环境，以及岩爆发生机理与诱发因素的复杂性和岩爆发生的突然性及不确定性，目前对岩爆的预测及防控技术的研究还远远不足，应该在以下几个方面继续开展更加深入的研究：

（1）地应力测试技术。根据目前地应力测试技术发展水平，可以从两方面对地应力测试技术进行深入的研究。一方面，提高地应力测试设备的精度，以获得更加准确的地应力数据；另一方面，研究新的地应力测试方法，以降低测试成本，增加测试点，最终提升地应力反演精度。

（2）岩爆发生机理。目前对岩爆发生机理的研究及成果基本上还停留在“假说”和“经验”两个层面上，尚未掌握岩爆发生机理的本质细节，相关研究进展也比较迟缓。在岩爆的预测预警方面虽然进行了大量实践性的探索和研究，并获得了很多经验，但是尚未形成系统的理论，接下来还应该继续深入系统地研究岩爆的发生机理。

（3）岩爆预测。目前国内外岩爆预测的主要方法包括：岩爆倾向性判据、现场监测和结合数学方法的综合预测。1）岩爆倾向性判据。岩爆倾向性判据很多，但每种判据都仅仅针对岩爆某一具体指标进行计算；实际上岩石处在非常复杂的地质环境中，受多种因素影响，单一的评价指标难以全面、准确地预测岩爆发生的可能性，甚至有时候，不同的评价指标预测的结果又可能是相互矛盾的，所以探索适应于多种指标的岩爆倾向性判据是未来研究的主要方向。2）现场监测。现场监测成果较实验室岩石力学测试数据更加贴近实际情况，具有针对性强、预测较准确等优点。但现场施工环境复杂，监测费用较高，从而造成监测点布设不具全面性，监测数据信息少，受环境影响大，无法在施工前进行预报等缺点。所以，亟须寻找一种低成本、高效率的现场监测方法。3）综合预测。结合数学方法的综合预测法是岩爆预测的一个研究方向，但各种方法的准确性及适应性还需要不断地研究分析和验证。

针对深部开采岩爆灾害理论研究趋势，本书拟以河南省灵宝地区金矿深部硬岩开采为例，开展岩爆倾向性分析及其防治技术基础理论与实验研究。

2 灵宝地区金矿深部硬岩开采工程地质环境

2.1 灵宝地区金矿硬岩开采概况

灵宝地区金矿床主要位于灵宝市西南，属阳平镇管辖，北距陇海铁路阌乡车站15km，东距灵宝和三门峡站分别为33km和70km，交通十分方便。地理坐标：北纬34°27′35″~34°28′34″；东经110°36′29″~110°38′1″。

灵宝地区金矿床位于小秦岭山脉北麓山前基岩与黄土层的交接带上，地势南高北低，南部最高山峰海拔2400m，北侧河床最低高程640m，高程差1760m，属浅切割的低中山区。大湖河与小湖河分别自南向北流经该区域，在五城寨村汇合，到张村北注入黄河，为长年性水流。区域内属中温带亚干旱地区大陆性气候，据华山气象站三门峡水文站资料，春季气候温和，但少雨水；冬季和早春多风，风向以西北为主，风力一般2~4级，最大达8~9级；夏季炎热，气温一般15~30℃，最高达42.7℃；夏秋多暴雨，降雨多集中在7~9月，晚秋多连阴雨；冬季寒冷干燥、多风。12月初开始降雪，12月至来年3月为冰冻期，冻土最大深度达32cm。冬季气温一般为10℃至零下5℃，最低零下16.2℃。年平均降水量为606.7mm，最大日降水量84.9mm，年平均蒸发量1629.9mm。

灵宝地区金矿床位处西安—怀来地震带的汾渭强震带上。史料记载，公元前413年至1958年间总共发生地震103次，其中烈度在6°~9°的破坏性地震有31次。据运城、渭南、洛阳三地区地震办公室编纂的《晋、豫、陕联防区地震目录》记载，公元1556年1月23日陕西省华县发生8级地震，烈度11度，灵宝属极震区。自公元1829年至今的187年间，区域内发生的地震均在5级以下；20世纪70年代以来多在3级以下。近代虽未发生强震，但因具有强震带背景，在进行矿山设计及建设过程中应充分考虑并采取必要的防震措施，以确保矿山生产的安全。

灵宝地区农业较发达，盛产小麦、玉米、豆类、棉花、苹果、大枣等作物，其中后三者驰名全国。地方工业以采选金矿为主，其他尚有机械、化肥、水泥等。区内有小秦岭金矿、金硐岔金矿、文峪金矿等一批大型国有黄金采选骨干企业。自20世纪80年代以来，地方性黄金企业如雨后春笋般蓬勃发展，一批市县联营的黄金矿山如大湖、灵湖、抢马、樊岔、金渠、桐沟、安底、苍珠峪等金矿相继建成投产，乡镇办矿山更是不计其数。目前，灵宝市黄金年产量高达20万两。

灵宝地区金矿床南邻深山林区，建设木材及坑木可就地解决，不足部分依靠外调。劳动力依靠本地解决和外地输入，建筑砂石可就近取材，燃料用煤依靠陕县、渴池、义马等煤矿供应。供水条件良好，大湖河、小湖河流量分别为0.29m^3/s、0.15m^3/s。此外，矿区地下水较为丰富，水质良好，根据1993年实测资料，矿坑最大涌水量为8059m^3/d，工业及生产用水水源充沛。三门峡电业局下设11万伏区域变电所距该区域3km，设计容量2×31.5万千伏安。此外，距该区域10km的阳平镇11万伏变电站至矿区的1万伏线路已运行多年，故矿区供电电源不仅充足，而且已具备双回路供电条件。

2.2 区域地质概况

灵宝地区金矿床位于华北地台南缘小秦岭断隆，隶属秦岭东西向复杂构造带的北亚带，其东邻新华夏系太行山隆起带，南端沿朱阳盆地两侧断裂与纬向构造带既复合又联合；西靠祁吕贺山字形构造的东翼前弧又复合于上述构造带之上；东南受伏牛-大别系牵制。

2.2.1 区域地质

区域地层古老，变质程度深，构造变动强烈，岩浆活动频繁，以金为主的矿产蕴藏丰富。该区域位于小秦岭断隆北侧，五里村背斜北翼的山前地带，属小秦岭金矿田北矿带。区域内出露地层单一，区域变质、混合岩化作用强烈，断裂构造发育，岩浆活动频繁，金矿脉分布普遍，具有良好的成矿地质条件。

该区域有北西西、北东东、南北、北西、北东、北北东及北北西向多组节理，前两组反映了区域性反“S”及次一级构造特征，南北向显示张裂活动特征，其余各组节理组成了不同期次的共轭裂面，具有压及压扭性特征，与区域上不同期次的构造体系相适应。

在小秦岭构造格局中，早期主要形成了区域性褶皱构造。随后，多期次活动相叠加，才形成现在的以东西向为主的控矿构造格局。已探明的大多数金矿床（脉）均受此组构造控制，控矿断裂是断块在区域性南北向挤压应力作用下产生破碎形变的产物。

区域内岩浆岩活动频繁，具有多期次、多成因特点，有广泛分布的晚太古代基性喷出熔岩，中酸性熔岩-火山碎屑岩及中酸性侵入岩。元古代、古生代和中生代岩浆活动表现为基-中-酸性岩浆侵入，以燕山期花岗岩浆活动最为强烈，与本区金矿成矿关系密切。区域内出露岩浆岩主要为花岗岩，次为辉绿岩、石英岩、混合片麻岩、糜棱岩、花岗斑岩、辉长岩、伟晶岩和云煌岩等。

2.2.2 工程地质

2.2.2.1 地层状况

该区域内出露地层主要为太古界太华群。岩性为超深变质基性、中酸性火山-沉积岩系和变质中酸性侵入岩，总厚度大于4055m。在其东南侧，有新生代第三纪砾岩、砂页岩及泥灰岩沉积。第四纪残-坡积及冲积物，主要分布于沟谷及北缘山前地带。

太华群层次分明，其层序及岩性自下而上依次如下。

下段（Ara）：分布于本区大潮峪、焕池峪、五里村、泉家峪等地，该段地层组成了五里村背斜的核部，主要为黑云混合片麻岩、黑云条带状混合岩，次为黑云斜长片麻岩、角闪（阳起）透辉石岩及大理岩，局部偶夹薄层石英岩。顶部以青灰色薄层大理岩为标志层与中段分界，呈整合接触关系，厚度大于436.3m。

中段（Arb）：分布于本区中部老鸦岔背斜的轴部，大月坪—娘娘山一线和五里村背斜的翼部，火石崖—蜜蜂湾—小湖峪—车仓峪等地。岩性主要为黑云均质混合岩、黑云混合片麻岩、黑云条带（条痕）状混合片麻岩、夹黑云角闪条带状混合岩及黑云斜长角闪片麻岩。顶部以厚层石英与上段分界，二者呈整合接触关系，厚度1705.80m。

上段（Arc）：分布于北部七树坪向斜轴部及老鸦岔背斜南翼。岩性主要为厚层石英岩、黑云混合片麻岩、条带状混合片麻岩、黑云斜长角闪片麻岩、斜长角闪片麻岩、含石墨（石榴石、砂线石）黑云斜长片麻岩，偶见大理岩，厚度大于3010m。

2.2.2.2 构造状况

小秦岭位于华北地台南缘，属华熊台隆，小秦岭断隆。在它的北部和南部，分别以太要、小河两条基底大断裂与黄河、朱阳断陷盆地分界。在古老的基底褶皱之上，分布着多期次的断裂，形成了本区破裂形变（断层）和连续形变（褶皱）相叠加的构造格局，小秦岭复式背斜是控制本区地层、褶皱构造分布的基础。叠加其上的断裂对金等矿产的分布有明显的控制作用。小秦岭基本褶皱形态为复背斜，它西起老鸦岔脑，东至河南娘娘山，长约100km，宽10～20km，由老鸦岔背斜和次级七树坪（西阴）向斜、五里村背斜、大核桃岔向斜等组成。

该区域部分韧性剪切构造十分发育，可分为边缘围限韧性剪切断裂带和断块内矿田韧-脆性剪切带两类。边缘围限韧性剪切断裂是指南北围限矿田的基底深大断裂，其南侧为老虎沟大断裂带，北侧为巴楼大断裂带；断块内矿田韧-脆性剪切带主要分布于小河韧性剪切断裂带与太要韧性剪切断裂带之间，矿田内的各种断裂，规模上明显小于围限断裂。以其产出特征，可分为东西-北西西向、北西－北北西向、北东向、北北东－近南北向四组。

2.2.2.3 岩性分布

结合河南省地质矿产厅第一地质调查队与成都地质学院（现成都理工大学）合作完成的科研报告，可将岩性划分为七期，即嵩阳期、中条期、晚晋宁期、加里东期、印支期、早燕山期及晚燕山期。区内出露岩浆岩主要为花岗岩，次为辉绿岩、石英岩、混合片麻岩、糜棱岩、花岗斑岩、辉长岩、伟晶岩和云煌岩等。

该区域地层由东向西，混合岩化程度由低到高，主要表现在岩石分布上，从东部→中部→西部，岩性变化相应为以黑云斜长片麻岩为主→混合片麻岩为主→混合花岗岩为主。岩石特征不同，反映了形成时热动力作用的差异。

2.2.3 水文地质

2.2.3.1 地形地貌与气象水文

据灵宝气象站及桑园雨量站多年观察，区域年降水量 429.2 ~ 988.2mm，平均606.7mm，主要集中在每年的 7 月、8 月和 9 月，日最大降水量 84.9mm，年蒸发量 1379.2 ~ 1890.1mm；最高气温 42.7℃，最低气温 －16.2℃。冻结深度 0.32m，属于中温带亚干旱地区大陆性气候。小秦岭由南北两条走向近东西的区域性断裂围成，中部隆起上升为断块山。山势陡峻、切割深、高差大，属侵蚀构造地形。海拔高程 640 ~2400m。山脉主脊沿华山、老鸦岔、娘娘山一线呈近东西向构成本区分水岭。小秦岭两侧为朱阳、灵宝断陷盆地。盆地内的主要地貌形态为山前洪积倾斜平原、风成黄土塬及河流冲积阶地。

2.2.3.2 水文地质条件

该区域主要位于小秦岭侵蚀构造中山区的北坡前缘与黄河断陷盆地的接壤地带，地势较低，最低侵蚀基准面标高 640m，地下水接受山区大气降水的补给。该区域位于水文地质单元中的径流地段，也是基岩地下水的转换位置，在主要含矿断裂 F5、F1 的部分形成承压水。

区域内河流属黄河水系，黄河自西向东从本区北部流过，支流有涧河、阳平河、枣乡河等，自南向北注入黄河。阳平河发源于淘金沟，流经大湖矿区段，称大湖河。河流自分水岭至出山口沿途水量逐渐增加，流出山口后，部分水渗入地下，沿途水量递减，渗透系数 0.049 ~0.103，注入黄河处时水量增大。该区域内地下水的唯一补给源是南部山区大气降水的侧向补给，根据地下水动态观测，地下水位高峰期一般出现在当年的 12 月或次年 1 月，滞后雨季 3 ~4 个月，表明主要补给源距离该区域较远，循环路径较长。地下水的径流通道主要为北东及南北向区域构造裂隙。山区的大气降水渗入地下后，经过上述裂隙运移到山前，进入该区域内的构造破碎带。根据大湖河水的 3 年长期观测资料计算，山区补给该区域的地下水的渗入系数为0.05。

2.2.4 灵宝地区金矿开采技术条件及相应问题

灵宝地区金矿床直接顶底板多为坚硬岩石，岩体结构类型多为破裂混合花岗岩、碎裂混合岩、碎裂石英脉、糜棱岩等。裂隙较发育，岩石块度5~20cm，岩石质量指标RQD为25%~44%，平均36%。局部地段矿体及顶底板为构造角砾岩、高岭土化绿泥石化糜棱岩、碎裂石英脉等，属软岩石类或松散岩类，厚度0.3~24.7m，在地下水作用下易坍塌，稳定性差，开采中应及时支护。围岩为致密坚硬岩石，岩体结构类型为整体、块状，岩性主要为混合岩、混合花岗岩、混合花岗伟晶岩、辉绿岩等，裂隙不发育，间距大于1m，岩石质量指标RQD一般为62%~80%，平均77%。风化带及局部的碎裂镶嵌结构的岩体，力学强度低，当井巷通过时，可能会发生掉块及小型坍塌现象，应注意支护。断裂构造尤其是后期构造通过地段，碎裂石英脉、软弱结构面和软弱夹层，将是工程中的最大隐患，是影响岩体稳定的主要因素，据此可预测不稳定区域。岩石的爆破块度一方面取决于岩石本身的物理力学性能，另一方面与所采用的爆破器材和爆破方法密切相关。本区大于5cm的块度仅仅占25%，说明矿区氧化矿石较松散破碎。该区域含金石英脉型矿石的松散系数在氧化矿石中测定，结果为1.66~1.97，平均值为1.82。

此外，随着开采深度的逐步加大，在竖井掘进过程中井壁出现过片状剥落、岩体突出、岩片弹射等岩爆现象，平硐开挖过程中巷道上部顶板和侧帮出现过崩裂、片帮，底板发生过底鼓等岩爆现象，岩爆破裂声音较大，需要开展岩爆监测、预警及防控技术的研究。

2.3 灵宝地区金矿主要围岩物理力学参数

为了对灵宝地区金矿深部开采岩体的稳定性及其岩爆倾向性进行深入的分析研究，同时也为深部采矿设计优化提供基础数据，在对该区域金矿工程地质与水文地质调查的基础上，对矿体及上下盘围岩和各个开采中段进行岩石试样采集，开展各种岩石力学试验，以获取主要岩石的抗压强度、泊松比、弹性模量等物理力学参数，为后续岩爆倾向性预测及数值模拟研究提供基础数据。

根据所在区域地质资料及现场所取岩样情况，从现场取回的岩样按岩性可分为糜棱岩（编号M）、片麻岩（编号P）、辉绿岩（编号L）、花岗岩（编号H）和石英岩（编号S）五种。涉及的基础物理力学试验项目包括含水率、渗透性、声波波速、抗拉强度（巴西劈裂法）、单轴抗压强度、三轴抗压强度、弹性模量和泊松比、抗剪强度、饱水抗压强度、岩石内摩擦角、内聚力、刚性试验和循环力卸载等，经试验计算整理后，获得的岩石物理力学参数见表2.1。

表 2.1 灵宝地区深部硬岩开采主要岩石物理力学参数表

试验分组号	岩性	密度试验			吸水性试验		比重试验		波速试验		劈裂试验		
		自然密度 $\rho_0/g\cdot cm^{-3}$	烘干密度 $\rho_d/g\cdot cm^{-3}$	饱和密度 $\rho_w/g\cdot cm^{-3}$	含水率	饱和吸水率	颗粒密度 $\rho_p/g\cdot cm^{-3}$	孔隙率 $n/\%$	纵波波速 $V_p/m\cdot s^{-1}$	动弹模量 E_d/GPa	抗拉强度 /MPa	饱和抗拉强度/MPa	软化系数 k
M组	糜棱岩	2.795	2.794	2.796	0.03	0.09	2.779	1.28	4515	56.40	11.01	7.36	0.67
P组	片麻岩	2.695	2.694	2.697	0.03	0.12	2.658	0.43	4252	49.58	10.22	9.92	0.97
L组	辉绿岩	2.85	2.849	2.851	0.03	0.08	2.865	0.47	4767	65.27	10.92	10.80	0.99
H组	花岗岩	2.561	2.560	2.562	0.03	0.09	2.633	1.19	4015	43.60	9.01	8.77	0.97
S组	石英岩	2.663	2.662	2.664	0.01	0.04	2.676	0.88	5171	72.99	6.78	6.18	0.91

试验分组号	岩性	变角模剪切试验		单轴压缩试验					三轴压缩试验			
		内摩擦角 $\varphi/(°)$	黏聚力 c/MPa	抗压强度 σ_c/MPa	弹性模量 E/GPa	泊松比 μ	饱水抗压强度 σ_w/MPa	软化系数 R	内摩擦角 $\varphi/(°)$	黏聚力 c/MPa	饱水状态内摩擦角 $\varphi/(°)$	饱水状态黏聚力 c/MPa
M组	糜棱岩	33.69	18.17	53.70	37.97	0.170	47.85	0.89	45.30	11.28	39.36	13.88
P组	片麻岩	33.11	28.66	72.88	45.94	0.209	66.99	0.92	46.79	19.65	46.6	14.9
L组	辉绿岩	37.68	23.59	68.84	48.03	0.224	67.91	0.97	42.97	18.73	42.27	15.68
H组	花岗岩	38.62	23.75	81.99	56.15	0.184	76.08	0.93	52.63	19.61	55.76	10.23
S组	石英岩	43.11	12.03	138.57	75.79	0.165	135.63	0.98	66.42	17.56	60.19	21.26

3 基于声发射特征的岩石损伤破坏规律研究

声发射（acoustic emission，AE）是指材料受外部荷载作用时发生变形或裂纹扩展，在其损伤破坏过程中产生的瞬时应变能以弹性波的形式快速释放的现象。自然界大部分材料内部都含有一定的缺陷，这些缺陷在外界环境改变时随之发生变化并产生声波。从宏观角度来看，声发射是由于材料内部出现大面积损伤或者结构单元之间产生大幅度的相对运动而产生的；从微观角度，声发射是由于材料内部晶体产生位错，微裂纹萌生或逐渐闭合、扩展而产生的。而材料破坏失效的根本原因是内部微裂纹的扩展与贯通。岩石作为非金属材料，强度高但韧性差，属于脆性材料，其声发射源主要为微裂纹扩展和宏观破裂。

3.1 实验概述

在单、三轴刚性试验及单、三轴循环加卸载试验中，将声发射探头加到岩样表面或岩样附近，利用计算机同步记录试验机加卸载过程中岩样内部微裂隙萌生、扩展和破坏失稳发出的声波信号。对比声发射信号曲线和岩石应力 - 应变曲线，反映岩样破坏失稳的损伤变形规律。

3.1.1 声发射系统

岩石的声发射实验采用美国声学物理公司 PAC（Physical Acoustic Corporation）生产的 PCI - 2 声发射系统，如图 3.1 所示。该声发射系统是该公司推出的最新产品，采用了 PCI - 2 板卡，最大程度地降低了采集噪声。因采用了 18 位 A/D 转换技术，可同时实现对声发射信号和波形信号的实时采集和存储。PCI - 2 声发射系统由于是全数字式系统，具有处理速度快、噪声低、门槛值低和稳定性可靠等优点。

PCI - 2 板卡主要特点如下：

（1）18 位 A/D，极低噪声，低门槛设置；

（2）频带宽度可达 3kHz ~ 3MHz；

（3）实时显示并可以通过 IOMSamples/sec（一个通道）、SMSamples/sec（两个通道）将波形数据直接存储到硬盘；

（4）采集频率可达 40MHz；

（5）每个通道有 4 个高通、6 个低通滤波可供选择；

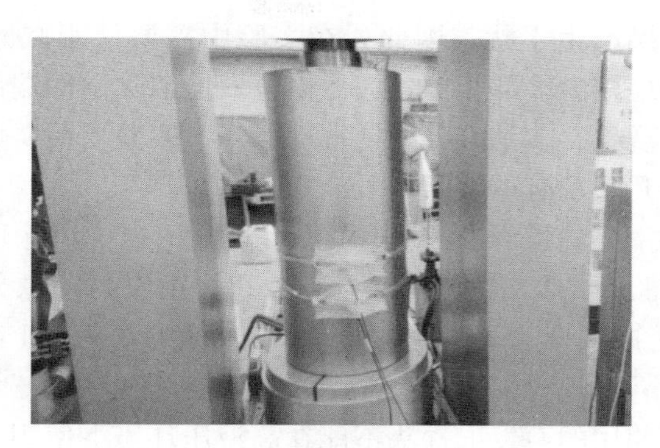

图 3.1 声发射探头连接装置图

(6) 采用数字信号处理电路基本上可以消除漂移，使系统更加精确、可靠；

(7) 具有自动传感器校准功能（AST）。

与 PCI-2 系统配套的 32 位的 Windows 软件 AEWIN，可以运行于 PAC 公司的 DISP、SAMOS、PCI-2、MISTRAS 和 SPARTAN 等产品上，进行数据采集和重放，并且完全兼容 PAC 公司的标准数据 DTA 文件，可以重放及分析所有以前采集的数据。AEWIN 充分利用了 Windows 的资源，包括在 Windows 下可以进行的屏幕分辨率调整、打印、网络、多任务、多线程等操作。AEWIN 软件易于学习、操作及使用，不但具有采集图像及分析图像等全面功能，而且增加了许多更新的增强功能以简化数据分析及显示任务。如在 Windows 下可同时运行多个 AEWIN 窗口界面，让其中一个进行数据采集和实时显示，另外一个或几个进行已有数据的重放和分析。

3.1.2 岩石试件的制备

试件采用花岗岩、辉绿岩、片麻岩和石英岩四类不同岩石。为了达到试验的预期目标，采样过程中主要考虑了岩性、强度、均匀性等影响因素，使所采集岩样尽量具有更好的代表性，以便在试验中进行比较。

岩石样本加工成 ϕ50mm × 100mm 的圆柱体标准试件。为了使声发射探头能够更加有效地接收试件内部裂纹产生时发射的声波信号，在声发射探头与试样的接触部位涂抹高温真空硅脂，并用橡皮筋将探头固定在试样侧面，保证二者接触良好。

3.1.3 消噪措施

单轴压缩下，承压板与试件上下端面间的摩擦作用（端部摩擦）使试件表面产生剪应力，对试件产生一个沿径向向内的“箍”的作用。试件内由此产生的径向应力致使试件处于局部三轴压缩状态，而非单轴压缩状态；同时，摩擦噪声会对 AE 试验结果产生干扰。因此，在实验中需要使用减摩剂，它有两个效果：一是最大限度地减少端部摩擦效应，以有效地消除试件端部表面过早产生裂纹甚至发生剥落的现象；二是充分降低端部噪声。实验表明，使用减摩剂后在岩石初始压密过程中几乎没有声发射信号产生。

经测试，实验室环境噪声在 40dB 以下，因此，为了消除环境噪声对声发射实验的干扰，将实验时的门槛噪声设置为 40dB。声发射测试分析系统的主放增益为 40dB，探头谐振频率为 20Hz ~ 400kHz，采样频率为 1M 次/s，并同时采集波形数据。

此外，由于所使用的声发射探头不能在高液压环境下使用，常规三轴声发射实验是将传感器粘贴在三轴压力试验机的外壳上，靠液压介质将声发射信号传输出来，由于声发射信号传输距离增加，而且又在不同介质之间传播，必然会发生信号的衰减和反射。

3.2 声发射表征参数及分析

3.2.1 声发射信号的表征参数

声发射信号在试件中传播时，由于传播距离短，故衰减小。但是，由于声发射脉冲在岩石侧面和断面发生反射容易形成多次反射波，进而使声发射脉冲超出岩石的固有振动模式，形成共振，并且逐渐增强。因此要想得到声发射的原始波形频谱，需要将实测的频谱去掉响应因子，而且需要同时测定相位特征，才有可能显示出原始波形。声发射信号的各项参数通常是通过声发射监测仪器对输出的电信号处理后得到的，而通常表示这些电信号的参数有振铃数、声发射事件数和能量等。处理脉冲信号的常用方法是计数法。一个脉冲信号波形，经过检波器后，波形的最大值超出设定的电压阈值，就形成一个矩形脉冲，这个矩形脉冲就称为一个事件，简称事件脉冲。单位时间的事件计数称为事件计数率，其计数的累积为声发射事件总数。

超过门槛值的声发射信号由特征提取电路转换为几种信号参数。常用的声发射基本参数包括以下几种：

（1）振铃计数（count，ring - down count）。振铃计数是最常用的声发射评估技术，当一个事件撞击传感器时，传感器产生振铃，每一个振荡波记为一个振铃计数。振铃计数就是越过门槛信号的振荡次数，可分为总计数和计数率。振铃计数的引入使信号处理更加简便，既适于表示突发声发射和连续声发射两类信号，又能粗略地反映信号强度和频度，因而广泛应用于声发射活动性评价，但同样的信号在门槛不同时振铃计数也会不同。

（2）撞击计数（hits）。撞击是指通过门槛并使一个系统通道数据得以累计的发射信号方式。撞击计数是系统对撞击的累计计数，可分为总计数和计数率。撞击计数率是指单位时间的撞击计数。撞击计数可以反映出声发射活动的总量和频度，通常用于评价声发射的活动性。

（3）事件计数（event count）。一个声发射事件是指一个或几个撞击所鉴别出来的一次材料局部变化，声发射事件计数也分为总计数和计数率两种。声发射事件计数可以同时反映出声发射事件的总量和声发射事件的频率，主要用于声发射源的活动性和定位集中度的评价。

（4）能量频率（energy）。能量是事件信号检波包络线下的面积，可分为总能量和能量频率，能量频率可以反映事件的相对能量或强度，对门槛、工作频率和传播特性不甚敏感，可取代振铃计数，也可用于波源的类型鉴别。

（5）幅度（amplitude）。幅度是声发射信号的重要参数，反映事件的大小，直接决定事件的可测性。它不受门槛的影响，常用于波源的类型鉴别，及其强度及衰减的测量。

（6）持续时间（duration）。事件信号第一次越过门槛至最终降至门槛所经历的时间间隔，约等于振铃计数与传感器每一次振荡时间周期的乘积。它与振铃相似，但常用于特殊波源的类型和噪声的鉴别。

3.2.2 声发射的 Kaiser 效应

1953 年，德国学者 J. Kaiser 在研究金属的声发射特性时发现，受单向拉伸的金属材料对所受过的应力具有记忆功能，即只有当应力达到材料所受的最大先期应力时，材料才开始出现明显的声发射现象，这就是 Kaiser 效应。

岩石 Kaiser 效应的力学本质是岩石受原岩应力作用所形成的特定的微裂纹在达到原应力的荷载作用下，重新活动和延续的客观反映。声发射 Kaiser 效应试验表明，声发射活动的频率或振幅与应力有一定的关系。在单调增加应力作用下，当应力达到过去已经施加过的最大应力时，声发射信号明显增加。声发射效应试验可以用于测量自然状态下岩石曾经承受过的最大压应力。该试验一般要在压力机上进行，测定单向应力。在轴向加载过程中声发射频率的突然增大点所对应的轴向应力即为该岩样曾经受到的最大压应力。

而当所取岩芯的埋深比较大时，若进行单轴加载声发射试验，岩样常常在 Kaiser 点出现之前就发生破坏，采集到的信号有可能是岩样的破裂信号，而不是 Kaiser 效应信号，因此无法用声发射 Kaiser 效应来测定岩芯所在地层的原岩应力大小。为此，本次研究提出了围压下的声发射 Kaiser 效应试验，旨在提高岩样抗压强度，希望 Kaiser 点出现在岩样破坏点之前，并能进行清晰地辨别。围压下声发射 Kaiser 效应测试的实验装置如图 3.2 所示。

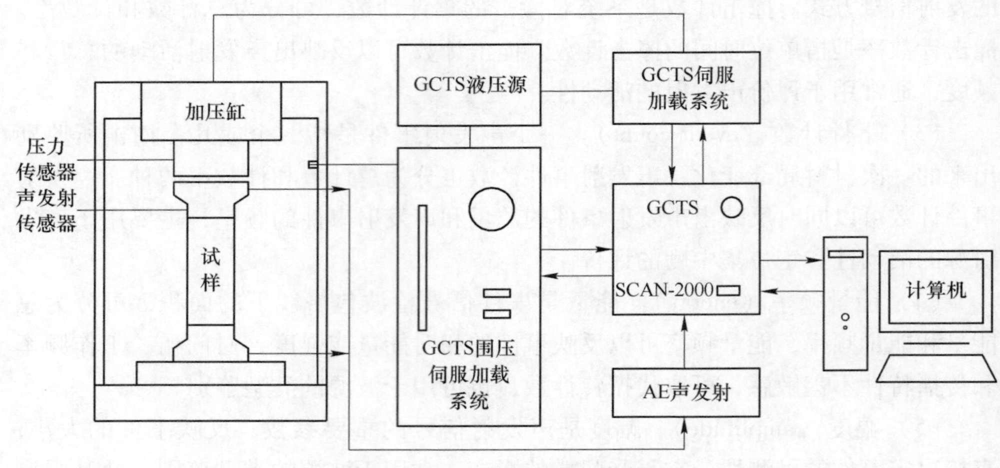

图 3.2 Kaiser 效应实验装置图

3.3 单调加载条件下岩石的声发射特征

3.3.1 岩石单轴压缩的声发射特征

在声发射无损检测中，声发射信号的能量并非声发射源释放出的实际物理能量，而是与信号的幅度及幅度分布有关的参数，是针对信号波形定义的能量。声发射能量对于衡量和评价材料的断裂以及损伤程度具有十分重要的意义。花岗岩、辉绿岩、片麻岩及石英岩四类岩石的声发射振铃曲线和能量频率曲线与应力－时间曲线的对应关系如图 3.3～图 3.10 所示（岩样在单轴压缩破坏过程中，岩石破裂过程与声发射特征是相对应的）。

3.3.1.1 花岗岩单轴压缩的声发射特征

选取 H－38 和 H－39 作为试验与研究对象，其中声发射振铃计数/应力－时间曲线、声发射能量频率/应力－时间曲线、振铃计数/应力－应变曲线如图 3.3 和图 3.4 所示。

花岗岩试件 H－38 加载初期出现一定的声发射率，大约持续了 180s，但是在这段时间内能量频率并不明显，几乎为零。在 180s 左右振铃计数和能量频率突然增大，随后 100s 的时间里仍然相对较高，并且对应的应力水平有一个瞬间降低过程，一直到 280s 应力又有一个类似的瞬间降低。280～400s 之间基本没有声发射现象出现，在 400～500s 声发射现象较平稳增长，在 520s 左右达到应力的峰值强度，声发射振铃计数和能量频率又一次大幅度上涨，持续约 300s，振铃计数与能量频率一直呈高发状态。

试件 H－39 在加载初期也出现一定的声发射现象，此时能量频率并不明显，

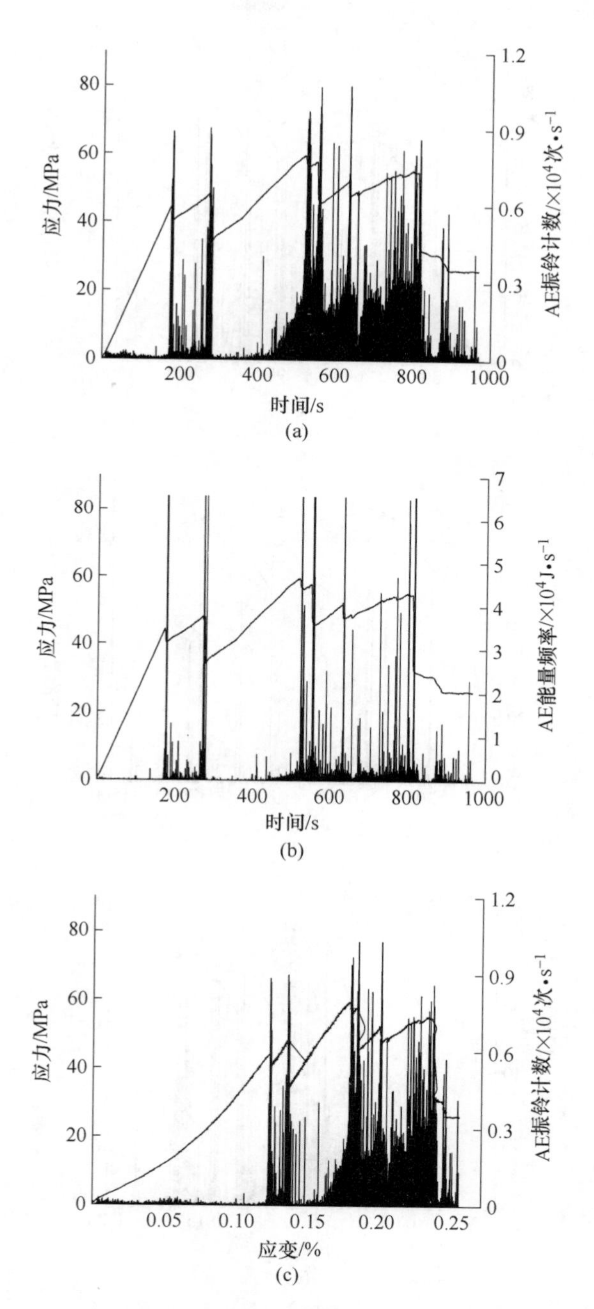

图 3.3 花岗岩（H-38）单轴压缩声发射特征

（a）振铃计数/应力-时间曲线；（b）能量/应力-时间曲线；

（c）振铃计数/应力-应变曲线

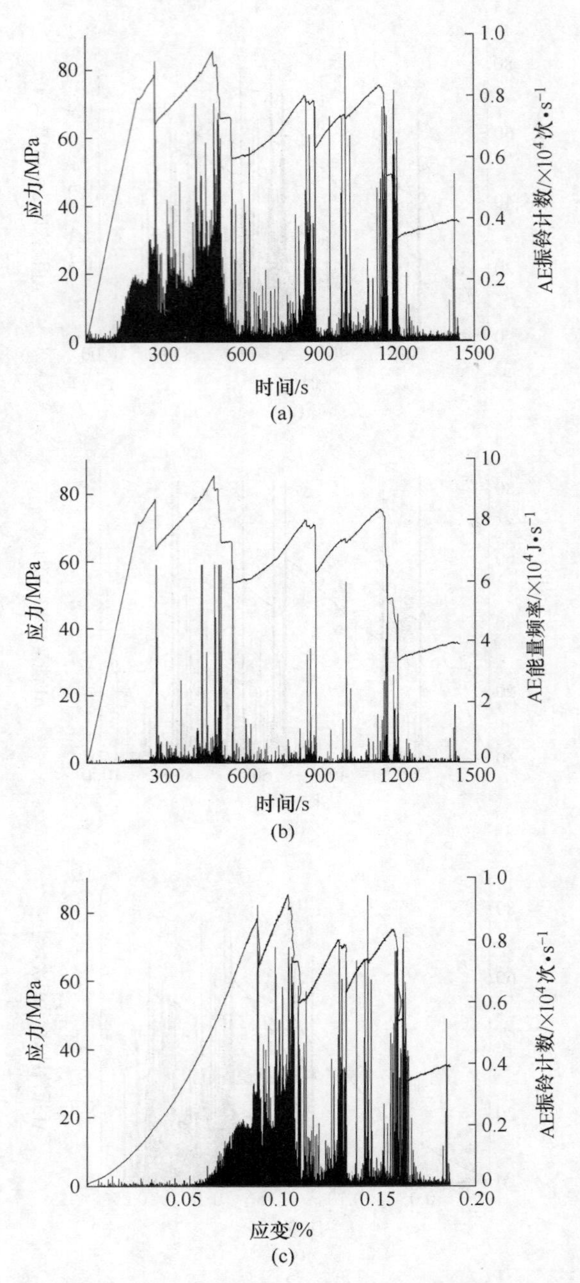

图 3.4 花岗岩（H－39）单轴压缩声发射特征

（a）振铃计数/应力－时间曲线；（b）能量/应力－时间曲线；

（c）振铃计数/应力－应变曲线

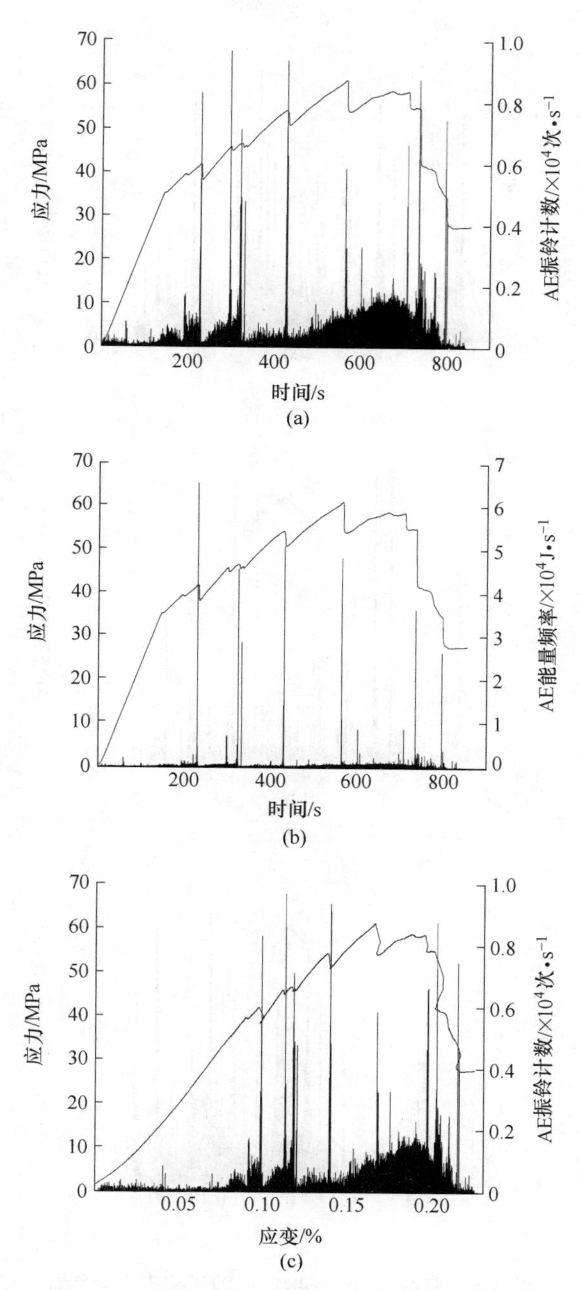

图 3.5 辉绿岩（L－41）单轴压缩声发射特征

（a）振铃计数/应力－时间曲线；（b）能量/应力－时间曲线；

（c）振铃计数/应力－应变曲线

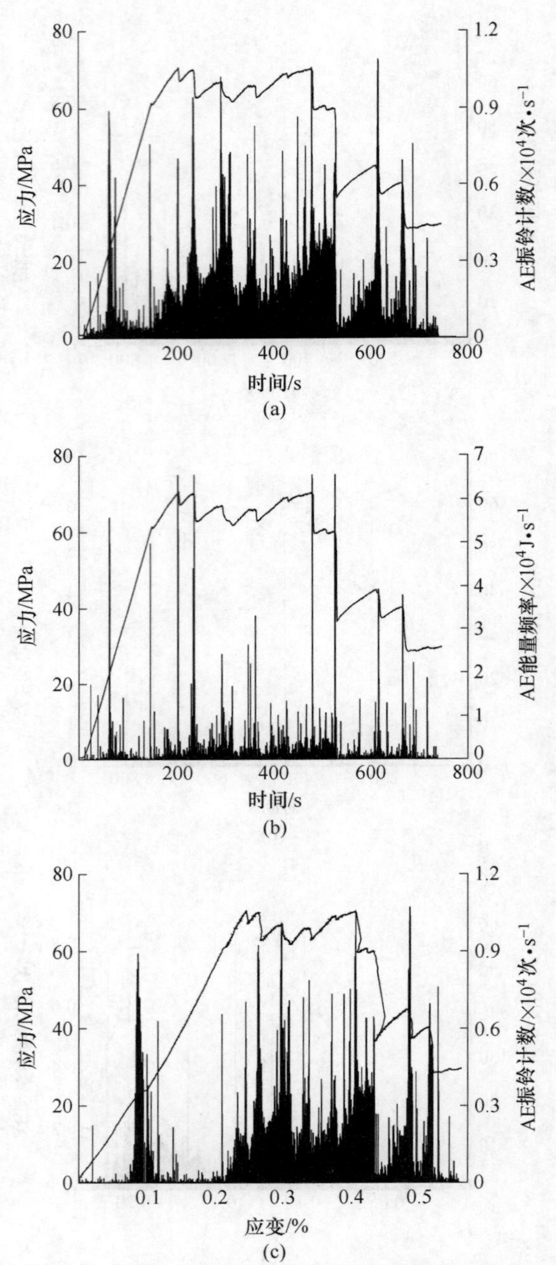

图 3.6 辉绿岩（L-48）单轴压缩声发射特征

（a）振铃计数与应力-时间曲线；（b）能量与应力-时间曲线；

（c）振铃计数/应力-应变曲线

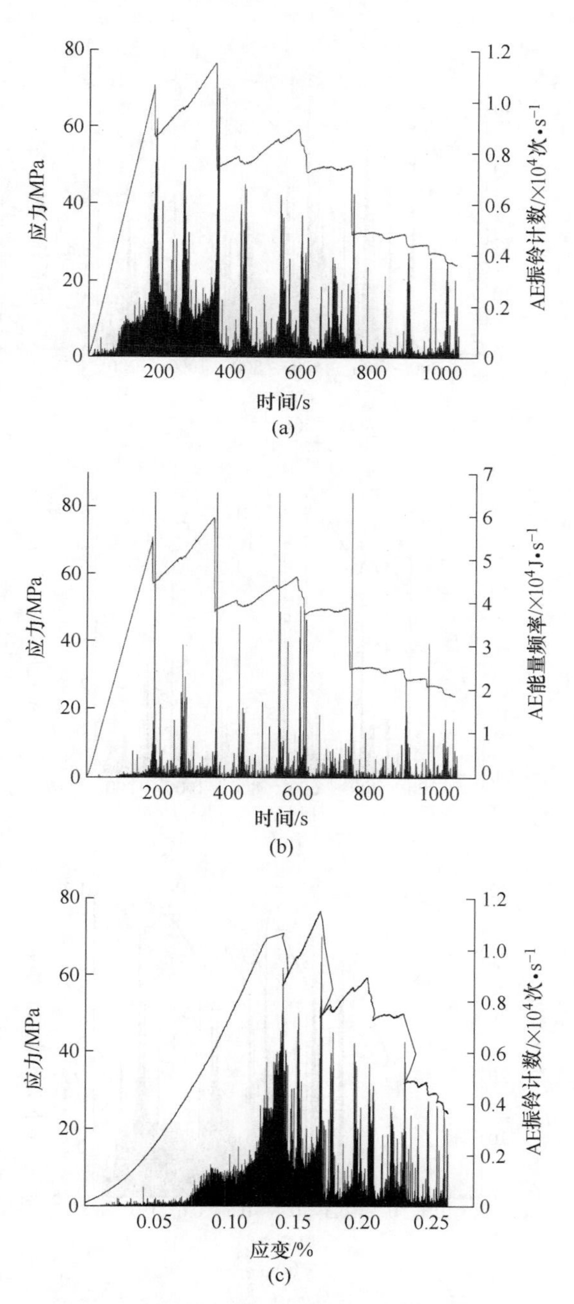

图 3.7 片麻岩（P－49）单轴压缩声发射特征

（a）振铃计数/应力－时间曲线；（b）能量/应力－时间曲线；

（c）振铃计数/应力－应变曲线

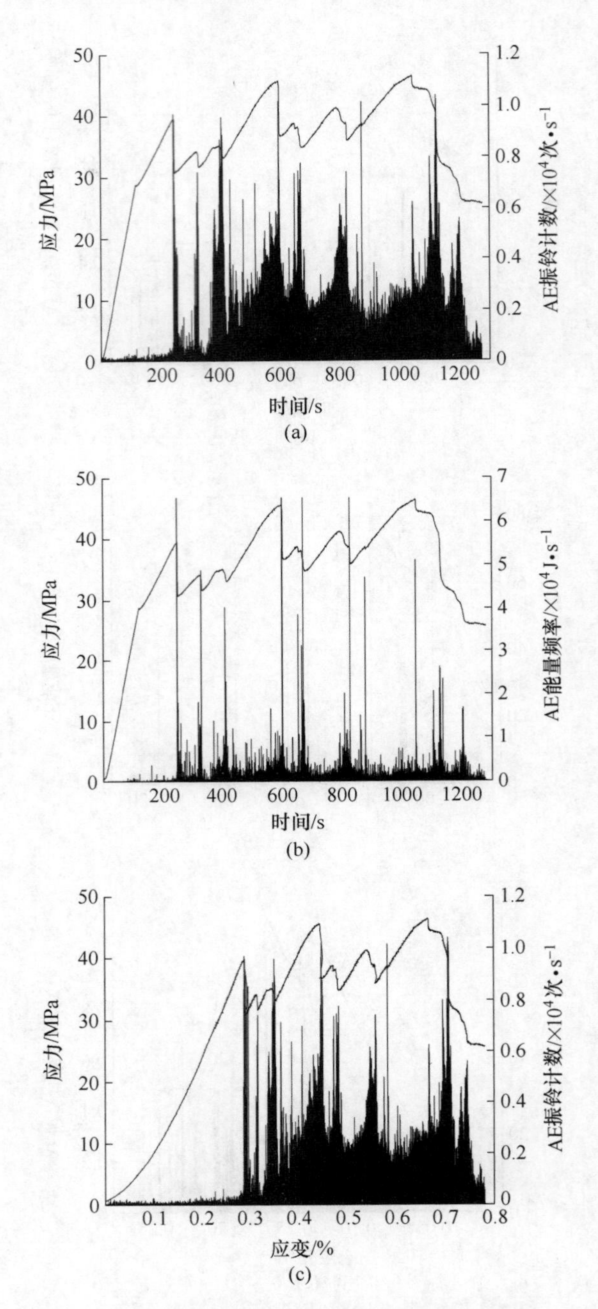

图 3.8　片麻岩（P－50）单轴压缩声发射特征

（a）振铃计数/应力－时间曲线；（b）能量/应力－时间曲线；

（c）振铃计数/应力－应变曲线

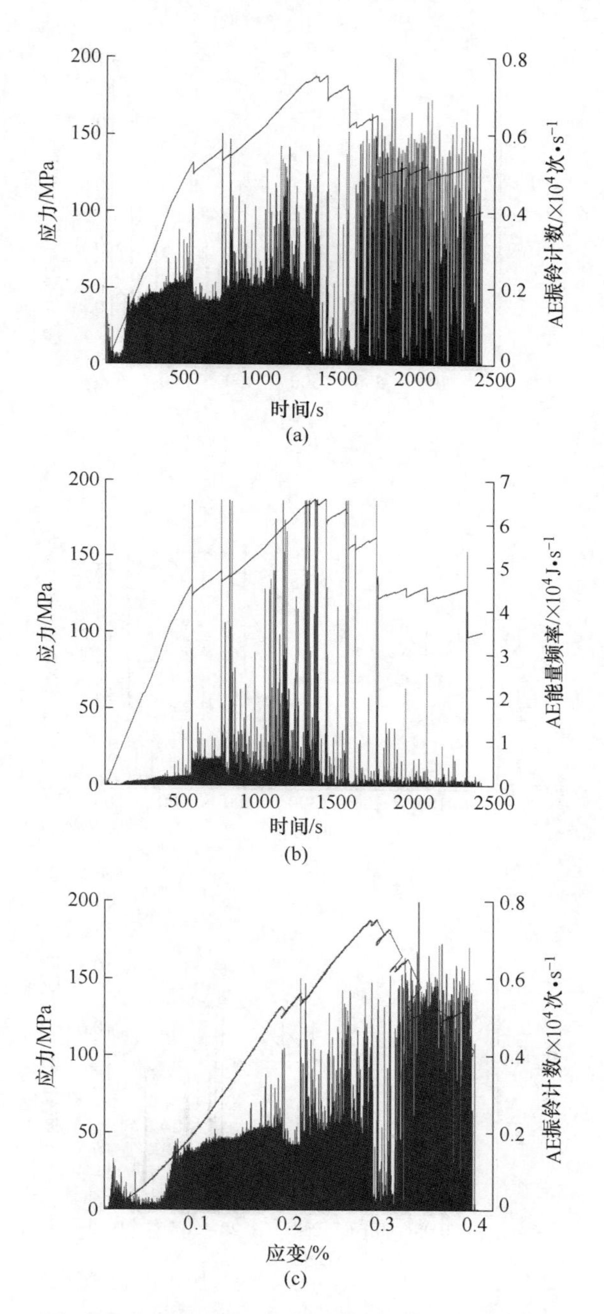

图 3.9 石英岩（S－42）单轴压缩的声发射特征

（a）振铃计数/应力－时间曲线；（b）能量/应力－时间曲线；

（c）振铃计数/应力－应变曲线

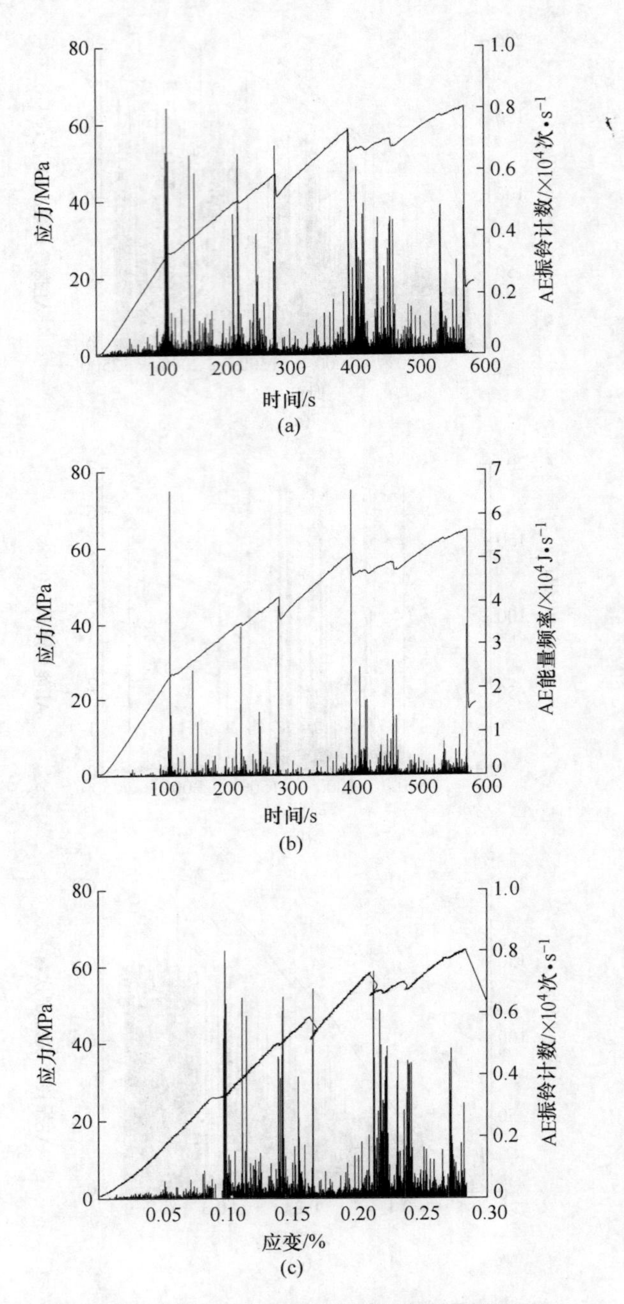

图 3.10　石英岩（S－41）单轴压缩声发射特征

（a）振铃计数/应力－时间曲线；（b）能量/应力－时间曲线；（c）振铃计数/应力－应变曲线

但是在120s时振铃计数开始上升，持续发生130s。在这段时间里，能量频率也有少许的发生。在250s左右声发射计数瞬间增长到最大值，这时岩样发生峰前破坏造成的声发射信号突然增强，在随后260s时间段里，振铃计数与能量频率一直呈高发状态。

施加荷载初期出现一定的声发射现象是因为花岗岩内部颗粒不均匀、较软颗粒破坏等引起岩样内部塌陷或表面脱落。试件H－38在加载初期出现了明显但不是很高的声发射信号，这是因为岩石内部原有裂纹被压密闭合，但内部颗粒强度较高，应力水平没有达到其最大承受能力，并未产生新的裂纹、裂隙。此阶段与岩石应力－应变曲线的压密阶段相对应。进入弹性阶段，声发射计数开始增长，在应力峰值的70%左右，出现两次声发射信号高潮，分别对应应力－应变曲线的两次峰前破坏。在两次峰前破坏之后，声发射率有所降低，直到应力峰值，才又一次突然增大。随后岩样进入峰后破坏阶段，应力水平开始下降，声发射计数保持较高水平后逐渐减少，持续到试验结束。相比较而言，试件H－39在初期压密阶段的声发射时间较短；在弹性阶段，振铃计数比能量频率稍微显著，这与每个岩样不同的内部构造有一定的关系。

3.3.1.2 *辉绿岩单轴压缩的声发射特征*

选取L－41和L－48作为试验与研究对象，其中声发射振铃计数/应力－时间曲线、声发射能量频率/应力－时间曲线、振铃计数/应力－应变曲线如图3.5和图3.6所示。

辉绿岩试件L－41加载初期有少量声发射出现，与花岗岩相同，这是由于局部受力不均引起内部塌陷或表面崩落。试件L－41也经历了较长的压密阶段，即很长一段时间内只有较少的声发射信号出现。在230s出现一个声发射信号峰值，说明试样产生了一次小的破裂，随后的570s内，试样又出现了几次较大的信号峰值。由试样L－48的声发射振铃计数和能量频率可以看出，岩石压密阶段有较为明显的声发射信号产生，峰值强度之前有两次微小的破坏，峰值强度之后发生多次破坏。

由辉绿岩的声发射图形可以看出，岩样峰值应力处所记录下来的振铃计数和能量频率并不是全过程中的最大值。试件L－41峰值前有两处振铃计数和能量频率均超越了峰值点，试件L－48加载过程中有两处振铃计数和能量频率与峰值点大小相当。这说明岩石在达到峰值强度之前就可能发生较大的破坏，释放较大的能量，这也说明辉绿岩围岩在开挖过程中较花岗岩更容易释放能量，不易发生岩爆，但在开采过程中应注意加强支护与防护。

3.3.1.3 *片麻岩单轴压缩的声发射特征*

选取P－49和P－50作为试验与研究对象，其中声发射振铃计数/应力－时间曲线、声发射能量频率/应力－时间曲线、振铃计数/应力－应变曲线如图3.7和图3.8所示。

片麻岩试件 P－49 在加载初期出现少量的声发射信号，并且在整个压密阶段声发射事件持续发生，但振铃计数与能量频率并不太大。振铃计数自 100s 左右开始迅速增加，到 190s 左右达到第一次峰值，即岩石发生第一次破坏，此时，能量频率亦达到峰值。随后试件的声发射振铃计数和能量频率呈频繁波动高发状态，历经峰值强度到峰后破坏整个阶段，其中在 360s 达到峰值强度。与之对应的试件 P－50 在加载初期声发射率相对较低，压密阶段和弹性阶段岩石的声发射振铃计数和能量都不很明显。直到 270s 时刻开始发生破裂，声发射事件才大量的出现，并呈高发频繁多动状态。

比较两个试件的试验结果可以看出，试件 P－49 在压密阶段和弹性阶段的声发射率略高，表明岩石内部空隙、间隙较多，试验机施加荷载使 P－49 试件内部的空隙被挤压变形、岩石颗粒之间发生相互移动等产生振铃并消耗了部分的能量。与之对应，试件 P－50 在这两个阶段中，声发射事件都相对较少。两个试件的声发射现象也表现出一定的共性，声发射振铃计数和能量计数的首次高潮均出现在岩样峰前的第一次破坏处，对应的应力值均为峰值应力的 85% ~90% 左右，并且声发射的振铃计数和能量频率与峰值点及数次破坏是相对应的。

3.3.1.4 石英岩单轴压缩的声发射特征

选取 S－41 和 S－42 作为试验与研究对象，其中声发射振铃计数/应力－时间曲线、声发射能量频率/应力－时间曲线、振铃计数/应力－应变曲线如图 3.9 和图 3.10 所示。

从图 3.9（a）可以看出，试件 S－42 在试验初期压密阶段就有大量的声发射信号产生，振铃计数明显比其他岩性试件的振铃计数大，能量频率曲线也能体现出这一变化，我们认为这是石英岩内部特有的晶体状矿物及其结构所造成的。随后经过一个很短暂的平静期之后，在 100s 时声发射振铃开始增大，一直持续到岩石的峰值强度。进入峰后阶段后，整体声发射事件数减少，但试件不断发生破裂时亦会有较大的声发射振铃计数出现。试验机持续加载，单次破坏声发射计数又有增加的趋势，这是由石英岩内部的裂纹进一步扩展、贯通引起的。与之相对应，试件 S－41 在加载的初期也有少量的声发射事件发生。弹性阶段岩石的振铃计数开始增加，一直持续到岩石的峰值强度，但从试件 S－41 与试件 S－42 的峰值强度对比可知，加载前试件 S－41 内部本身已存在部分节理或裂隙，所以大部分破裂发生在峰值强度前，大约 600s 时试件峰值强度后，即迅速发生破坏，无法记录到声发射信号。在取样过程中，这类由于爆破开挖致使存在一定内部裂隙的石英岩试件占有较大的比例，所以此次声发射测试特意以其中一件作为试验对象，只为与完整石英岩试件进行更为鲜明的对比。

3.3.2 固定围压下岩石加载的声发射特征

以现场最易发生岩爆的花岗岩和石英岩为例，研究了三轴压缩状况下（围压取10MPa）两类岩石变形、破坏演化过程及固定围压下岩石加载的声发射特征。

3.3.2.1 固定围压（10MPa）下花岗岩加载的声发射特征

单轴压缩（H－38、H－39）及固定围压下（H－44）花岗岩试件的声发射振铃计数/应力－时间曲线图、能量频率/应力－时间关系曲线及振铃计数/应力－应变曲线分别如图3.3、图3.4、图3.11所示。

相比单轴压缩下花岗岩的声发射特征曲线（图3.3、图3.4）可以看出，有围压状况下，花岗岩试件三轴加载应力－应变曲线（图3.11）加载初期声发射信号相对较少，没有出现明显的压密阶段，只有在达到应力峰值约80%时振铃计数才开始明显增加。这是因为岩石内部的原生裂隙在初始增加围压的过程中已经压密闭合，声发射装置与轴压同步开始采集信号，没有采集到施加围压过程中的声发射信号。此外，单轴压缩试验加荷载过程中通常会出现峰前破坏，一些试件在峰值前会出现2～3次小的破坏；而三轴压缩试验中没有峰前破坏，一直加压到接近峰值强度时试件才发生破坏。说明固定围压下，试件在峰值强度前不易发生破坏，所以难以释放能量，即深部升高围压状态下，更易发生较强烈的岩爆。而三轴压缩状况下试样的极限应力因围压而增加，并且在峰值强度后仍有大量的声发射信号产生，说明有围压条件下试件破坏后的残余强度有一定的提升。

3.3.2.2 固定围压下（10MPa）石英岩加载的声发射特征

单轴压缩（S－42）及固定围压下（S－33）石英岩试件的声发射振铃计数/应力－时间曲线图、能量频率/应力－时间关系曲线及振铃计数/应力－应变曲线分别如图3.9、图3.12所示。

从声发射振幅计数和能量频率参数可以看出：在无围压的单轴加载过程中，振铃计数和能量频率分散在弹性阶段、破坏阶段和峰后阶段；与花岗岩试件类似，在固定围压的加载过程中，石英岩试件加载初期声发射信号相对较少，当达到应力峰值约65%时振铃计数开始显著增加，且声发射信号相对集中。

此外，本次试验中声发射能量频率与振铃计数形成了良好的对应关系，特别是振铃计数峰值的出现与能量频率的增长对应明显，说明在一个声发射信号事件中，振铃计数与能量基本上成正比关系。而试验中声发射信号特征出现特别活跃的时间点一般都略微滞后于试件轴压峰值，这与声发射剧烈活动出现整体后移现象相符合。固定围压加载过程中，在试件的主破裂前，声发射能量频率相较之前均表现出一定的升高，这预示之后声发射能量将急剧上升，而峰后阶段岩石的声发射能量频率呈现出台阶式跳跃增加。这说明在单轴压缩时大部分能量在主破裂阶段就已释放出来，峰后阶段比较稳定；而在固定围压下，虽然岩石轴压强度增加，但在主破裂阶段所含能量并没有完全释放，导致其峰后阶段仍然存在不确定性。

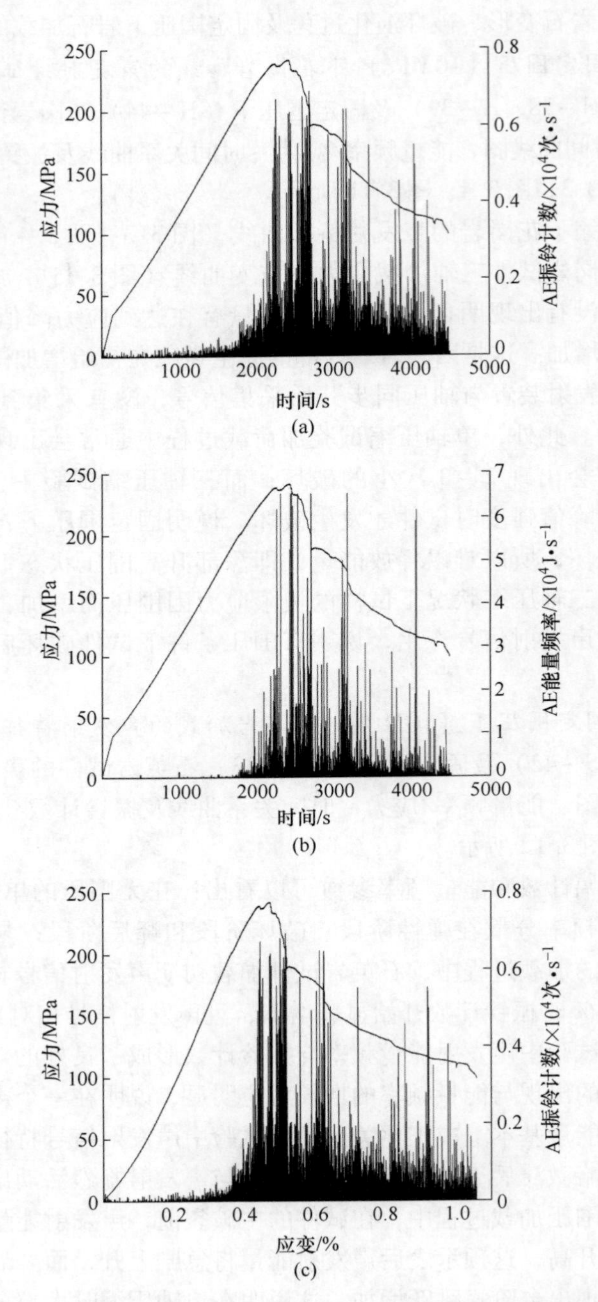

图 3.11 10MPa 围压下花岗岩（H－44）加载的声发射特征

（a）振铃计数与应力－时间曲线；（b）能量与应力－时间曲线；

（c）振铃计数与应力－应变曲线

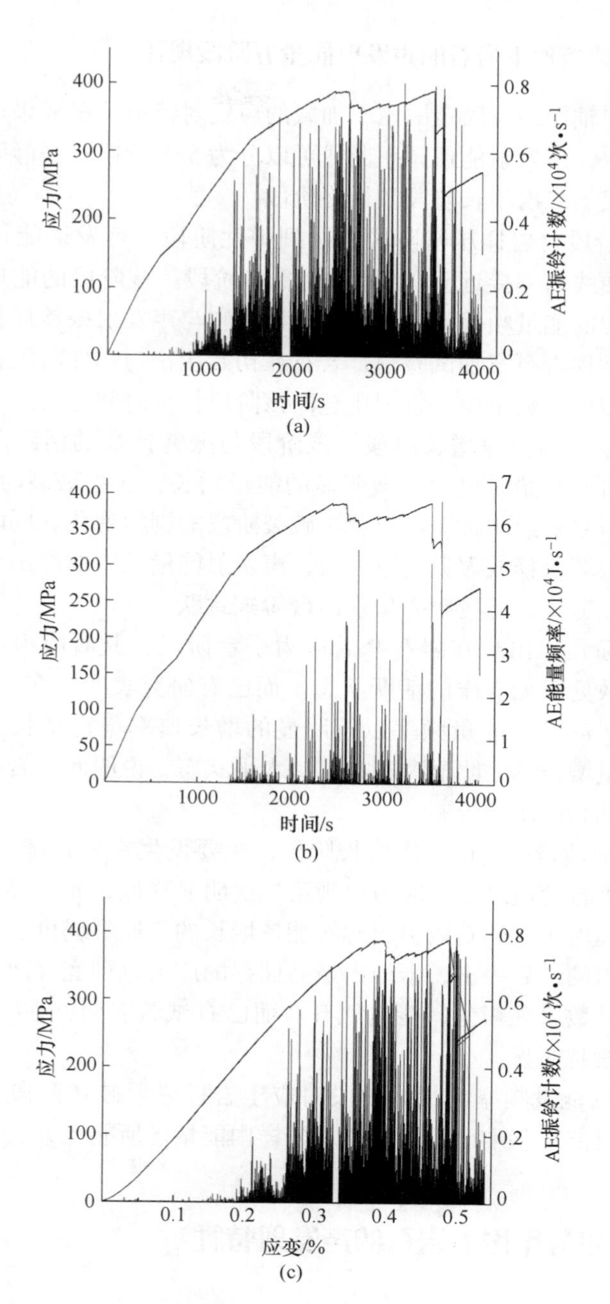

图 3.12　10MPa 围压下石英岩（S-33）加载的声发射特征

（a）振铃计数与应力-时间曲线；（b）能量与应力-时间曲线；

（c）振铃计数与应力-应变曲线

3.3.3 单调加载条件下岩石的声发射能量五阶段规律

基于岩石单轴压缩及固定围压下加载的声发射特征试验成果可见，与岩样受压全过程相对应，声发射能量频率曲线可以分为5个阶段：平静阶段、快速增长阶段、稳定阶段、二次增长阶段及最终阶段。

（1）第一阶段自岩样压密阶段持续到弹性阶段，声发射能量随时间的累计非常稀少，且曲线斜率接近于0，故称为平静阶段。该阶段的能量频率值相对于岩样受压全过程的能量频率基本可忽略不计，它与声发射振铃计数率的平静阶段相对应。而在常规岩石三轴试验中，岩石在初始压密与弹性阶段释放出的声发射信号同样是能量低、数量少，且围压越高该阶段持续时间越长。

（2）第二阶段为快速增长阶段，该阶段与振铃计数的活跃阶段相一致，在岩样塑性变形阶段开始时出现稍微明显的能量增长，在主破裂时达到快速增长。在此期间，岩石主要经历轴压峰值及主破裂阶段的剧烈变化，同时，内部会出现滑移等结构性破坏，释放大量的应力波，声发射能量频率曲线出现急速增长，曲线斜率趋向于无穷大，能量频率呈现出台阶式跳跃。

（3）稳定阶段，出现在岩石峰后应力平台阶段，此时应力不变、应变持续增长，振铃计数处于无规律的活跃状态。而已有研究表明，在三轴压缩试验中，当围压较低时，声发射能量频率以较明显的增长速率稳定增长；而当围压较高时，此阶段能量增长不太明显，基本保持水平状态，说明此时岩样峰后的内部裂缝发展依然受到高围压的限制。

（4）声发射能量频率的二次增长阶段，主要发生在岩石峰后破坏阶段初期。岩石峰后应力平台阶段结束，应力出现第二次明显降低，此时伴随着声发射能量频率的二次瞬间增长。岩石内引起此次能量增长的贯通裂缝可以看成是让岩样完全失去承载能力的最后一击，岩样内最后储存的应力也彻底释放，从而使得此时的声发射振铃计数出现峰值，能量飙升。而已有试验表明，在三轴压缩状态下，围压越高该阶段越明显。

（5）声发射能量频率的最终阶段对应于岩样峰后破坏阶段。从能量频率曲线可看出，此时能量基本已不再增加，岩样内能量已所剩无几，岩样彻底失去承载能力。

3.4 周期加卸载作用下岩石的声发射特性

3.4.1 单轴周期荷载作用下岩石的声发射特征

以花岗岩和辉绿岩两类岩石为试验与研究对象，通过声发射振铃计数和能量频率曲线与应力-时间曲线图的对应关系，研究岩石在周期荷载作用下的声发射特性。

3.4.1.1 花岗岩单轴周期荷载作用下的声发射特征

选取 H-3 和 H-12 作为试验与研究对象，其声发射振铃计数/应力-时间曲线、声发射能量频率/应力-时间曲线、振铃计数/应力-应变曲线如图 3.13 和图 3.14 所示。

花岗岩试件 H-3 在前两次循环加卸载过程中没有声发射信号出现，同时也没有能量释放，之后在 500~850s（第三至第四个循环）内有少量的振铃计数出现，同时释放少量的能量。这是由于花岗岩试样内部颗粒不均，一些较软颗粒先被压坏，引起岩样内部塌陷或表面崩落引起的。自 1150s 声发射振铃计数开始增加，1200s 时突然增加到近 8000，能量频率达 20000J/s，随后约 800s 的时间里，振铃计数间隔性增大，能量频率趋于平稳。花岗岩试件 H-12 在第一次循环加卸载中即出现振铃计数，这说明 H-12 内部颗粒相对松散，外界稍微对其加载做功就会发生轻微的破坏。在第二、三次循环中都有声发射事件发生，能量计数并不明显，从应力峰值来看，H-12 的峰值强度比 H-3 略低，在 70MPa 左右发生破坏。这也表明试件 H-12 比 H-3 内部有更多微裂隙与节理。

另外，从图 3.13（c）、图 3.14（c）中还可以看出，单轴周期荷载作用初期试件内部被压密，微裂纹逐渐闭合，但内部颗粒强度较高，不易被压碎，没有新的微裂纹产生，此阶段为压密阶段。平稳期以后岩石进入弹性阶段，振铃计数和能量频率随着载荷的逐渐增加逐渐增大，直至岩样破裂。岩石进入峰后破坏阶段，载荷急剧下降，但仍然有一定数量的声发射事件产生。

3.4.1.2 辉绿岩单轴周期荷载作用下的声发射特征

选取 L-45 和 L-53 作为试验与研究对象，其声发射振铃计数/应力-时间曲线、声发射能量频率/应力-时间曲线、振铃计数/应力-应变曲线如图 3.15 和图 3.16 所示。

加载初期，试件 L-45 有少量的声发射振铃计数，均出现在每次循环的峰值应力处，且在每次卸载的前几秒钟也有声发射事件出现。在此阶段，试件的能量释放并不明显。在第六次循环加载到 50MPa 左右时，应力发生突降，即第一次发生明显的破坏，内部开始有初步的损伤产生，此时试件振铃计数瞬间增加，同时能量曲线也表现出相应的增加。随着试验机持续对岩样加载，岩样声发射的振铃计数持续发生，随后又出现 9 次较为集中的声发射事件。

辉绿岩试件 L-53 与 L-45 类似，在加载初期的两个循环就有一定的声发射事件发生及能量释放，这说明试件 L-53 与 L-45 内部原来均存在较多的微裂隙与节理。在随后的循环中，达到卸载点之前有少许的声发射事件发生，卸载过程中基本没有声发射振铃计数出现。当进入到破坏阶段，声发射与能量释放与L-45 类似。

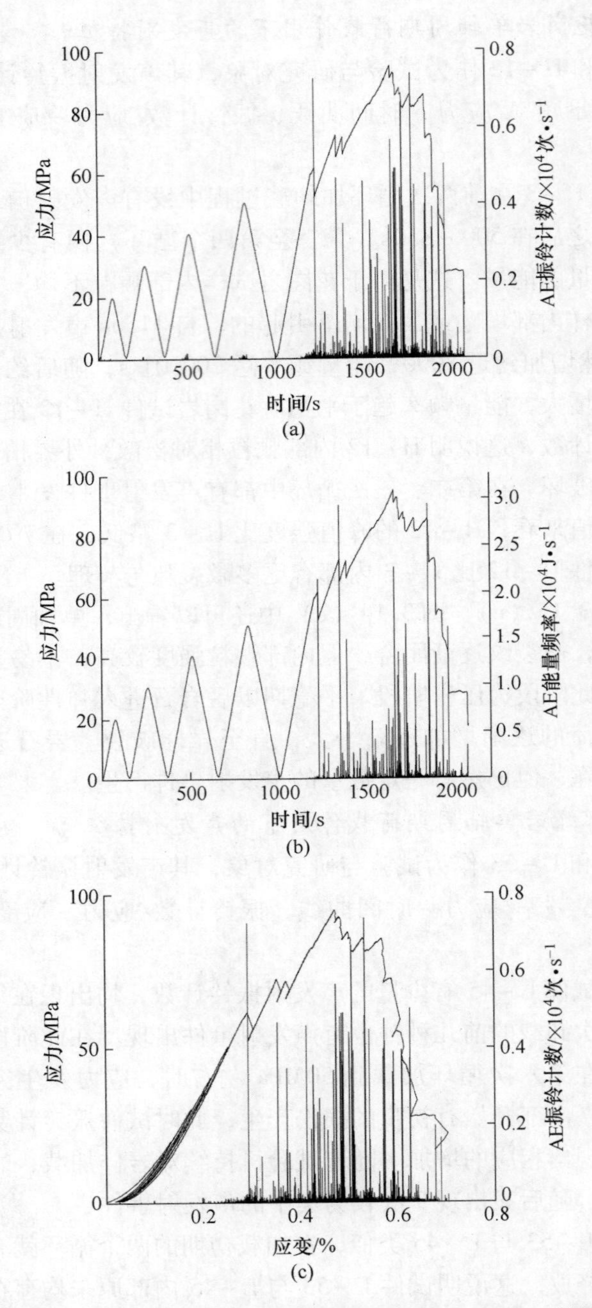

图 3.13 花岗岩（H－3）单轴周期荷载作用下的声发射特征

（a）振铃计数/应力－时间曲线；（b）能量/应力－时间曲线；
（c）振铃计数/应力－应变曲线

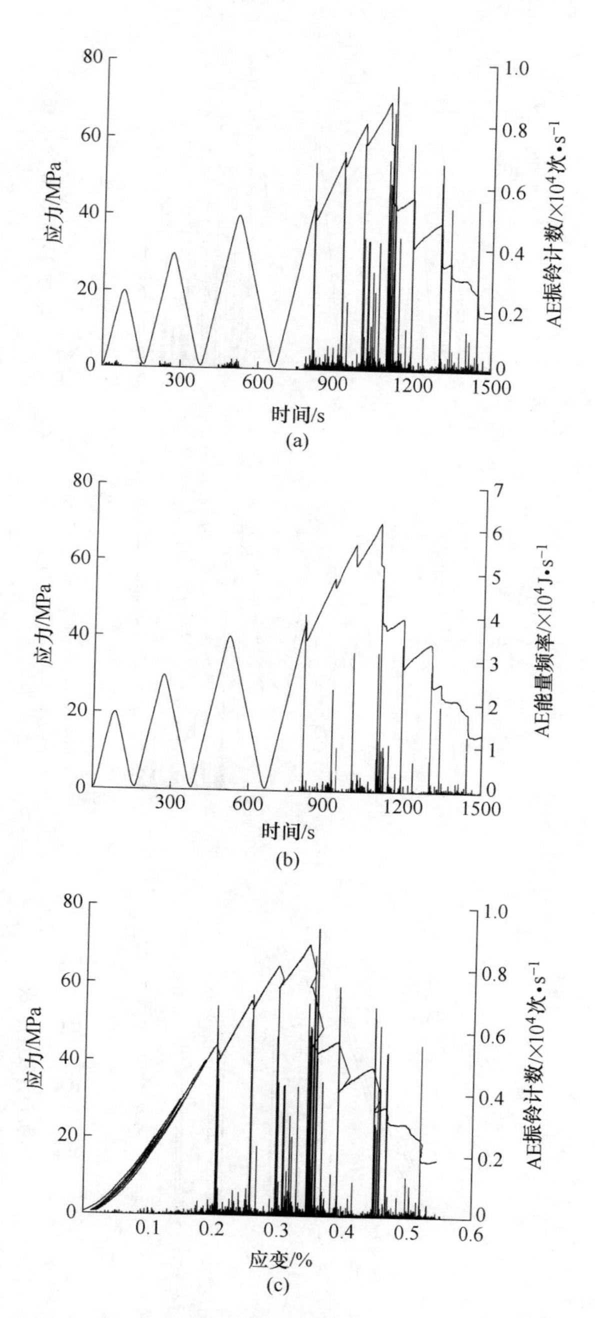

图 3.14 花岗岩（H－12）单轴周期荷载作用下的声发射特征

（a）振铃计数/应力－时间曲线；（b）能量/应力－时间曲线；

（c）振铃计数/应力－应变曲线

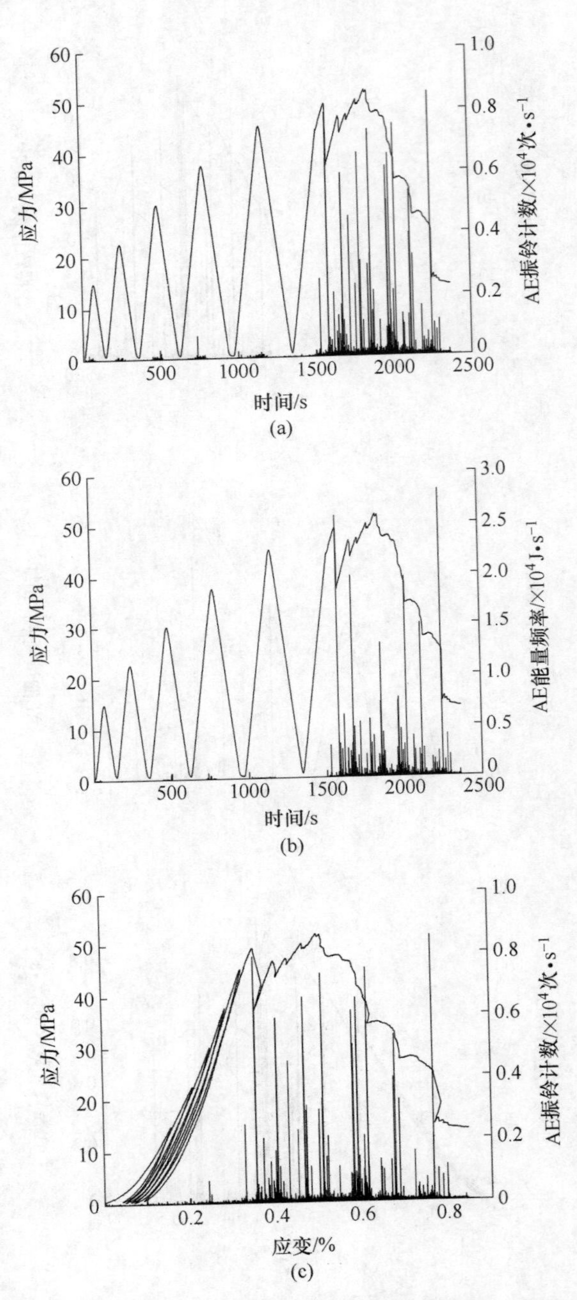

图 3.15　辉绿岩（L-45）单轴周期荷载作用下的声发射特征

（a）振铃计数/应力-时间曲线；（b）能量/应力-时间曲线；

（c）振铃计数/应力-应变曲线

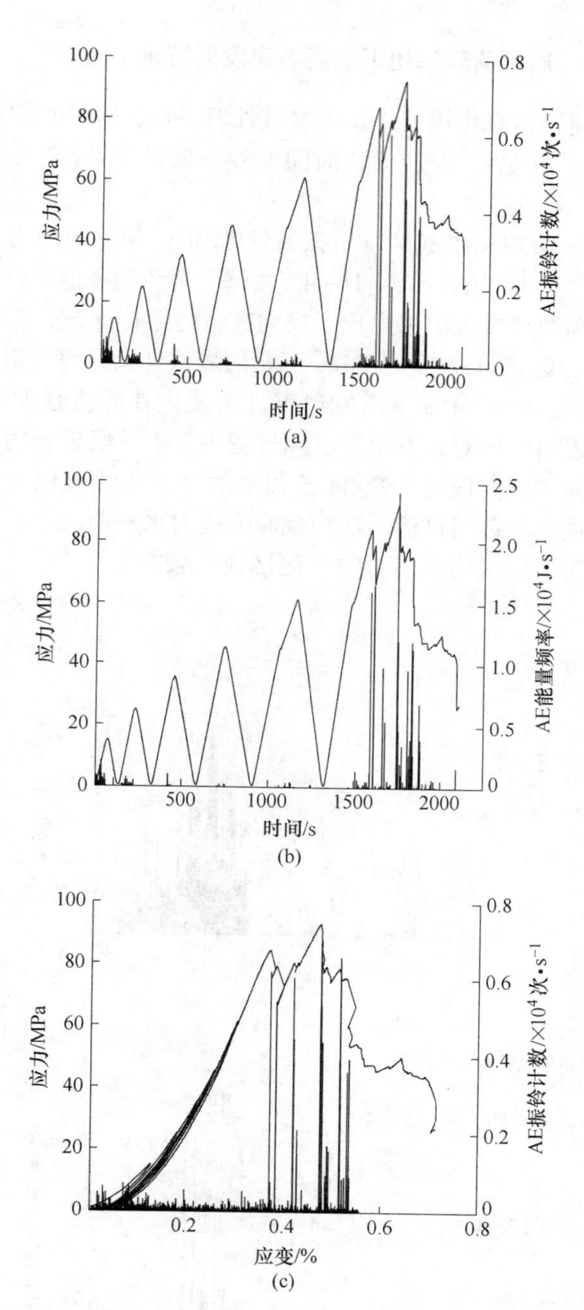

图 3.16 辉绿岩（L－53）单轴周期荷载作用下的声发射特征

（a）振铃计数/应力－时间曲线；（b）能量/应力－时间曲线；

（c）振铃计数/应力－应变曲线

3.4.2　不同围压、周期荷载作用下的岩石声发射特征

不同围压、周期荷载作用下，花岗岩试件 H－45、H－46 的声发射振铃计数/应力－时间曲线、能量频率/应力－时间曲线、振铃计数/应力－应变曲线如图 3.17 和图 3.18 所示。

对比花岗岩在 10MPa 和 30MPa 下振铃计数/能量频率与应力－时间的对应关系曲线可以看出，低围压下，试件 H－45 在每次循环的峰值点处都出现较多的声发射事件，加载和卸载过程中都出现了较大数量的振铃计数，而在高围压下，试件 H－46 的振铃计数相对较少。10MPa 下花岗岩试件大量声发射事件发生在峰值强度前的加载阶段，而 30MPa 下声发射事件多发生在峰值强度的 80% 之后，尤其峰后阶段；这表明围压对岩石变形破坏过程中每个阶段岩石内部演化有很大影响。此外，从轴向应力与振铃计数/能量频率的关系曲线可以看出，在周期加卸载阶段，卸载后重新加载超过前一次加载峰值应力水平前，岩石的振铃计数和能量都没有明显的变化，说明花岗岩的“记忆性”较好。

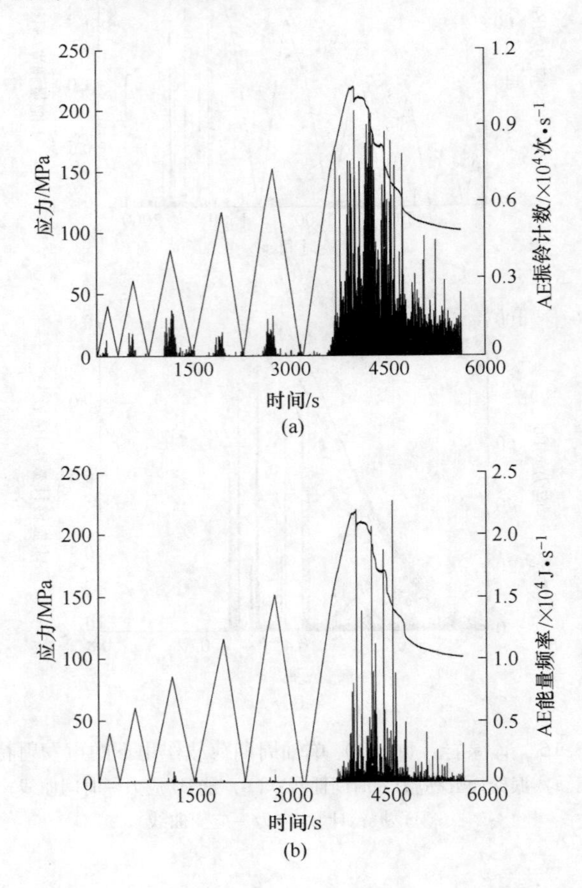

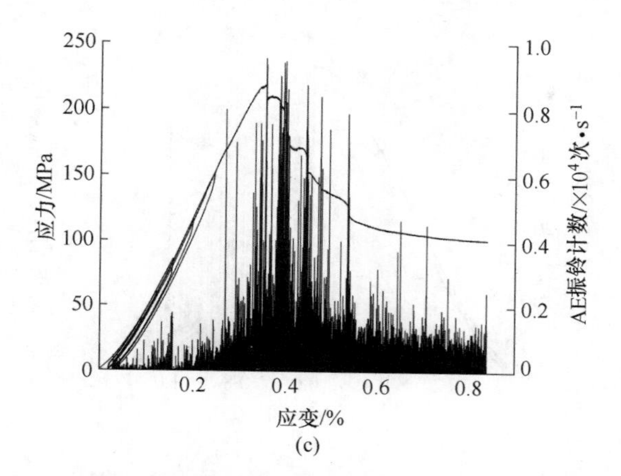

(c)

图 3.17 10MPa 围压周期加载下花岗岩（H－45）的声发射特征
（a）振铃计数/应力－时间曲线；（b）能量/应力－时间曲线；
（c）振铃计数/应力－应变曲线

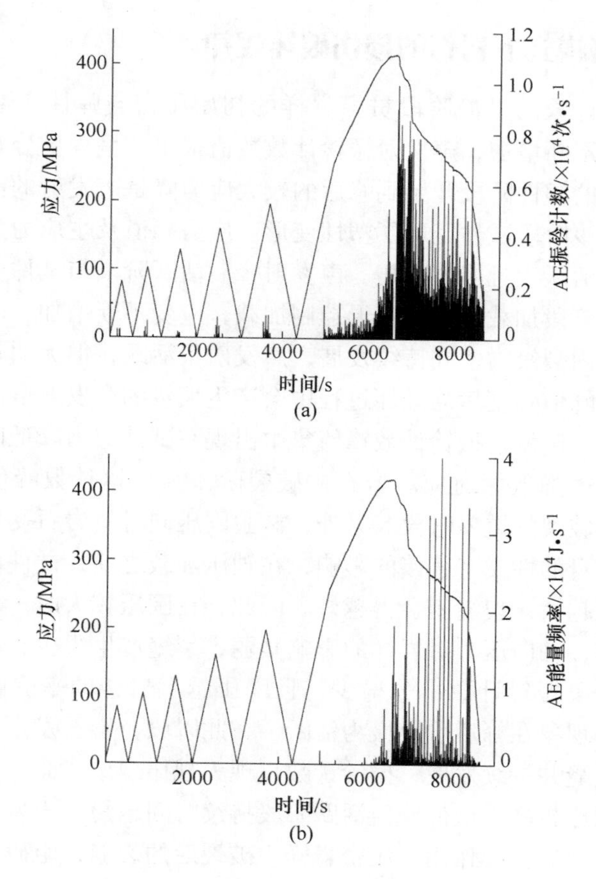

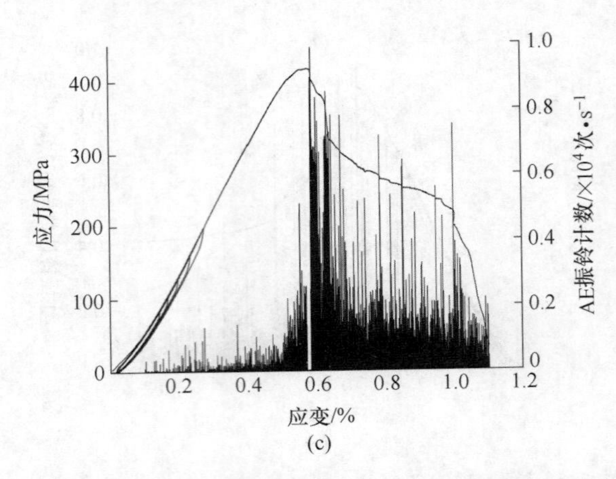

图 3.18 30MPa 围压周期加载下花岗岩（H-46）的声发射特征
（a）振铃计数/应力-时间曲线；（b）能量/应力-时间曲线；
（c）振铃计数/应力-应变曲线

3.5 不同荷载模式下岩石的损伤破坏规律

声发射振铃计数的平静阶段贯穿岩样的初始压密与弹性变形阶段，在此阶段，应力-应变不断增加，声发射振铃计数数值很小，呈零星分布，声发射现象很微弱。从试件的塑性阶段开始到峰后的较大应力降是声发射的活跃阶段，即岩石的主破裂期。该阶段试件经历了塑性变形、应力峰值及主应力急剧下降，声发射振铃计数较为活跃，且峰值明显。声发射峰后活跃阶段与试件变形的峰后平稳阶段相对应，本阶段加载方式为变形控制加载，应变不断增加，应力维持在一定水平。此时岩样内裂纹增多并持续发展，声发射很活跃，但无明显规律。这一现象也印证了岩石峰值强度后的破坏过程中会产生大量的声发射事件的结论。

试验过程中，声发射振铃计数峰值集中出现在试件应力降低时期，部分突出峰值与试件的应力降低相对应。岩石主破裂阶段为振铃计数峰值集中的活跃阶段，也是试件主破裂的重要时段。另外，试验围压同时对岩石受压过程中的声发射现象和岩石本身的性质有直接的影响，在轴压加载之前，试件内部原生裂缝被围压压密，围压越大，裂缝闭合得越好。因此，在围压较大时，由于轴压加载初期轴向应力较小，轴向压力对岩样的影响微弱，裂缝产生很少，所以在初始加载的声发射平静阶段振铃计数十分稀少，且围压越大岩样的平静阶段持续时间越长。岩石声发射现象在峰后阶段最为活跃，在此阶段，岩石发生主破裂，内部各处萌生大量微裂缝并持续发展，振铃计数呈现无规律现象。此阶段声发射活动受到围压影响，围压越高，试件峰值活跃阶段持续时间越短，声发射现象越少。这与高围压在岩石峰后持续作用，压密岩样主破裂后的裂缝，阻碍新生裂缝发展等因素有关。周期荷载作用下岩石损伤破坏显示四阶段规律，分别是初始阶段、稳定阶段、失效阶段和破坏阶段。基于各阶段声发射活动特征，可见周期荷载作用下声发射活动也表现为四阶段，即有一定声发射活动的初始期，对应岩石变形稳定阶段的声发射活动稳定期，标志岩石损伤加速发展的声发射活动活跃期，以及对应岩石破坏阶段的声发射活动剧烈期。

综上所述，岩石类材料的声发射活动是其在荷载作用下产生微破裂，释放应变能，并发射弹性波的现象，声发射信号的产生代表了损伤的产生，其强弱代表了损伤的程度。

4 岩石加卸载过程中的能量演化机制

4.1 研究方法及岩石试样制备

岩石破坏是能量驱动下的一种状态失稳现象。矿山岩体开挖过程中总是伴随着能量的输入、积聚、耗散和释放，而工程中受载岩石的变形破坏以及加固支护过程也是能量的转移、演化过程。由于能量输入方式及速率、岩石自身的结构、地质环境等因素的不同，岩石能量表现出不同的演化形式，同时，岩石变形破坏方式也发生相应的改变。因此，从能量角度观察、解释甚至解决一些岩石工程难题，首先需要研究岩石在不同应力状态下的能量状态，包括积聚弹性能、耗散能以及它们在总能量中所占的比例。此外，还需要研究不同岩性、不同围压受载岩石的能量演化特征。

在此，我们仅考虑岩石变形破坏过程中的弹性能和耗散能变化，其中弹性能具有可逆性，耗散能是不可逆的，而耗散能包括断裂面表面能、塑性变形能等。由能量守恒定律，可知：

$$W = E_e + E_d \tag{4.1}$$

式中 W——外界输入的能量，即外力对岩石所做的功；

E_e——储存在岩石内的弹性能；

E_d——加载过程中岩石所耗散的能量，主要发生于内部损伤和塑性变形。

基于弹性能的可逆性，岩石卸载过程中所释放的能量等于卸载时应力水平下所积聚的弹性能，可以通过岩石的卸载应力－应变曲线求得，而其与加载总能量（可由加载应力－应变曲线求得）之间的差值即为此应力水平下的耗散能。因此，如图4.1所示，对于 ε_i 方向岩石在应力水平 σ' 处的加卸载应力－应变曲线，当加载到应力水平 σ' 时，耗散能密度为 u_{id}，可由此应力点加载曲线与卸载曲线之间的面积确定；储存的弹性应变能密度为 u_{ie}，可由卸载曲线与横坐标轴之间的面积确定。

本次试验将从灵宝地区金矿现场采取的花岗岩、辉绿岩、片麻岩和石英岩四种岩石加工成 ϕ50mm × 100mm 的圆柱体标准试件。为了达到试验的预期目标，采样过程中主要考虑了岩性、强度、均匀性等，使所采岩样尽量具有更好的代表性，以便在试验中进行比较分析。

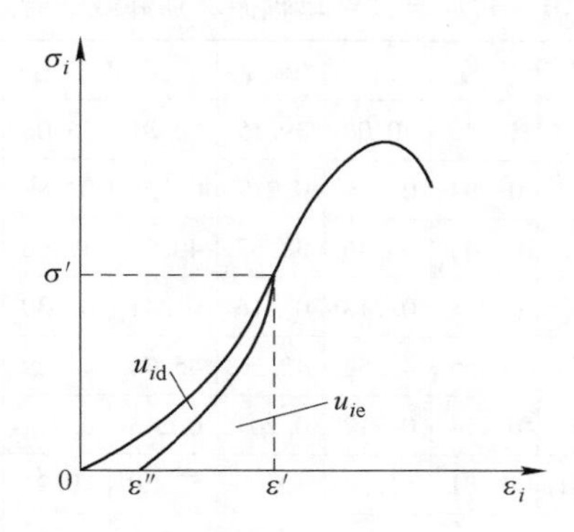

图 4.1 岩石在应力水平 σ'处的加卸载应力 - 应变曲线

4.2 岩石单轴刚性循环加卸载压缩试验

单轴循环加卸载试验过程中，岩石应力 - 应变曲线显示，卸载曲线不沿加载的路径回归，而是低于原来的加载曲线。通常认为，加载曲线与横坐标之间的面积是加载过程中外界输入的能量密度，卸载曲线与横坐标之间的面积是加载过程中试件储存的弹性能密度，加载曲线与卸载曲线之间的面积是岩石的耗散能密度，即输入能量密度减去弹性能密度。

4.2.1 片麻岩单轴循环加卸载试验曲线

片麻岩试件单轴循环加卸载试验结果及应力 - 应变曲线见表 4.1 和图 4.2。其中：

（1）试件 P - 23 循环加卸载 5 次，卸载点分别为：轴向荷载 30kN、45kN、60kN、75kN、90kN；峰值强度 75.01MPa。

（2）试件 P - 24 循环加卸载 4 次，卸载点分别为：轴向荷载 30kN、50kN、70kN、90kN；峰值强度 45.55MPa。

（3）试件 P - 28 循环加卸载 5 次，卸载点分别为：轴向荷载 30kN、50kN、70kN、90kN、110kN；峰值强度 99.96MPa。

（4）试件 P - 47 循环加卸载 4 次，卸载点分别为：轴向荷载 30kN、50kN、70kN、90kN；峰值强度 72.44MPa。

（5）试件 P - 51 循环加卸载 3 次，卸载点分别为：轴向荷载 30kN、50kN、70kN；峰值强度 40.64MPa。

（6）试件 P - 52 循环加卸载 4 次，卸载点分别为：轴向荷载 30kN、50kN、70kN、90kN；峰值强度 45.93MPa。

表 4.1 片麻岩试件单轴循环加卸载试验结果

试件	循环次数	1↗	1↘	2↗	2↘	3↗	3↘	4↗	4↘	5↗	5↘
P-23	弹性模量 /GPa	39.70	38.45	40.08	39.15	40.81	35.06	43.58	37.86	42.28	41.41
	泊松比 μ	0.238	0.194	0.156	0.217	0.258	0.189	0.170	0.149	0.193	0.149
P-24	弹性模量 /GPa	38.75	0.243	39.46	38.67	40.27	39.66	41.11			
	泊松比 μ	37.63	0.218	0.218	0.216	0.241	0.230	0.240			
P-28	弹性模量 /GPa	31.63	30.55	43.55	42.56	45.05	44.29	56.37	55.61	47.61	46.77
	泊松比 μ	0.232	0.214	0.212	0.207	0.213	0.211	0.210	0.219	0.217	0.205
P-47	弹性模量 /GPa	50.81	48.81	51.34	40.00	52.20	40.94	52.84	41.50		
	泊松比 μ	0.210	0.212	0.231	0.232	0.231	0.227	0.246	0.243		
P-51	弹性模量 /GPa	40.88	49.70	52.24	51.51	43.20	42.41				
	泊松比 μ	0.184	0.162	0.164	0.158	0.249	0.248				
P-52	弹性模量 /GPa	30.31	38.58	41.09	37.63	39.57	38.33	40.01	38.55		
	泊松比 μ	0.183	0.232	0.213	0.189	0.212	0.212	0.223	0.216		

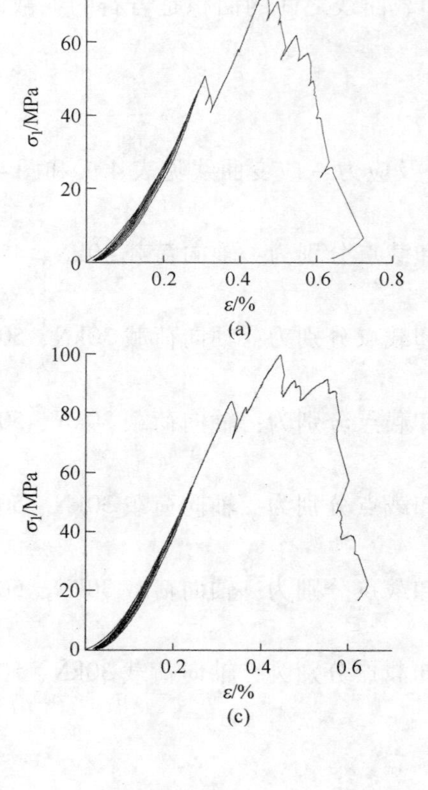

(a)

(c)

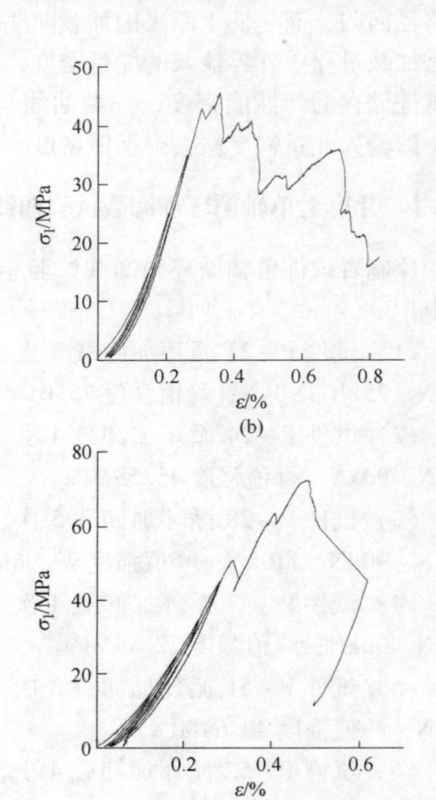

(b)

(d)

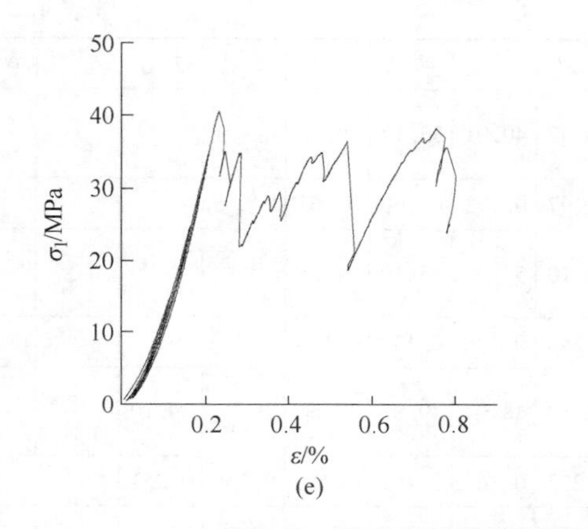

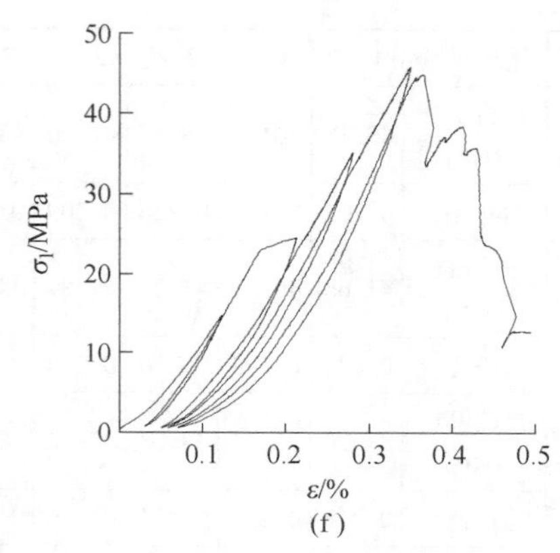

图 4.2 片麻岩试件单轴循环加卸载应力－应变曲线

(a) P－23；(b) P－24；(c) P－28；(d) P－47；(e) P－51；(f) P－52

4.2.2 辉绿岩单轴循环加卸载试验曲线

辉绿岩试件单轴循环加卸载试验结果及应力－应变曲线见表 4.2 和图 4.3。其中：

(1) 试件 L－29 循环加卸载 5 次，卸载点分别为：轴向荷载 30kN、50kN、70kN、90kN、115kN；峰值强度 66.61MPa。

(2) 试件 L－33 循环加卸载 4 次，卸载点分别为：轴向荷载 30kN、50kN、70kN、90kN；峰值强度 56.63MPa。

(3) 试件 L－40 循环加卸载 4 次，卸载点分别为：轴向荷载 30kN、50kN、70kN、90kN；峰值强度 69.89MPa。

(4) 试件 L－45 循环加卸载 5 次，卸载点分别为：轴向荷载 30kN、45kN、60kN、75kN、90kN；峰值强度 51.83MPa。

(5) 试件 L－47 循环加卸载 6 次，卸载点分别为：轴向荷载 30kN、45kN、60kN、75kN、90kN、105kN；峰值强度 88.05MPa。

(6) 试件 L－53 循环加卸载 5 次，卸载点分别为：轴向荷载 30kN、50kN、70kN、90kN、120kN；峰值强度 92.97MPa。

表 4.2 辉绿岩试件单轴循环加卸载试验结果

试件	循环次数	1↗	1↘	2↗	2↘	3↗	3↘	4↗	4↘	5↗	5↘	6↗	6↘
L－29	弹性模量 /GPa	27.72	29.49	25.31	29.52	20.55	35.51	37.40	33.58	35.87	41.22		
	泊松比 μ	0.162	0.154	0.180	0.220	0.249	0.234	0.211	0.210	0.179	0.149		

续表 4.2

试件	循环次数	1↗	1↘	2↗	2↘	3↗	3↘	4↗	4↘	5↗	5↘	6↗	6↘
L－33	弹性模量 /GPa	43. 15	40. 51	43. 17	41. 00	43. 37	40. 91	53. 17	49. 46				
	泊松比 μ	0. 202	0. 226	0. 226	0. 209	0. 197	0. 173	0. 160	0. 167				
L－40	弹性模量 /GPa	41. 66	40. 21	43. 09	41. 84	44. 10	53. 08	55. 19	54. 25				
	泊松比 μ	0. 174	0. 198	0. 210	0. 232	0. 246	0. 126	0. 157	0. 124				
L－45	弹性模量 /GPa	37. 20	36. 24	38. 08	37. 36	38. 74	48. 07	49. 31	38. 64	49. 71	39. 10		
	泊松比 μ	0. 213	0. 251	0. 224	0. 166	0. 233	0. 162	0. 232	0. 256	0. 235	0. 251		
L－47	弹性模量 /GPa	48. 16	36. 92	38. 67	37. 93	39. 46	38. 70	40. 08	39. 29	40. 80	39. 82	41. 14	40. 16
	泊松比 μ	0. 192	0. 194	0. 191	0. 183	0. 189	0. 168	0. 161	0. 148	0. 236	0. 222	0. 210	0. 217
L－53	弹性模量 /GPa	49. 38	38. 75	40. 38	39. 58	41. 56	41. 02	42. 77	42. 17	44. 53	43. 93		
	泊松比 μ	0. 226	0. 251	0. 153	0. 236	0. 244	0. 227	0. 234	0. 224	0. 229	0. 214		

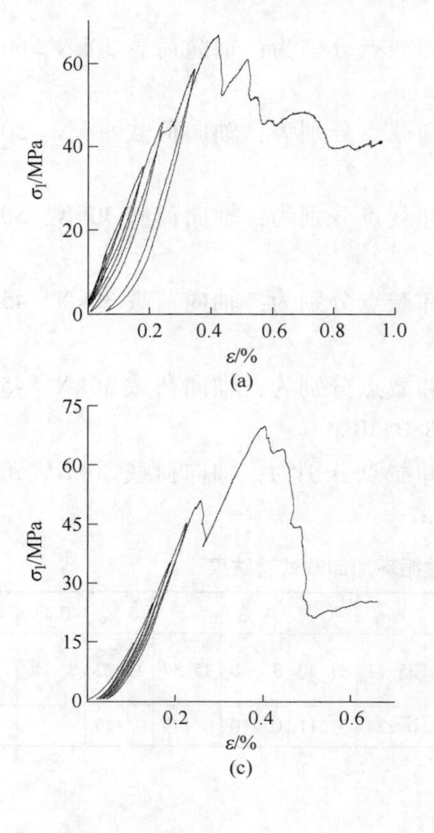

(a)

(c)

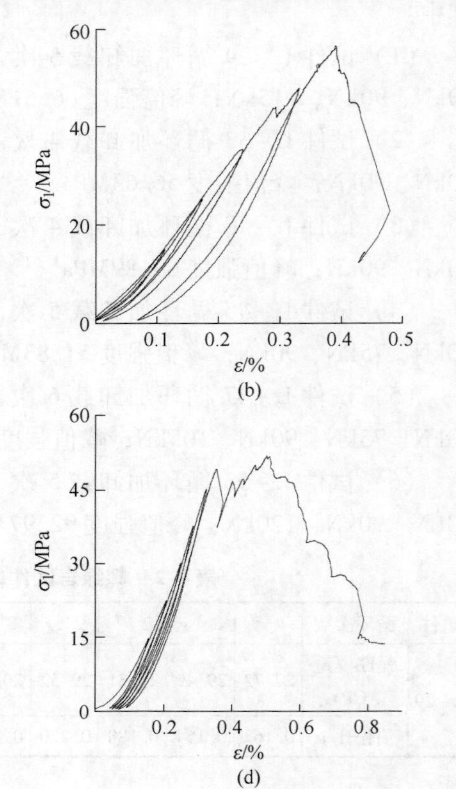

(b)

(d)

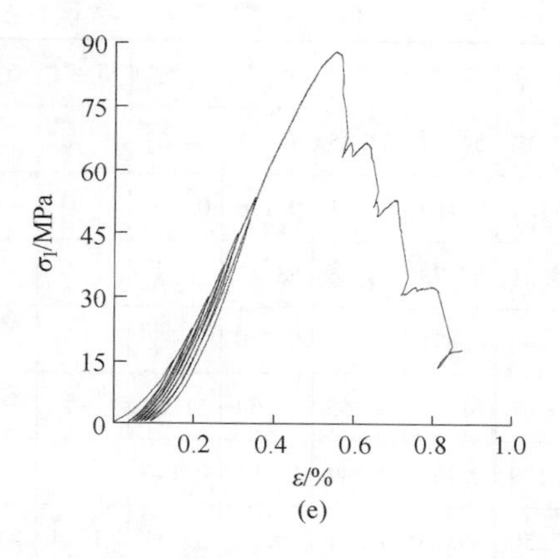

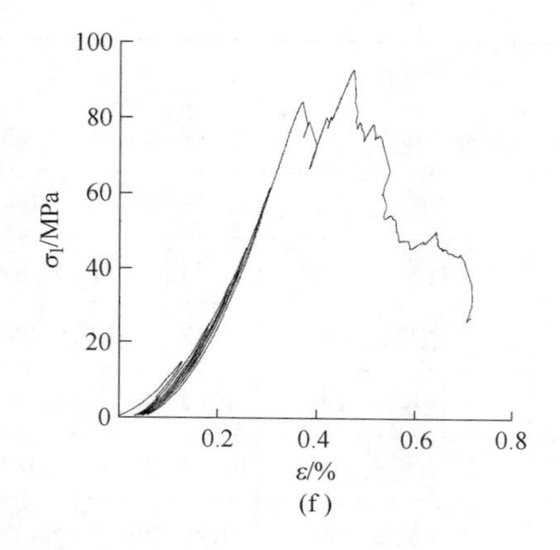

图 4.3 辉绿岩试件单轴循环加卸载应力 - 应变曲线
(a) L-29；(b) L-33；(c) L-40；(d) L-45；(e) L-47；(f) L-53

4.2.3 花岗岩单轴循环加卸载试验曲线

花岗岩试件单轴循环加卸载试验结果及应力 - 应变曲线见表 4.3 和图 4.4。其中：

(1) 试件 H-2 循环加卸载 4 次，卸载点分别为：轴向荷载 40kN、60kN、80kN、100kN；峰值强度 73.58MPa。

(2) 试件 H-3 循环加卸载 4 次，卸载点分别为：轴向荷载 40kN、60kN、80kN、100kN；峰值强度 95.15MPa。

(3) 试件 H-12 循环加卸载 4 次，卸载点分别为：轴向荷载 40kN、60kN、80kN、100kN；峰值强度 70.19 MPa。

(4) 试件 H-40 循环加卸载 4 次，卸载点分别为：轴向荷载 30kN、50kN、70kN、90kN；峰值强度 73.58MPa。

(5) 试件 H-41 循环加卸载 5 次，卸载点分别为：轴向荷载 30kN、50kN、70kN、90kN、120kN；峰值强度 110.06MPa。

(6) 试件 H-60 循环加卸载 4 次，卸载点分别为：轴向荷载 30kN、50kN、70kN、90kN；峰值强度 60.61MPa。

表 4.3 花岗岩试件单轴循环加卸载试验结果

试件	循环次数	1↗	1↘	2↗	2↘	3↗	3↘	4↗	4↘	5↗	5↘
H-2	弹性模量/GPa	50.69	49.62	51.77	40.99	52.06	42.19	53.85	43.10		
	泊松比 μ	0.197	0.177	0.213	0.175	0.255	0.187	0.178	0.166		

续表 4.3

试件	循环次数	1↗	1↘	2↗	2↘	3↗	3↘	4↗	4↘	5↗	5↘
H-3	弹性模量/GPa	51.88	40.54	53.03	52.10	54.24	53.45	55.31	54.63		
	泊松比 μ	0.175	0.174	0.184	0.164	0.186	0.181	0.196	0.190		
H-12	弹性模量/GPa	55.23	53.90	56.49	55.61	57.79	56.66	58.43			
	泊松比 μ	0.242	0.179	0.194	0.166	0.171	0.155	0.150			
H-40	弹性模量/GPa	50.02	48.69	60.62	49.67	61.35	50.65	62.34	51.59		
	泊松比 μ	0.164	0.136	0.184	0.179	0.182	0.144	0.195	0.176		
H-41	弹性模量/GPa	57.66	56.36	58.19	57.50	59.13	58.51	59.91	59.31	61.14	60.63
	泊松比 μ	0.168	0.145	0.143	0.132	0.141	0.135	0.151	0.138	0.153	0.142
H-60	弹性模量/GPa	52.07	49.59	62.86	61.02	63.79	62.31	64.57	63.05		
	泊松比 μ	0.157	0.172	0.176	0.174	0.191	0.198	0.193	0.180		

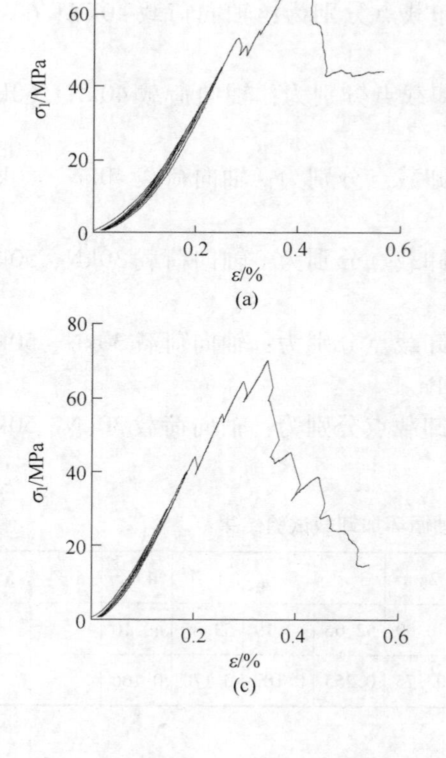

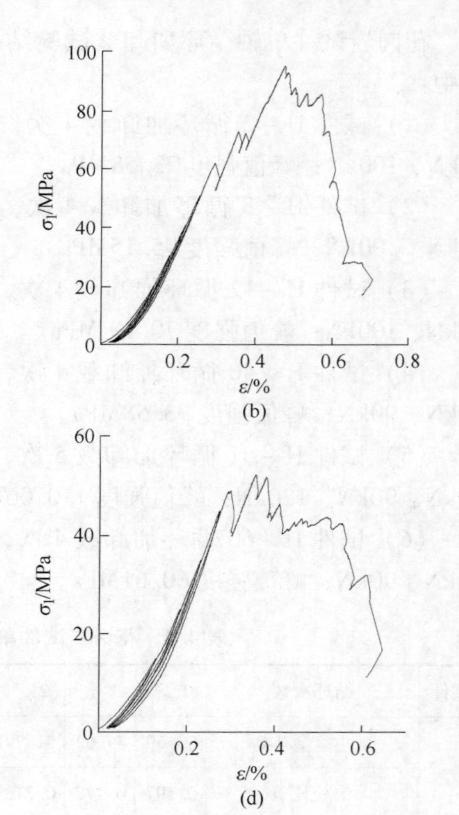

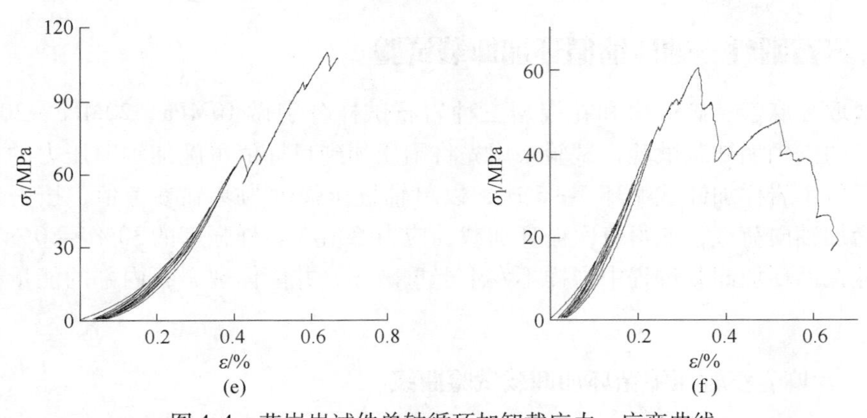

图4.4 花岗岩试件单轴循环加卸载应力－应变曲线

(a) H－2；(b) H－3；(c) H－12；(d) H－40；(e) H－41；(f) H－60

4.2.4 石英岩单轴循环加卸载试验曲线

石英岩试件单轴循环加卸载试验结果及应力－应变曲线分别见表4.4和图4.5。其中：

试件S－32循环加卸载6次，卸载点分别为：轴向荷载50kN、80kN、110kN、140kN、180kN、240kN；峰值强度153.76MPa。

表4.4 石英岩试件单轴循环加卸载试验结果

试件	循环次数	1↗	1↘	2↗	2↘	3↗	3↘	4↗	4↘	5↗	5↘	6↗	6↘
S－32	弹性模量/GPa	75.30	73.55	77.84	76.65	79.93	79.18	81.37	80.31	81.44	80.48	82.16	81.02
	泊松比 μ	0.176	0.136	0.189	0.199	0.187	0.144	0.135	0.186	0.167	0.144	0.178	0.144

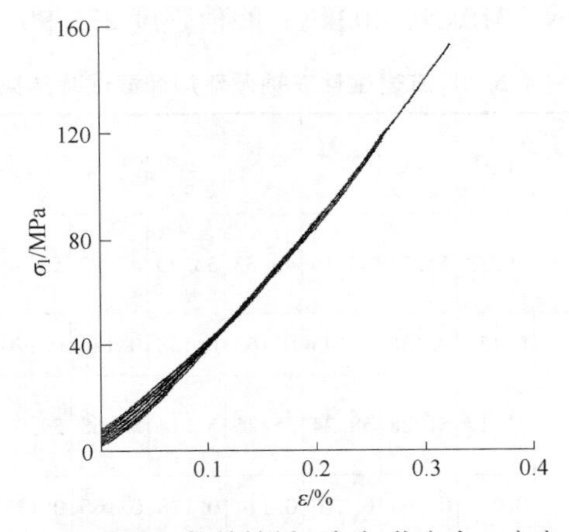

图4.5 石英岩试件单轴循环加卸载应力－应变曲线

4.3 岩石刚性三轴压缩循环加卸载试验

选取片麻岩、辉绿岩和花岗岩三种岩石试样分别做 10MPa、20MPa、30MPa 围压下的三轴加卸载试验，试验采用先将围压加到目标值再施加轴向压力的方法进行。每个岩样加卸载循环 3 ~ 5 次，以单轴抗压强度为基础参考值，按一定的方式增加轴向荷载，使得每次循环加载的应力峰值在岩样强度的 30% ~80%，从而保证在循环加卸载过程中岩样不发生严重破坏，并能体现岩石内部的能量演化特征。

4.3.1 片麻岩三轴压缩循环加卸载试验曲线

片麻岩试件三轴循环加卸载试验结果及应力 - 应变曲线见表 4.5 和图 4.6。其中：

（1）试件 P - 19 循环加卸载 5 次（围压 10MPa），卸载点分别为：轴向荷载 80kN、120kN、170kN、220kN、270kN；峰值强度 179.99MPa。

（2）试件 P - 48 循环加卸载 4 次（围压 10MPa），卸载点分别为：轴向荷载 80kN、120kN、170kN、205kN；峰值强度 131.59MPa。

（3）试件 P - 21 循环加卸载 6 次（围压 20MPa），卸载点分别为：轴向荷载 120kN、160kN、210kN、270kN、340kN；峰值强度 179.99MPa。

（4）试件 P - 54 循环加卸载 5 次（围压 20MPa），卸载点分别为：轴向荷载 120kN、160kN、210kN、270kN、340kN；峰值强度 260.56MPa。

（5）试件 P - 25 循环加卸载 6 次（围压 30MPa），卸载点分别为：轴向荷载 160kN、200kN、250kN、310kN、400kN；峰值强度 282.69MPa。

（6）试件 P - 56 循环加卸载 5 次（围压 30MPa），卸载点分别为：轴向荷载 160kN、200kN、250kN、310kN、400kN；峰值强度 275.90MPa。

表 4.5 片麻岩试件三轴循环加卸载试验结果

围压 /MPa	试件	循环次数	1↗	1↘	2↗	2↘	3↗	3↘	4↗	4↘	5↗	5↘	6↗
10	P - 19	弹性模量 /GPa	59.58	51.71	50.19	45.33	53.39	47.99	55.44	50.37	57.29	51.76	
		泊松比 μ	0.157	0.136	0.145	0.163	0.188	0.146	0.170	0.156	0.185	0.175	
	P - 48	弹性模量 /GPa	55.17	51.28	58.24	55.26	52.14	58.68	54.05				
		泊松比 μ	0.227	0.164	0.276	0.114	0.128	0.166	0.131				

续表 4.5

围压/MPa	试件	循环次数	1↗	1↘	2↗	2↘	3↗	3↘	4↗	4↘	5↗	5↘	6↗
20	P-21	弹性模量/GPa	40.76	33.99	42.50	38.14	46.32	42.23	49.48	45.72	53.98	49.03	54.45
		泊松比 μ	0.250	0.152	0.192	0.113	0.190	0.112	0.197	0.131	0.119	0.156	0.151
	P-54	弹性模量/GPa	47.06	40.20	49.00	44.08	52.13	48.13	55.89	50.88	58.69	53.27	
		泊松比 μ	0.220	0.202	0.187	0.172	0.241	0.210	0.191	0.180	0.182	0.175	
30	P-25	弹性模量/GPa	70.52	55.47	68.28	56.78	68.65	58.96	70.11	64.26	72.69	63.36	68.85
		泊松比 μ	0.129	0.159	0.172	0.122	0.133	0.133	0.168	0.203	0.147	0.213	0.150
	P-56	弹性模量/GPa	54.75	43.79	54.21	46.20	56.95	49.32	61.38	50.08	62.39	52.28	
		泊松比 μ	0.259	0.265	0.122	0.200	0.187	0.176	0.198	0.176	0.213	0.176	

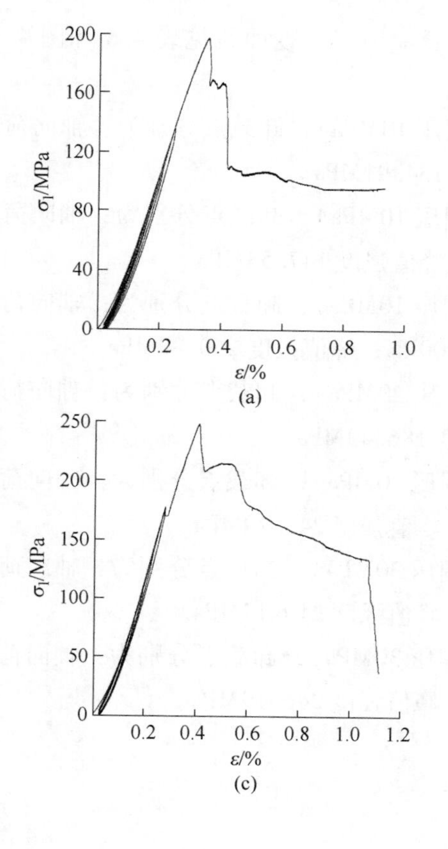

(a)
(c)

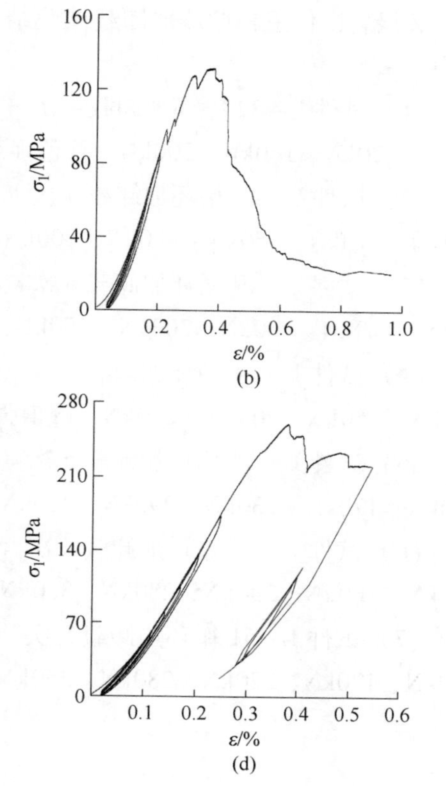

(b)
(d)

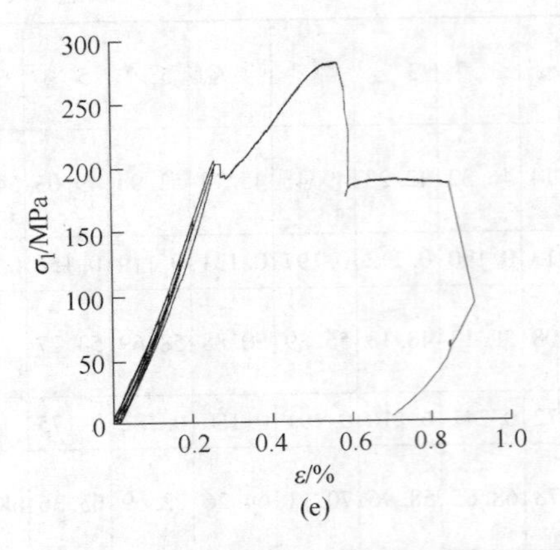

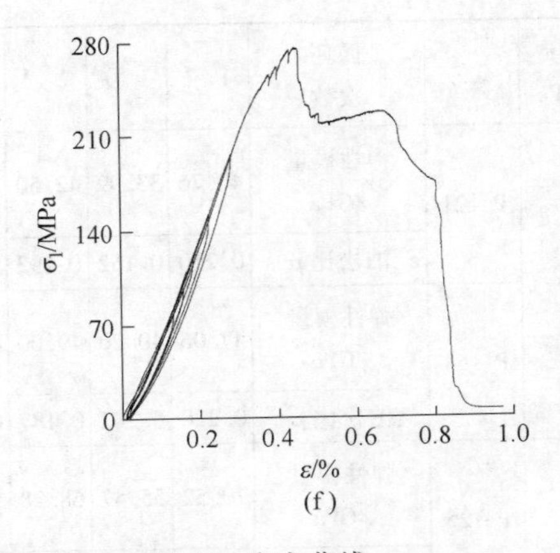

图 4.6 片麻岩试件三轴压缩循环加卸载应力 - 应变曲线

(a) P-19(围压 10MPa);(b) P-48(围压 10MPa);(c) P-21(围压 20MPa);
(d) P-54(围压 20MPa);(e) P-25(围压 30MPa);(f) P-56(围压 30MPa)

4.3.2 辉绿岩三轴压缩循环加卸载试验曲线

辉绿岩试件三轴循环加卸载试验结果及应力 - 应变曲线见表 4.6 和图 4.7。其中:

(1) 试件 L-32 循环加卸载 4 次(围压 10MPa),卸载点分别为:轴向荷载 80kN、120kN、160kN、200kN;峰值强度 134.91MPa。

(2) 试件 L-42 循环加卸载 5 次(围压 10MPa),卸载点分别为:轴向荷载 870kN、110kN、150kN、190kN、200kN;峰值强度 147.53MPa。

(3) 试件 L-49 循环加卸载 6 次(围压 10MPa),卸载点分别为:轴向荷载 80kN、120kN、160kN、200kN、250kN、300kN;峰值强度 250.88MPa。

(4) 试件 L-34 循环加卸载 4 次(围压 20MPa),卸载点分别为:轴向荷载 110kN、150kN、200kN、250kN;峰值强度 186.42MPa。

(5) 试件 L-54 循环加卸载 5 次(围压 20MPa),卸载点分别为:轴向荷载 120kN、170kN、230kN、290kN、350kN;峰值强度 246.19MPa。

(6) 试件 L-39 循环加卸载 6 次(围压 30MPa),卸载点分别为:轴向荷载 130kN、180kN、230kN、280kN、330kN;峰值强度 219.17MPa。

(7) 试件 L-51 循环加卸载 5 次(围压 30MPa),卸载点分别为:轴向荷载 120kN、170kN、220kN、280kN、350kN;峰值强度 246.19MPa。

表 4.6 辉绿岩试件三轴循环加卸载试验结果

围压/MPa	试件	循环次数	1↗	1↘	2↗	2↘	3↗	3↘	4↗	4↘	5↗	5↘	6↗	6↘
10	L-32	弹性模量/GPa	42.31	32.92	42.35	35.99	43.94	37.58	44.77	37.18	46.36	40.94	45.02	
		泊松比 μ	0.213	0.203	0.186	0.194	0.192	0.178	0.196	0.177	0.199	0.159	0.148	
	L-42	弹性模量/GPa	55.32	37.11	49.10	37.45	47.57	37.41	46.65	36.15	47.80			
		泊松比 μ	0.237	0.161	0.178	0.167	0.188	0.179	0.176	0.209	0.201			
	L-49	弹性模量/GPa	54.73	44.02	55.40	49.82	58.63	53.47	60.99	56.99	64.87	59.72	66.20	61.31
		泊松比 μ	0.225	0.216	0.212	0.202	0.221	0.212	0.202	2.190	0.204	0.209	0.199	0.186
20	L-34	弹性模量/GPa	57.21	43.51	54.40	45.29	55.89	46.49	56.33	46.32	59.15			
		泊松比 μ	0.210	0.218	0.241	0.209	0.217	0.205	0.179	0.139	0.153			
	L-54	弹性模量/GPa	64.86	54.26	64.72	54.00	68.60	60.47	69.10	62.67	70.25	64.32	71.75	
		泊松比 μ	0.221	0.232	0.245	0.220	0.180	0.171	0.153	0.177	0.141	0.199	0.162	
30	L-39	弹性模量/GPa	63.89	49.97	62.03	51.58	61.67	51.47	61.16	49.78	59.87	47.43	59.30	
		泊松比 μ	0.204	0.174	0.160	0.149	0.174	0.160	0.175	0.168	0.172	0.180	0.150	
	L-51	弹性模量/GPa	51.25	41.85	54.17	48.95	58.80	53.24	61.66	57.07	65.71	60.74	73.86	
		泊松比 μ	0.198	0.160	0.178	0.163	0.213	0.193	0.184	0.163	0.179	0.192	0.154	

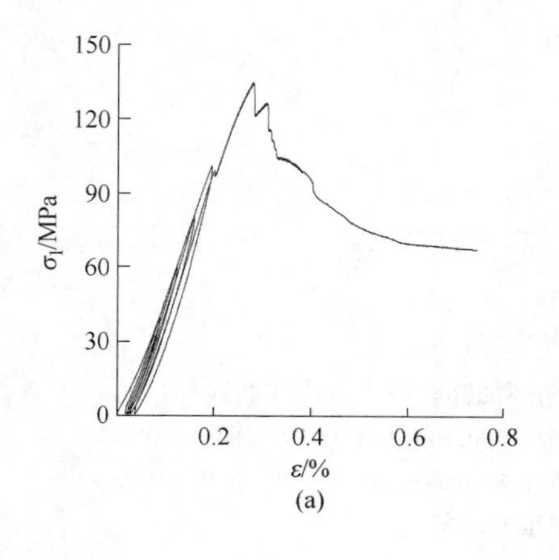

(a)

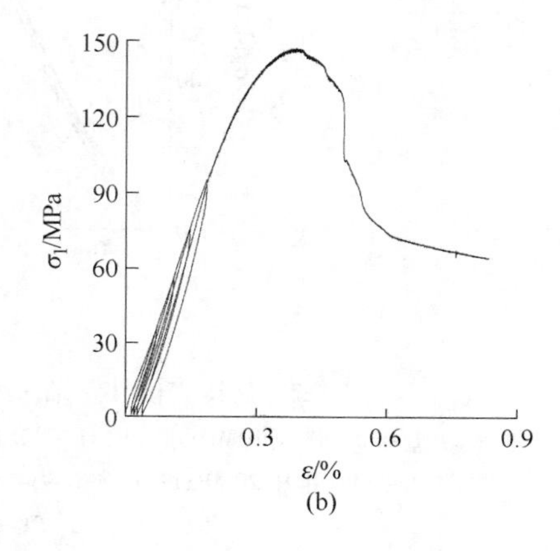

(b)

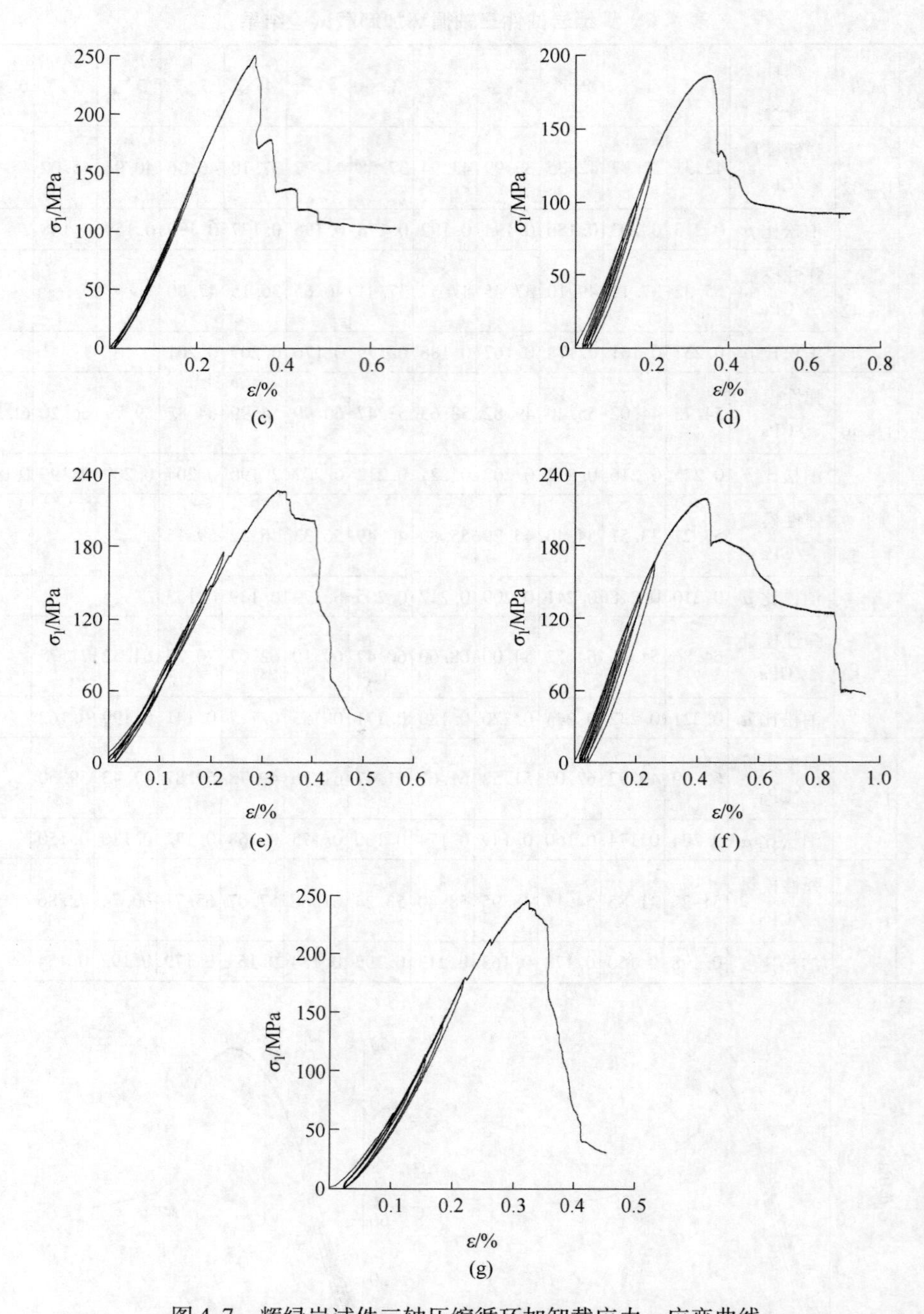

图 4.7　辉绿岩试件三轴压缩循环加卸载应力 - 应变曲线

（a）L－32（围压 10MPa）；（b）L－42（围压 10MPa）；（c）L－49（围压 10MPa）

（d）L－34（围压 20MPa）；（e）L－54（围压 20MPa）；（f）L－39（围压 30MPa）

（g）L－51（围压 30MPa）

4.3.3 花岗岩三轴压缩循环加卸载试验曲线

花岗岩试件三轴循环加卸载试验结果及应力－应变曲线见表4.7和图4.8。其中：

（1）试件H－4循环加卸载4次（围压10MPa），卸载点分别为：轴向荷载80kN、120kN、170kN、230kN；峰值强度152.08MPa。

（2）试件H－45循环加卸载6次（围压10MPa），卸载点分别为：轴向荷载80kN、120kN、170kN、230kN、300kN；峰值强度218.46MPa。

（3）试件H－8循环加卸载6次（围压20MPa），卸载点分别为：轴向荷载120kN、160kN、210kN、270kN、340kN；峰值强度258.89MPa。

（4）试件H－42循环加卸载6次（围压20MPa），卸载点分别为：轴向荷载120kN、160kN、210kN、270kN、340kN、360kN；峰值强度256.44MPa。

（5）试件H－13循环加卸载4次（围压20MPa），卸载点分别为：轴向荷载150kN、190kN、240kN、300kN；峰值强度149.68MPa。

（6）试件H－46循环加卸载6次（围压30MPa），卸载点分别为：轴向荷载160kN、200kN、250kN、310kN、380kN；峰值强度417.45MPa。

（7）试件H－59循环加卸载6次（围压30MPa），卸载点分别为：轴向荷载160kN、210kN、270kN、340kN、420kN；峰值强度346.19MPa。

表4.7 花岗岩试件三轴循环加卸载试验结果

围压/MPa	试件	循环次数	1↗	1↘	2↗	2↘	3↗	3↘	4↗	4↘	5↗	5↘	6↗
10	H－4	弹性模量/GPa	60.52	55.85	53.42	50.05	57.35	57.05	61.35	53.40	69.68		
		泊松比 μ	0.206	0.176	0.187	0.190	0.150	0.163	0.180	0.513	0.894		
	H－45	弹性模量/GPa	69.02	62.26	61.49	56.81	65.66	58.54	57.74	52.70	61.33	55.70	56.10
		泊松比 μ	0.184	0.177	0.188	0.169	0.164	0.158	0.176	0.162	0.151	0.148	0.140
20	H－8	弹性模量/GPa	56.77	54.62	57.40	50.55	60.07	53.20	63.19	55.00	66.78	56.26	69.43
		泊松比 μ	0.218	0.185	0.255	0.113	0.238	0.164	0.167	0.177	0.174	0.213	0.215
	H－42	弹性模量/GPa	63.21	58.87	65.38	62.07	68.65	55.15	61.74	58.08	59.43	60.93	64.18
		泊松比 μ	0.190	0.221	0.177	0.196	0.168	0.194	0.178	0.199	0.174	0.204	0.189

续表 4.7

围压 /MPa	试件	循环次数	1↗	1↘	2↗	2↘	3↗	3↘	4↗	4↘	5↗	5↘	6↗
20	H-13	弹性模量 /GPa	72.48	60.34	72.06	62.66	77.15	69.06	81.98	45.51			
		泊松比 μ	0.162	0.141	0.159	0.154	0.165	0.235	0.206	0.148			
30	H-46	弹性模量 /GPa	51.65	43.27	52.23	46.20	56.00	49.43	59.25	51.67	61.57	54.45	60.41
		泊松比 μ	0.197	0.238	0.179	0.211	0.159	0.242	0.157	0.242	0.162	0.238	0.142
	H-59	弹性模量 /GPa	53.80	46.94	56.35	51.92	61.48	56.49	65.78	60.78	69.82	64.52	68.86
		泊松比 μ	0.166	0.170	0.159	0.208	0.184	0.174	0.215	0.163	0.156	0.196	0.180

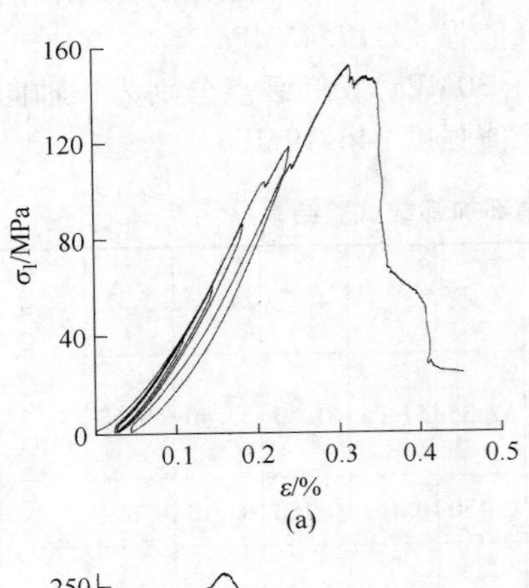

(a)

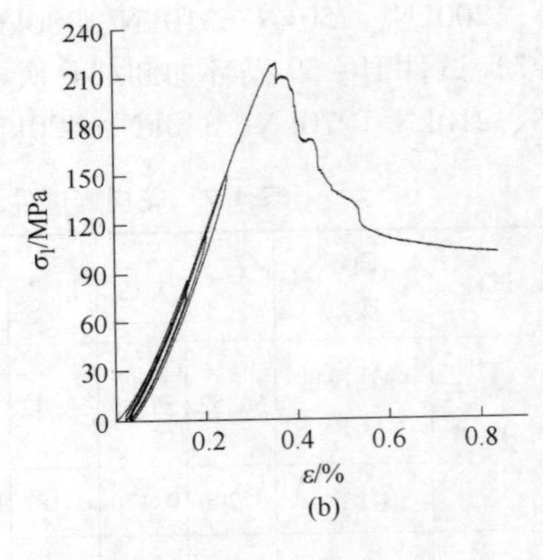

(b)

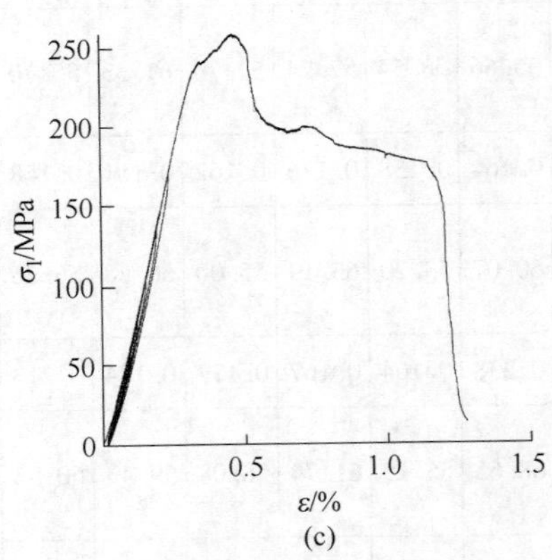

(c)

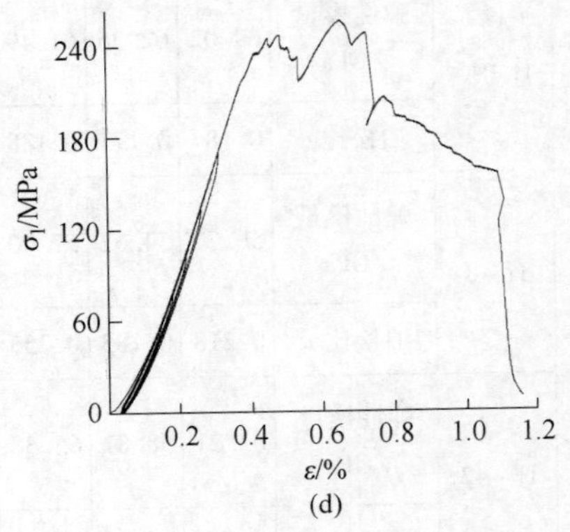

(d)

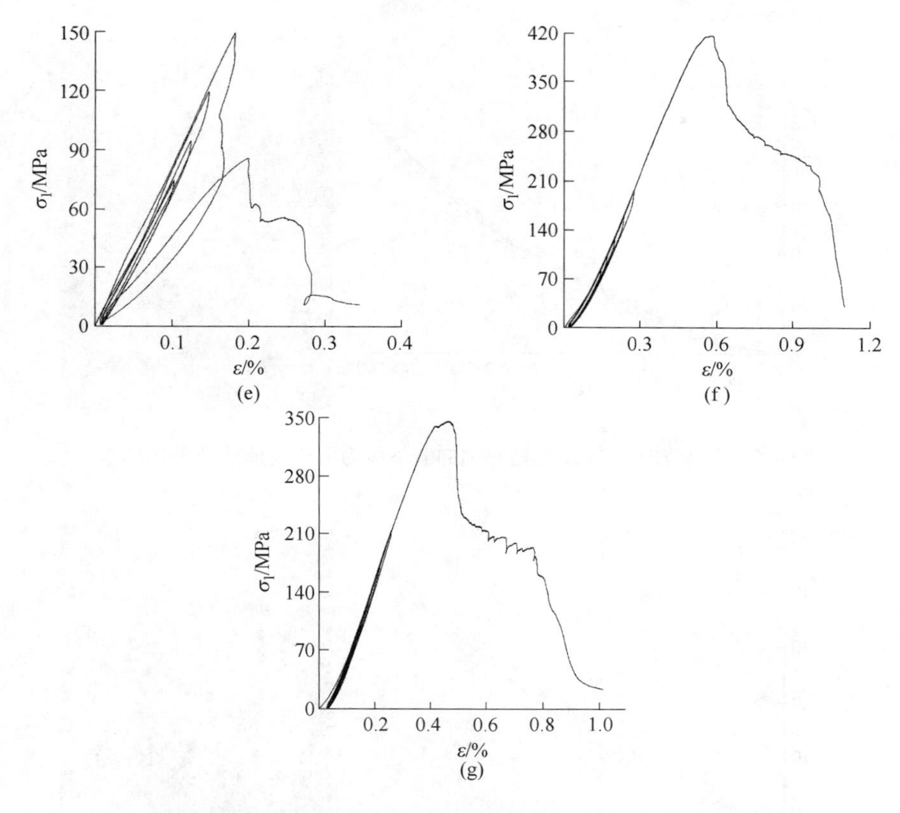

图4.8 花岗岩试件三轴压缩循环加卸载应力-应变曲线

(a) H-4 (围压10MPa); (b) H-45 (围压10MPa); (c) H-8 (围压20MPa)
(d) H-42 (围压20MPa); (e) H-13 (围压20MPa); (f) H-46 (围压30MPa)
(g) H-59 (围压30MPa)

4.4 单轴循环加卸载下岩石能量演化与分配规律

4.4.1 单轴循环加卸载曲线及破坏形态

片麻岩、辉绿岩和花岗岩三类岩石六个试件单轴循环加卸载应力-应变曲线循环加卸载部分及破坏形式如图4.9~图4.14所示。

当试件从一定的应力水平卸载时，卸载曲线不会沿原始加载曲线而是低于原始加载曲线发展。可以认为，外界输入的能量（外载对试件所做的功）转化为两个部分：一部分以试件损伤能和塑性变形能的形式被耗散；另一部分则以弹性应变能的形式积聚在试件里，卸载时被释放。加载曲线下的面积是外界输入的总能量密度，而卸载曲线下的面积是试件释放的弹性能密度。由输入的总能量密度减去试件的弹性能密度即为耗散能密度，也就是加卸载曲线之间的面积。

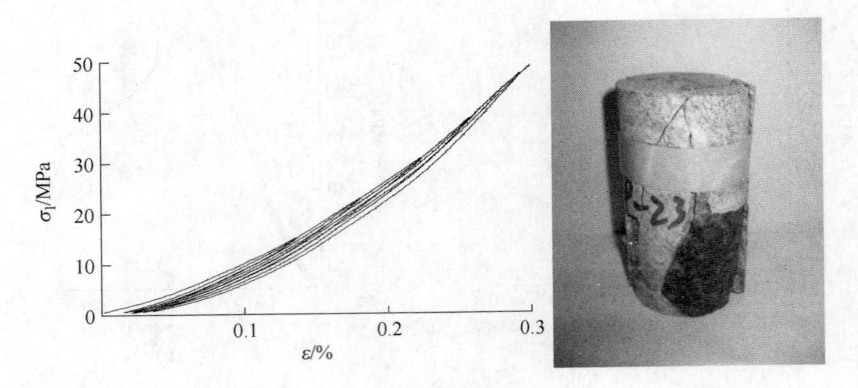

图 4.9 片麻岩 P－23 单轴循环加卸载下应力－应变曲线及破坏形态

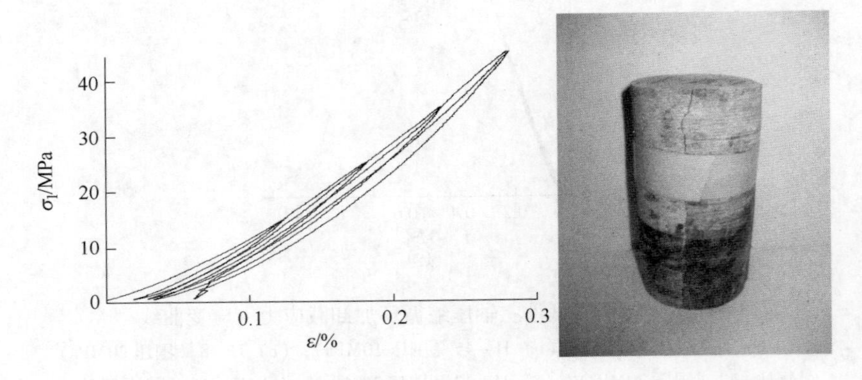

图 4.10 片麻岩 P－47 单轴循环加卸载下应力－应变曲线及破坏形态

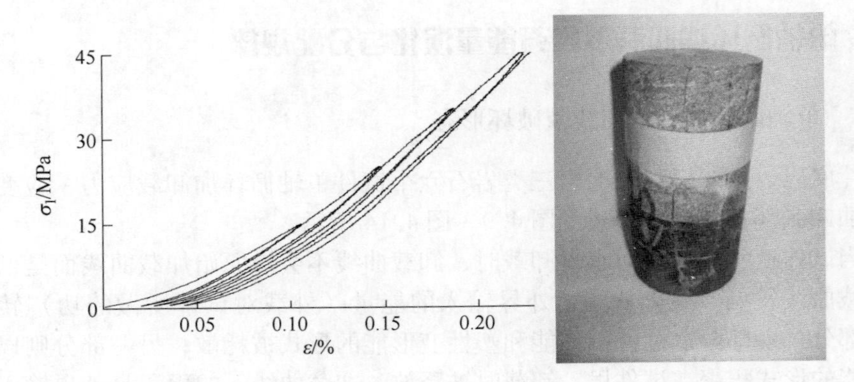

图 4.11 辉绿岩 L－40 单轴循环加卸载下应力－应变曲线及破坏形态

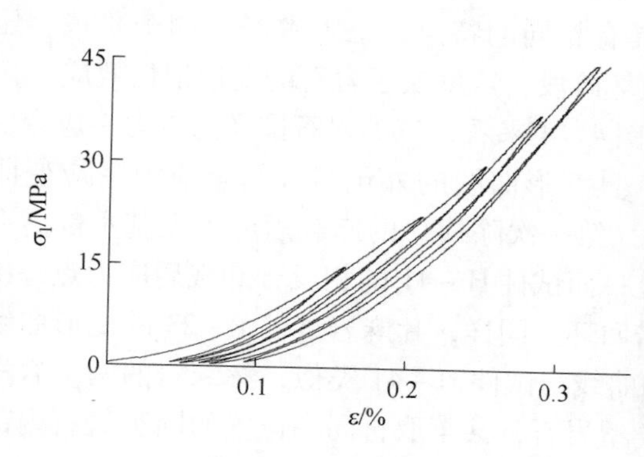

图 4.12　辉绿岩 L－45 单轴循环加卸载下应力－应变曲线及破坏形态

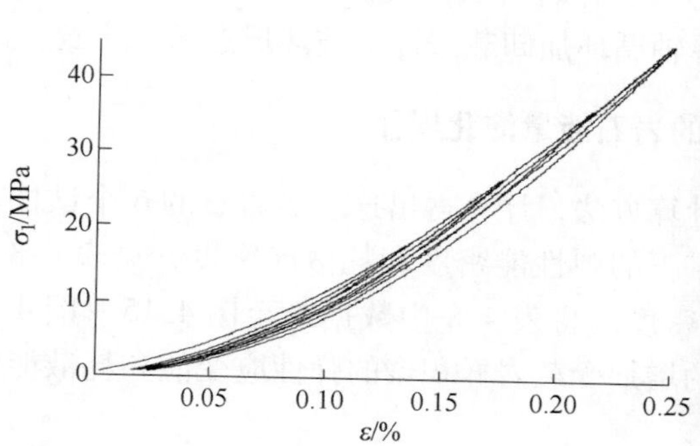

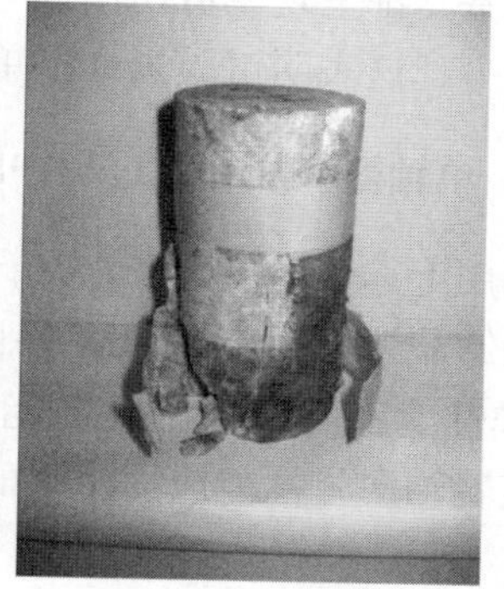

图 4.13　花岗岩 H－2 单轴循环加卸载下应力－应变曲线及破坏形态

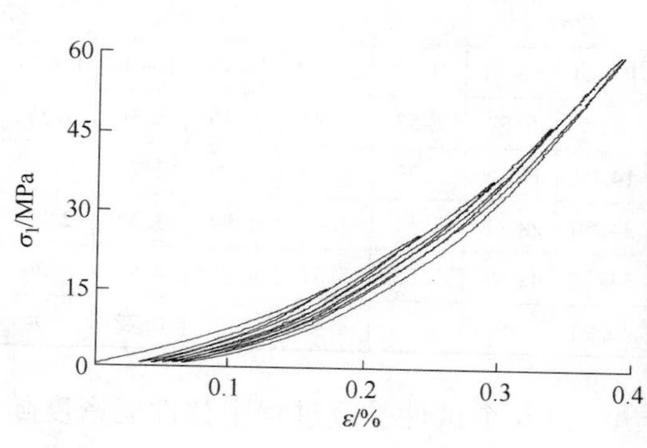

图 4.14　花岗岩 H－41 单轴循环加卸载下应力－应变曲线及破坏形态

如图 4.2 ~ 图 4.5 所示，单轴循环加卸载应力 - 应变曲线的外包络线与单轴加载试验中的应力 - 应变曲线具有相同的特点，也大致经历四个阶段：压密阶段、线弹性阶段、弱化阶段和破坏阶段，这反映了岩石的变形记忆效应。

从应力 - 应变曲线图 4.9 ~ 图 4.14 来看，三类岩石试样的应力 - 应变曲线基本都经过上一次循环的峰值点，且变形曲线的外包络线与全应力 - 应变曲线类似。花岗岩试件 H - 2 每次循环（第一次除外）的卸载后应力点基本都落在相同的位置，滞回环相对也不太明显；而试件 H - 41 的相反，卸载后应力点每次都不一样，且每次都形成较为明显滞回环。同样，片麻岩试件 P - 23 的变形曲线与试件 H - 2 类似，而试件 P - 47 的曲线与试件 H - 41 类似；辉绿岩的两个岩样则表现出相似的特征。这表明不同类型岩石，甚至取自同一位置的同类岩石内部结构亦有较大的区别，从而影响了试件的破坏变形过程。

从破坏形态来看，除片麻岩试件 P - 23 有两个明显的破裂面外，其他岩样破坏形态基本都呈现单剪切面破坏。三种岩石试件的破碎块基本上都只有两大块，碎屑较少，这表明试验岩样在单轴循环加卸载条件下破坏形态基本一致。

4.4.2 单轴循环加卸载过程中的岩石能量演化规律

利用上述试验曲线及能量计算方法，计算得出这三类岩石的 6 个试件在单轴循环加卸载过程中不同卸载水平下的弹性能密度和耗散能密度，见表 4.8，表中 U_{ie} 为弹性能密度，U_{id} 为耗散能密度。将表 4.8 中数据绘至图 4.15 ~ 图 4.17 中，得到随着轴向弹性能应力水平的增加受载岩样积聚的弹性应变能和耗散能的演化规律。

表 4.8 各类岩石试件弹性应变能和耗散能统计表

循环次数 n	$U_{ie}/kJ \cdot m^{-3}$						$U_{id}/kJ \cdot m^{-3}$					
	花岗岩		辉绿岩		片麻岩		花岗岩		辉绿岩		片麻岩	
	H - 2	H - 41	L - 40	L - 45	P - 23	P - 47	H - 2	H - 41	L - 40	L - 45	P - 23	P - 47
1	8.51	8.94	5.26	6.60	7.85	6.52	1.53	2.94	1.46	2.59	1.57	1.98
2	16.60	20.23	11.62	13.97	14.94	15.88	1.79	3.56	1.99	2.72	1.98	3.17
3	27.05	33.81	21.17	21.67	24.50	28.08	2.57	4.61	2.94	3.77	2.77	4.83
4	39.34	47.84	32.33	30.33	34.32	42.74	3.55	5.57	4.72	4.91	3.80	7.67
5		77.42		40.31	46.95			8.44		6.72	4.94	

从图 4.15 ~ 图 4.17 可以看出，这 6 个试件受载过程中弹性能密度随轴向应力的演化曲线相差不大。演化曲线整体呈非线性增长，一开始增长速率较小，随后逐渐增大。如表 4.9 所示，当达到应力峰值阶段时，加载输入的总能量密度达到最大，此时弹性能密度也最大，最后能量开始释放，并引起岩石试件的宏观破

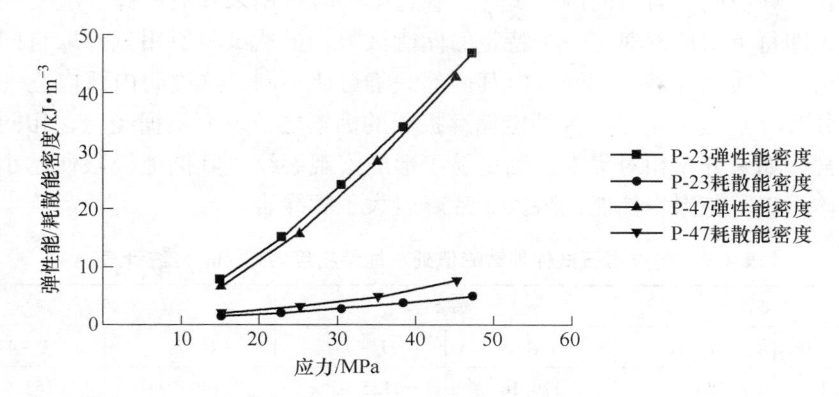

图 4.15 片麻岩弹性能/耗散能密度随轴向应力的演化规律

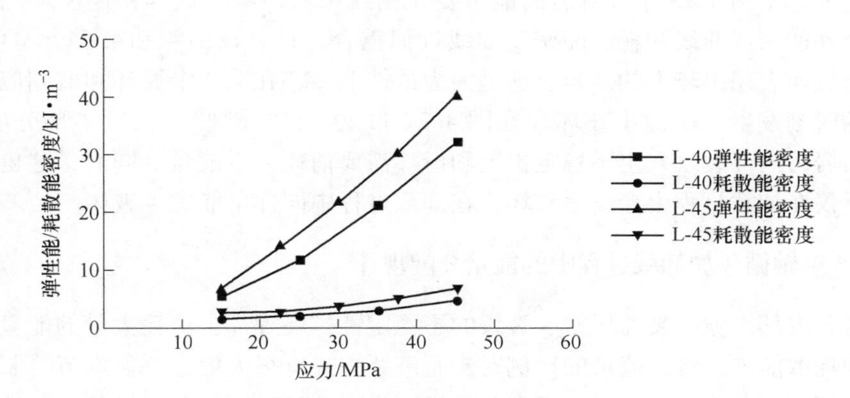

图 4.16 辉绿岩弹性能/耗散能密度随轴向应力的演化规律

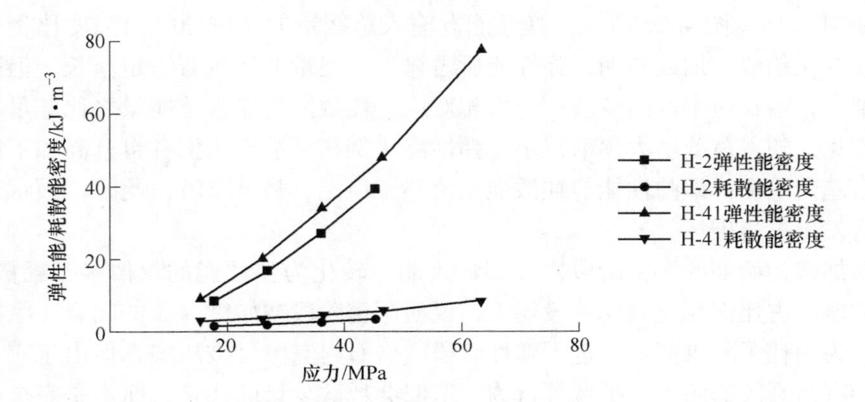

图 4.17 花岗岩弹性能/耗散能密度随轴向应力的演化规律

裂。而且，即使同类岩石的两个试件，临近破坏时可用来释放的弹性应变能也不尽相同，即每个试件都对应一个特定的储能极限，虽然试验所用试件取自同一类岩石，组分、质地等基本相同，但其内部缺陷可能不同，这说明内部构造（初始微裂纹分布等）是决定岩石弹性能储存极限的因素之一。而根据经验，相同的微裂纹密度，如果分布相对集中，则更易于形成宏观裂纹，其储能极限便越小。另外，整体看来，花岗岩储能极限大于片麻岩大于辉绿岩。

表 4.9 各类岩石试件加载峰值处总能量密度（kJ/m^3）统计表

花岗岩		辉绿岩		片麻岩	
H－2	H－41	L－40	L－45	P－23	P－47
135.51	280.27	129.10	125.02	149.79	161.93

此外，由图 4.15 中片麻岩的能量变化曲线来看，两个试样初期循环加卸载时，弹性能密度曲线和耗散能密度曲线近似重合，只有在第 4 和第 5 个循环中，两条曲线才表现出较大的差异。这是因为试件 P－47 在第 3 个循环卸载到应力接近零的时刻发生一次微小破坏（在图 4.2(d) 中可以体现），消耗了部分能量，这表明岩石内部裂纹发生不稳定扩展和滑移需要消耗大量能量。同时，这也表明岩石不仅在加载过程中会发生破坏，在卸载过程中同样可能发生破坏。

4.4.3 单轴循环加卸载过程中的能量分配规律

岩石内部空隙、裂隙压密、裂纹的不稳定性扩展等都会消耗大量的能量，弹性能和耗散能占总输入能量的比例对岩石破坏方式有很大的影响。本节绘制了片麻岩、辉绿岩、花岗岩三类岩石在单轴循环加卸载下弹性能和耗散能占总输入能量的比值随峰值强度比例的变化曲线，以反映岩石破坏过程中能量的分配规律。

如图 4.18 ~ 图 4.20 所示，弹性能占输入总能量的比例随峰值强度比例呈现非线性变化趋势。加载初期，弹性能所占输入总能量的比例有一定增长，但随着荷载增大，增长速率逐渐变缓；与之相对应，耗散能与输入总能量之比亦呈现非线性变化，随着荷载增大逐渐减小。弹性能比例和耗散能比例各自升高和下降一定值后趋向平衡，即弹性能与耗散能比值趋于稳定（图 4.21），此时，预示着岩石即将发生失稳破坏。

在加载初始期的压密阶段，外部输入能量转化为弹性能的量值多于耗散能，但耗散能所占比例相比其他阶段要大，说明压密阶段初始微裂纹的闭合、摩擦滑移等行为消耗了不少能量；进入弹性阶段，岩石内空隙已被压实，但由于应力集中，会有微裂纹的萌生、扩展等行为，依旧会耗散少量的能量，而不是完全的弹性过程；临近破坏时微裂纹的连通及宏观裂纹的形成和失稳扩展，提高了耗散能所占的比例。

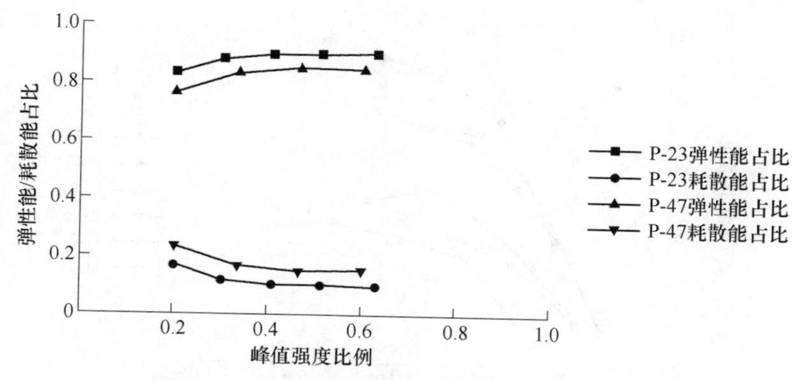

图 4.18 片麻岩弹性能/耗散能占输入总能量的比例随峰值强度比例的演化规律

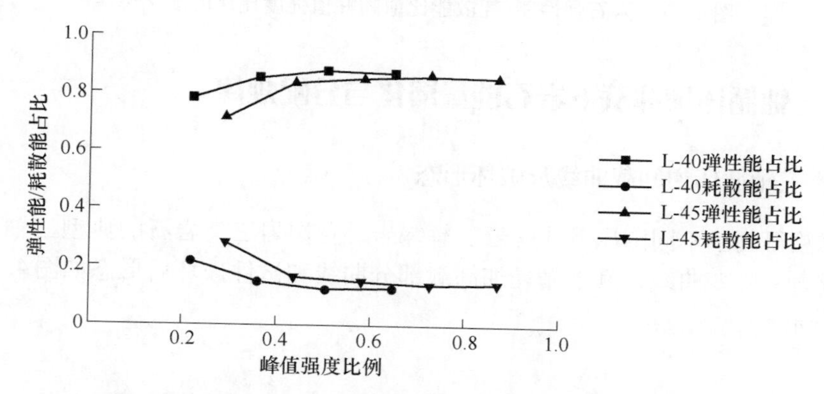

图 4.19 辉绿岩弹性能/耗散能占输入总能量的比例随峰值强度比例的演化规律

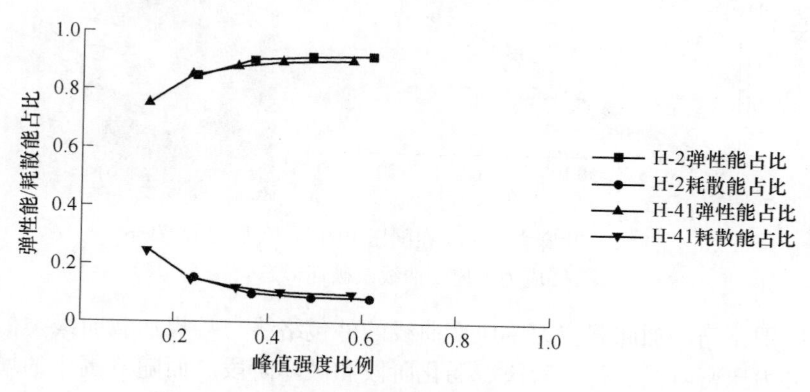

图 4.20 花岗岩弹性能/耗散能占输入总能量的比例随峰值强度比例的演化规律

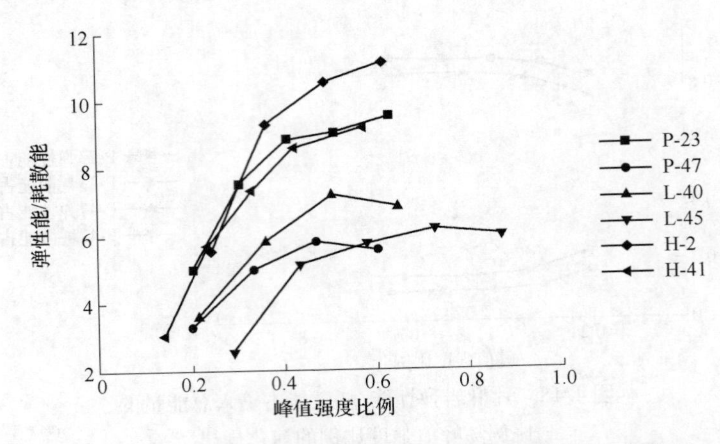

图 4.21 岩石弹性能/耗散能比值随峰值强度比例的演化规律

4.5 三轴循环加卸载下岩石能量演化与分配规律

4.5.1 三轴循环加卸载曲线及破坏形态

试验得到了不同围压下片麻岩、辉绿岩、花岗岩三类岩石的典型三轴循环加卸载应力－应变曲线，其中循环加卸载部分曲线和试件破坏后形态如图 4.22 ~ 图 4.30 所示。

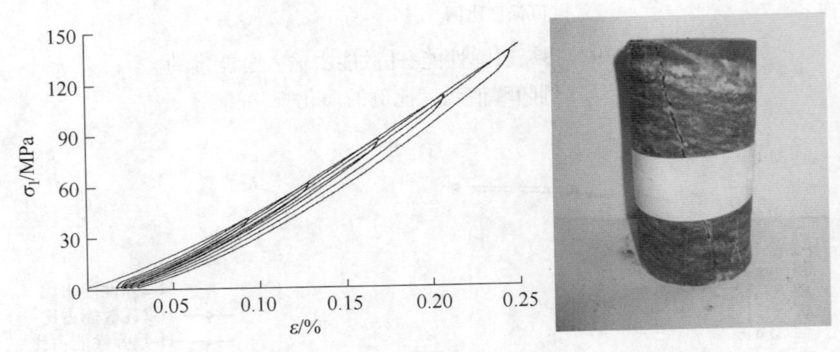

图 4.22 片麻岩 P－19 在围压 10MPa 下循环加卸载下应力－应变曲线及破坏形态

不同围压循环加卸载应力－应变曲线的外包络线与常规加载曲线类似，同样可以划分为压密阶段、弹性阶段、弱化阶段和破坏阶段。而随着围压的增大，压密阶段变得不明显。这是因为施加轴向压力之前，围压（高静水压力）已使试件内部天然空隙闭合。围压越大，峰前弱化阶段越明显，表明高围压使得岩石的韧性增强；另外，围压的增大使得峰前破坏减少，基本不发生明显的破坏现象。

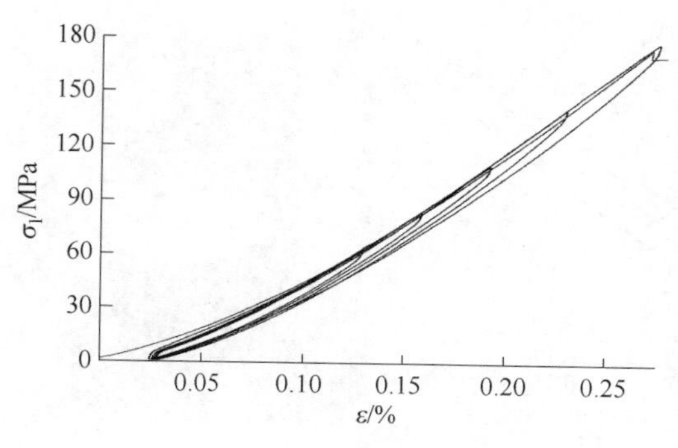

图 4.23　片麻岩 P－21 在围压 20MPa 下循环加卸载下
应力－应变曲线及破坏形态

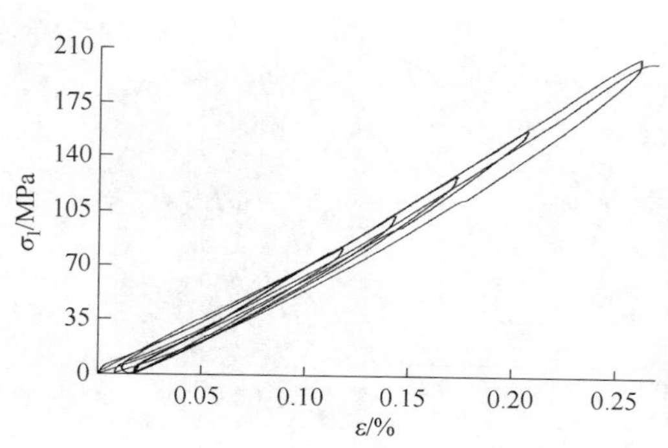

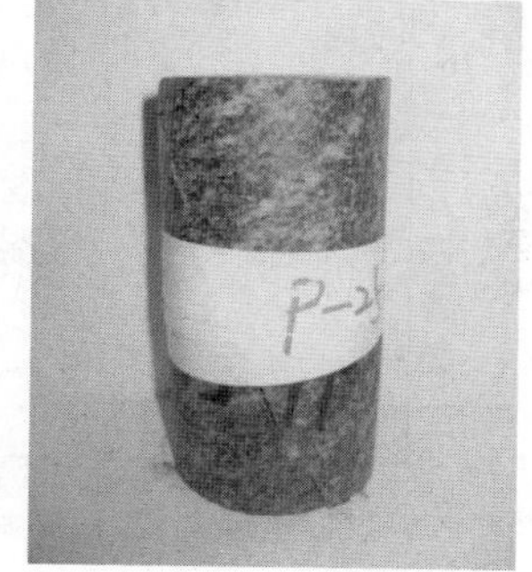

图 4.24　片麻岩 P－25 在围压 30MPa 下循环加卸载下
应力－应变曲线及破坏形态

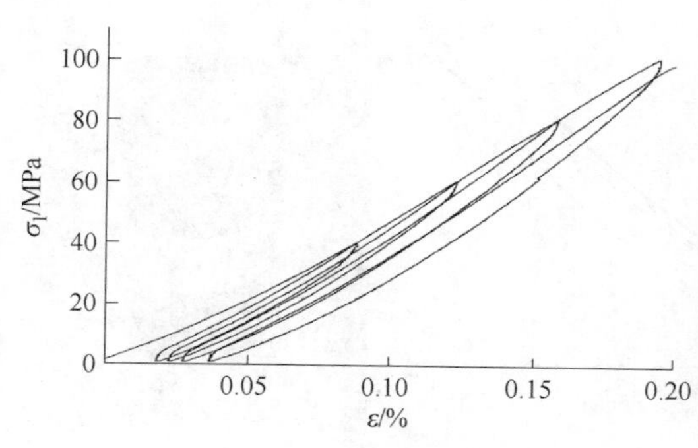

图 4.25　辉绿岩 L－32 在围压 10MPa 下循环加卸载下
应力－应变曲线及破坏形态

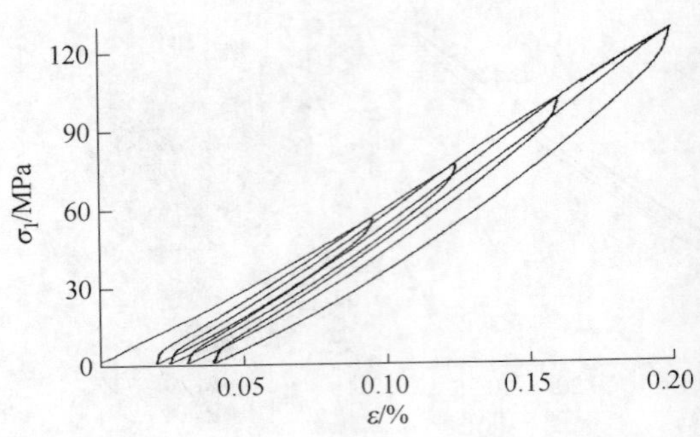

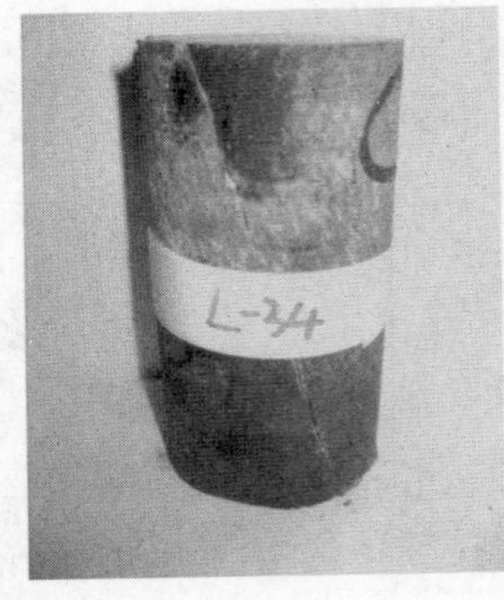

图 4.26 辉绿岩 L-34 在围压 20MPa 下循环加卸载下应力-应变曲线及破坏形态

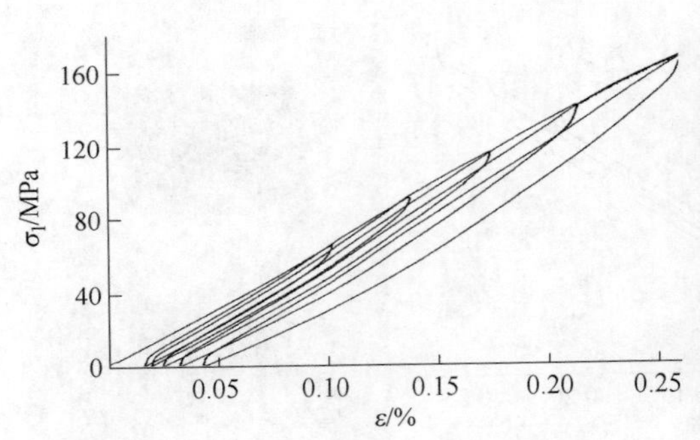

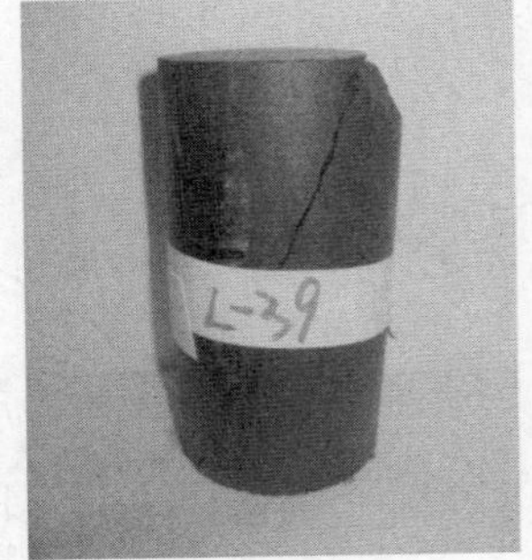

图 4.27 辉绿岩 L-39 在围压 30MPa 下循环加卸载下应力-应变曲线及破坏形态

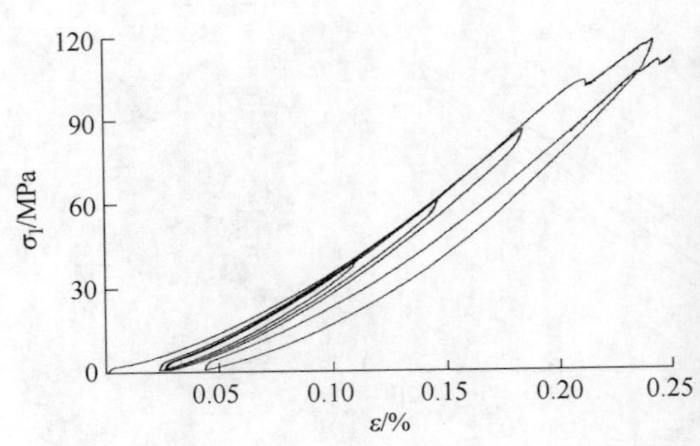

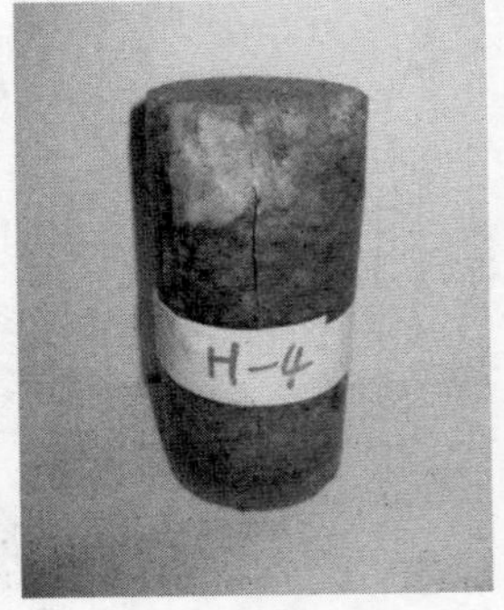

图 4.28 花岗岩 H-4 在围压 10MPa 下循环加卸载下应力-应变曲线及破坏形态

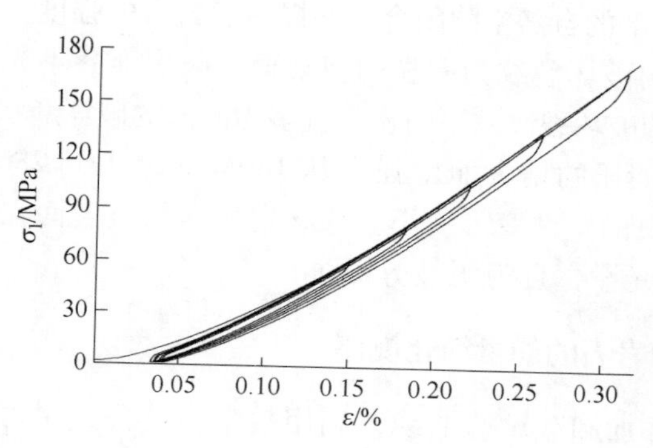

图 4.29 花岗岩 H－42 在围压 20MPa 下循环加卸载下应力－应变曲线及破坏形态

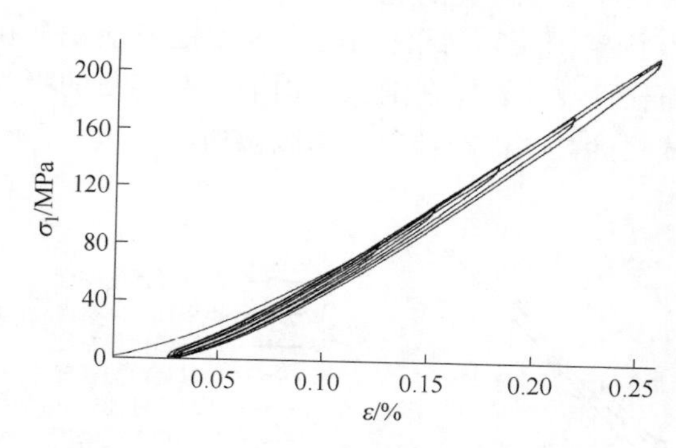

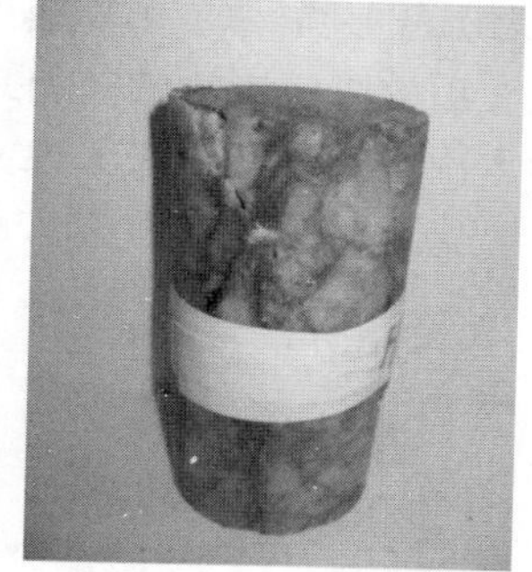

图 4.30 花岗岩 H－59 在围压 30MPa 下循环加卸载下应力－应变曲线及破坏形态

就特征力学参量来说，随着围压的增大，峰值应力逐渐增高，峰值应变逐渐增大，弹性模量逐渐变小。而峰值应力和峰值应变均呈现类似幂函数增长趋势。对于破坏后形态，围压较低时，有较多碎块，在主裂纹附近亦会产生些许碎屑和小碎块，而随着围压的增高，主裂纹条数越来越少。这些宏观破裂特征与岩石内部能量演化息息相关。

辉绿岩的抗压强度随着围压的增大而增强（从 140MPa 增大到 230MPa）。从变形曲线来看，塑性滞回环的变化并不明显，10MPa 对应的变形曲线外包络线为“凹”形，30MPa 对应的变形曲线外包络线为“凸”形。围压的增大，使得岩石的压密阶段不明显，弹性阶段加长，这说明围压的大小对岩石的力学参数有较大影响。低围压下岩样破裂面上有碎裂的岩块，高围压下岩样破裂面较为明显、光滑、完整。

随着围压的增大，花岗岩抗压强度明显增强（从 200MPa 增大到 350MPa），且在循环荷载作用下变形曲线的滞回环变窄，即岩石的塑性变形变小。这说明围压在施加轴向应力之前，使得岩石内部的自然空隙闭合，并提高了岩石的强度。破坏形态上，在 20MPa 下花岗岩岩样的破坏裂纹为明显的剪切面，破裂面并不光滑，有松散的碎石；在 30MPa 下试件的破坏裂纹并不明显，且多为曲面的破坏形状。

片麻岩的抗压强度同样随围压的增大而增强（从 180MPa 增大到 280MPa），塑性滞回环有减小趋势，即岩石的塑性变形变小。片麻岩岩样的破裂面在 10MPa 下较为粗糙，而 30MPa 下较为光滑，且为明显剪切面。

4.5.2　三轴循环加卸载过程中岩石的能量演化规律

由图 4.22 ~ 图 4.30 的岩样加卸载试验曲线，利用数学积分公式，可以计算得到片麻岩、辉绿岩、花岗岩三类岩石在不同荷载水平下的弹性能密度、耗散能密度，如图 4.31 ~ 图 4.33 所示。

需要注意的是，静水应力状态为本节研究的起始状态，但实际上，从初始状态（无围压）到静水应力状态（固定围压），试件内也会发生能量演化；在静水应力状态后的固定围压轴向加卸载阶段，岩样在围压作用下也有能量的吸收和耗散。而本次研究过程中只考虑试验机对试件的轴向加卸载做功。

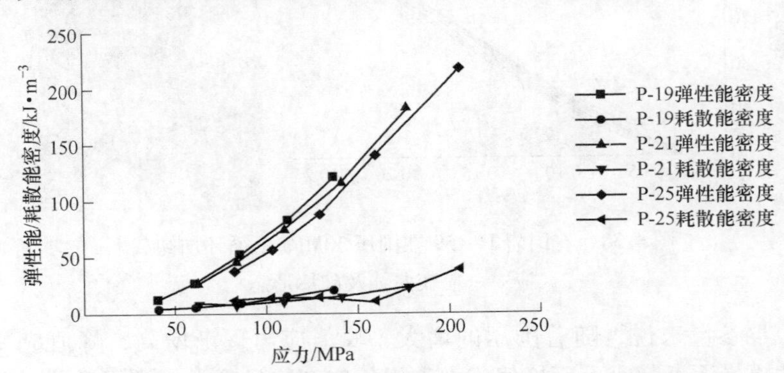

图 4.31　片麻岩弹性能/耗散能密度随应力的演化曲线

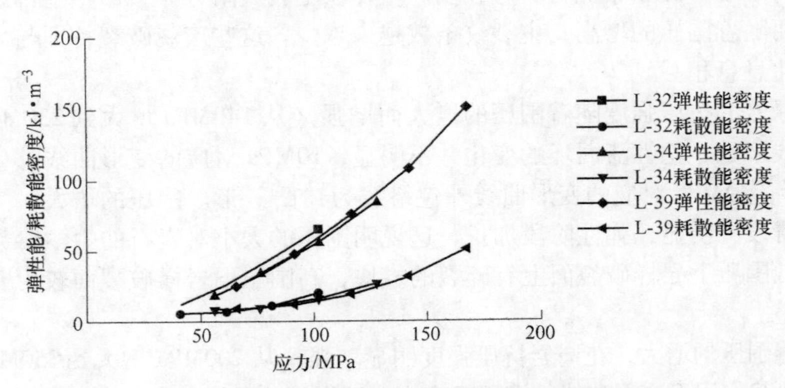

图 4.32　辉绿岩弹性能/耗散能密度随应力的演化曲线

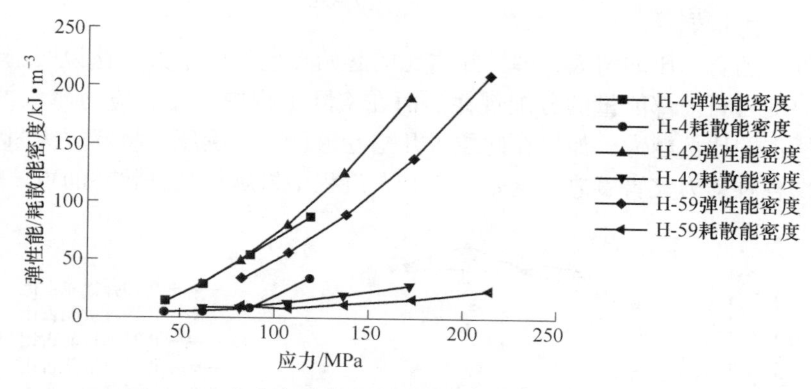

图 4.33　花岗岩弹性能/耗散能密度随应力的演化曲线

如图 4.31 ~ 图 4.33 所示，有围压时的岩石能量演化行为与单轴加卸载类似，输入能量密度、积聚弹性能密度、耗散能密度都随着轴向应力的增加而逐渐增大，伺服机把机械能传递给试件，试件一方面把大部分能量聚积起来，另一方面耗散掉小部分能量引起自身结构的改变。而积聚弹性能的增长远远大于耗散能的增长。这表明在峰前阶段岩石的能量行为主要体现为能量积聚。此外，弹性能增长速率先慢后快，在加载初期的压密阶段增长缓慢，这是由于试件内原生空隙被压缩，试件原始刚度较小，能量转化效率低。弹性能的驱动和耗散能增加导致试件储能极限降低使岩样逐渐趋于破坏，临近破坏阶段，耗散能的增长速率逐渐变大，而弹性能增长速率随之稍微变小，这表明岩石的结构发生了较大的改变，内部的裂隙扩展和贯通显著增加。

花岗岩 H－4 和片麻岩 P－25 岩样分别在第 4 个和第 5 个循环中耗散能密度突然增大，这是由于岩石发生的峰前破坏消耗了大量能量。

4.5.3　三轴循环加卸载过程中的能量分配规律

图 4.34 ~ 图 4.36 为片麻岩、辉绿岩、花岗岩三类岩石在不同围压下三轴循环加卸载过程中弹性能和耗散能所占总输入能量的比例随应力占峰值强度比例的变化，反映了能量的分配规律，可以看出：

在三类岩石的能量占比曲线中，弹性能所占比例在 0.65 以上，而耗散能所占比例在 0.35 以下，说明试验机输入的能量大部分都转化为岩石内部的弹性能，少部分能量由岩石内部颗粒滑移、破损等消耗掉。弹性能所占输入能量的比例随荷载的增加逐渐增大，并在一定峰值比例处达到最大，此时耗散能占比处于最低值，这说明在荷载达到岩石峰值强度之前，岩石内部的能量演化已经开始发生转变，这种转变并非发生在岩石强度的峰值点处。在花岗岩 H－4 和片麻岩 P－25 弹性能和耗散能比例随峰值强度比例变化图中，分别在第 4 个和第 5 个循环岩石弹性能占比大幅度降低，而耗散能占比大幅上涨，这也充分验证这三类岩石在破坏时消耗了大量能量。

此外，随着围压的增大，弹性能占比的起始点也相应增大，这说明围压的大小可以改变岩石内部能量的分配规律。而在实际工程中，原岩应力越大的位置，弹性能所占的比例越大，如果在此位置开挖巷道，即卸围压，将释放大量的弹性能，引发各种动力灾害事故，这是深部开采过程中岩爆呈高发状态的重要原因。

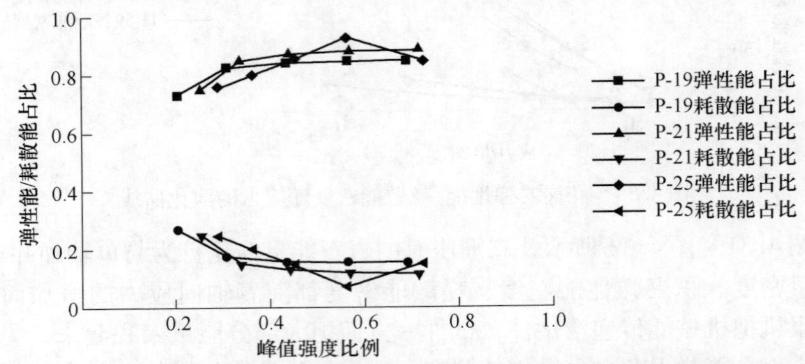

图 4.34 片麻岩弹性能/耗散能占总输入能量比例随峰值强度比例的演化规律

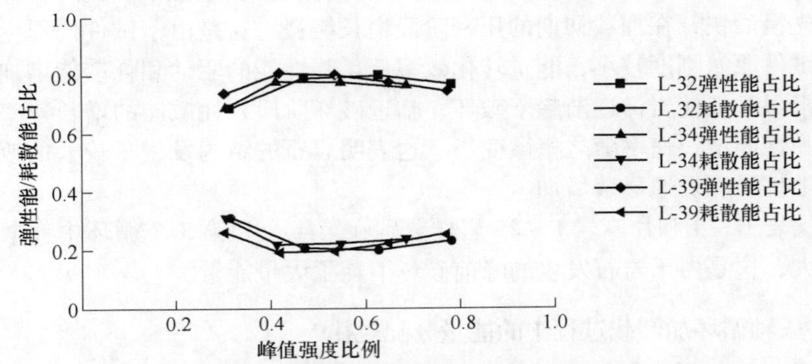

图 4.35 辉绿岩弹性能/耗散能占总输入能量比例随峰值强度比例的演化规律

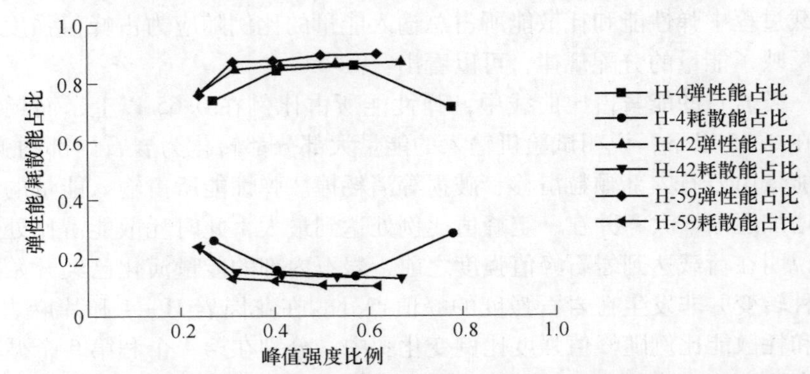

图 4.36 花岗岩弹性能/耗散能占总输入能量比例随峰值强度比例的演化规律

4.6 岩石能量演化的围压效应

4.6.1 岩石加卸载过程中的围压效应

4.6.1.1 弹性能密度

为了比较直观地对比围压对岩石能量演化行为的影响，将同一类岩石、不同围压加卸载的弹性能密度试验结果绘制于一幅图中，如图 4.37 ~ 图 4.39 所示。

从片麻岩、辉绿岩、花岗岩三类岩石的弹性能密度曲线可以看出，在岩石的加载过程中，不同围压（围压不等于 0）下三类岩石的弹性能密度随应力的变化曲线相差不大，几乎重合在一条曲线上，这表明三轴循环加卸载实验中岩石弹性密度在破坏之前的增长规律和围压具体大小相关性较小。但是弹性能密度的峰值大小和围压大小息息相关，随着围压的增高，岩石弹性能密度峰值呈非线性大幅增长，以辉绿岩为例，在 10MPa、20MPa、30MPa 下弹性能密度分别为 64.9kJ/m^3、84.8kJ/m^3 和 151.0kJ/m^3，近似幂指数函数趋势增长。

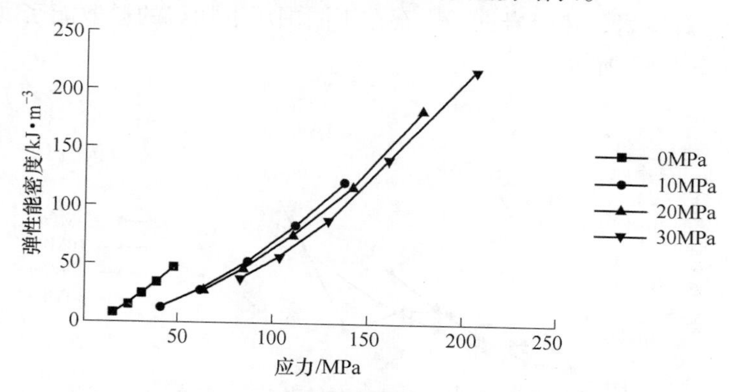

图 4.37 片麻岩弹性能密度随应力变化曲线

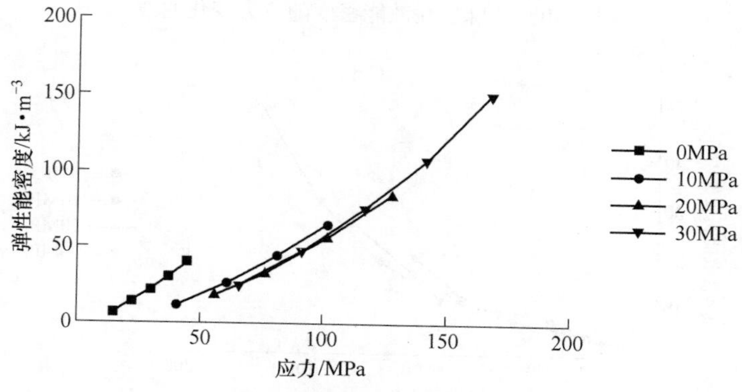

图 4.38 辉绿岩弹性能密度随应力变化曲线

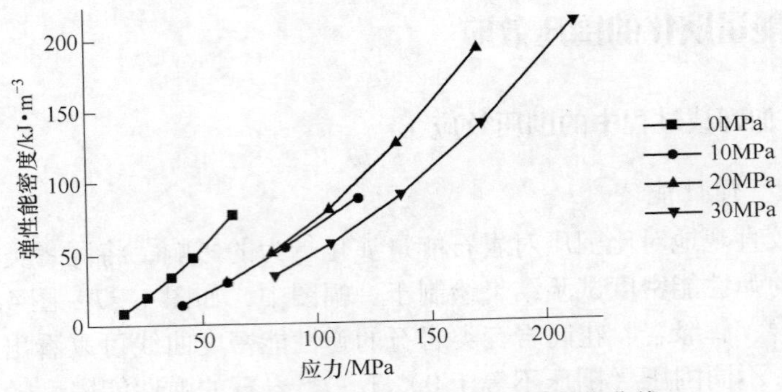

图 4.39　花岗岩弹性能密度随应力变化曲线

此外，单轴加卸载状况（围压为 0MPa）下的弹性能密度曲线和其他固定围压下的曲线相差较大，在相同的应力条件下，单轴加卸载状况下的弹性能密度大于其他固定围压下的弹性能密度。

4.6.1.2　耗散能密度

片麻岩、辉绿岩、花岗岩三类岩石在不同围压下加载的耗散能密度试验结果如图 4.40 ~ 图 4.42 所示。

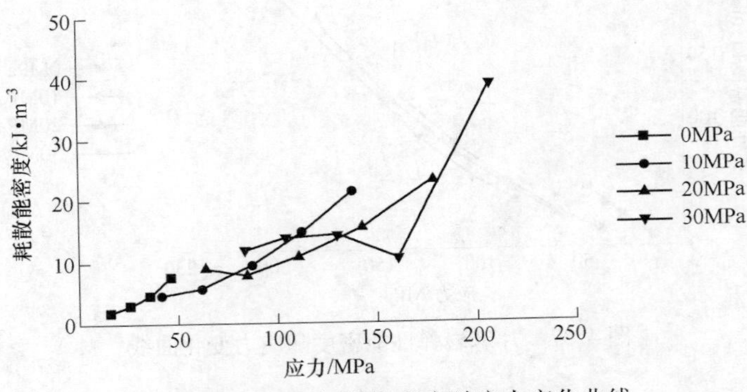

图 4.40　片麻岩耗散能密度随应力变化曲线

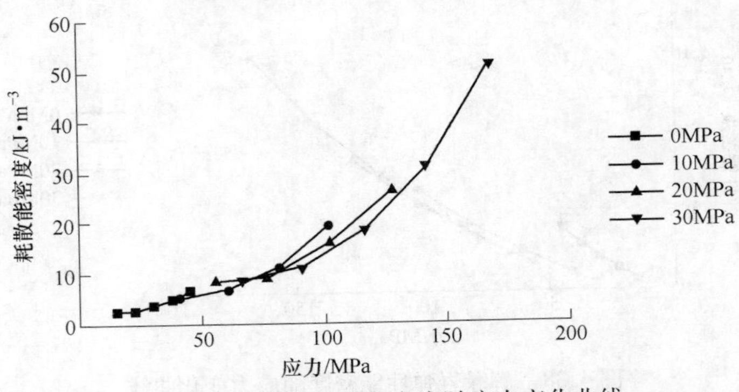

图 4.41　辉绿岩耗散能密度随应力变化曲线

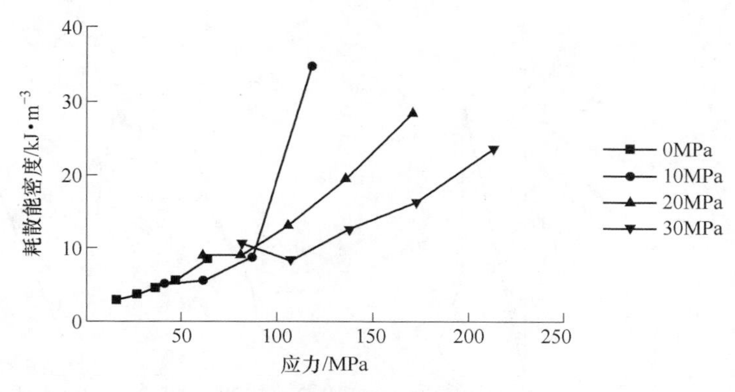

图 4.42 花岗岩耗散能密度随应力变化曲线

同弹性能密度曲线相似，不同围压（围压不等于 0）下耗散能密度曲线重合部分较多。当应力较小时，耗散能密度曲线随加载应力增长的速度相比弹性能密度较小；临近破坏时，耗散能大幅增加。另外，围压越大，耗散能密度越大，也大致呈幂指数函数趋势增长。例如辉绿岩，在 10MPa、20MPa、30MPa 下，耗散能密度分别为 19.5kJ/m^3、26.4kJ/m^3 和 50.9kJ/m^3。

4.6.2 岩石卸围压试验及其应力－应变演化机制

由单调和三轴循环加卸载试验岩石内部能量演化及分配规律可以看出，岩石在卸载过程中的能量变化与岩石加载过程中的能量变化是两个完全不同的应力路径，相应地表现出来的力学特性也有着本质的区别。

本节以花岗岩为试验与研究对象，开展卸围压试验，研究其在轴向应变不改变时，卸载围压对岩石强度及其变形特性的影响。试验分别在围压为 10MPa、15MPa、20MPa、25MPa 和 30MPa 下，对试件轴向施加载荷到一定应力值（约为峰值强度 85%，保证岩样不发生破坏），利用试验机变形控制岩样的轴向应变不变，降低围压值，直到岩样发生破坏。

4.6.2.1 轴向应变不变、卸围压试验中岩样应力－应变曲线

围压在 10MPa、15MPa、20MPa、25MPa 和 30MPa 下，岩样轴向压力依次加载至 180MPa、200MPa、210MPa、250MPa 和 250MPa 时停止加压，保证岩样轴向应变不改变，同时逐渐卸围压。由图 4.43 中可以看出，随着围压的减小，轴向荷载也开始降低，横向应变逐渐增大，直到岩石发生破坏，这表明围压对岩石的抗压强度和横向变形都有很大的影响。

4.6.2.2 岩石的围压与横向应变的变化曲线

如图 4.44 所示，在卸围压的初始阶段，岩样的横向变形增加不大，横向应变和围压呈线性关系。初始围压 10MPa、15MPa、20MPa 下的三条变形曲线的初

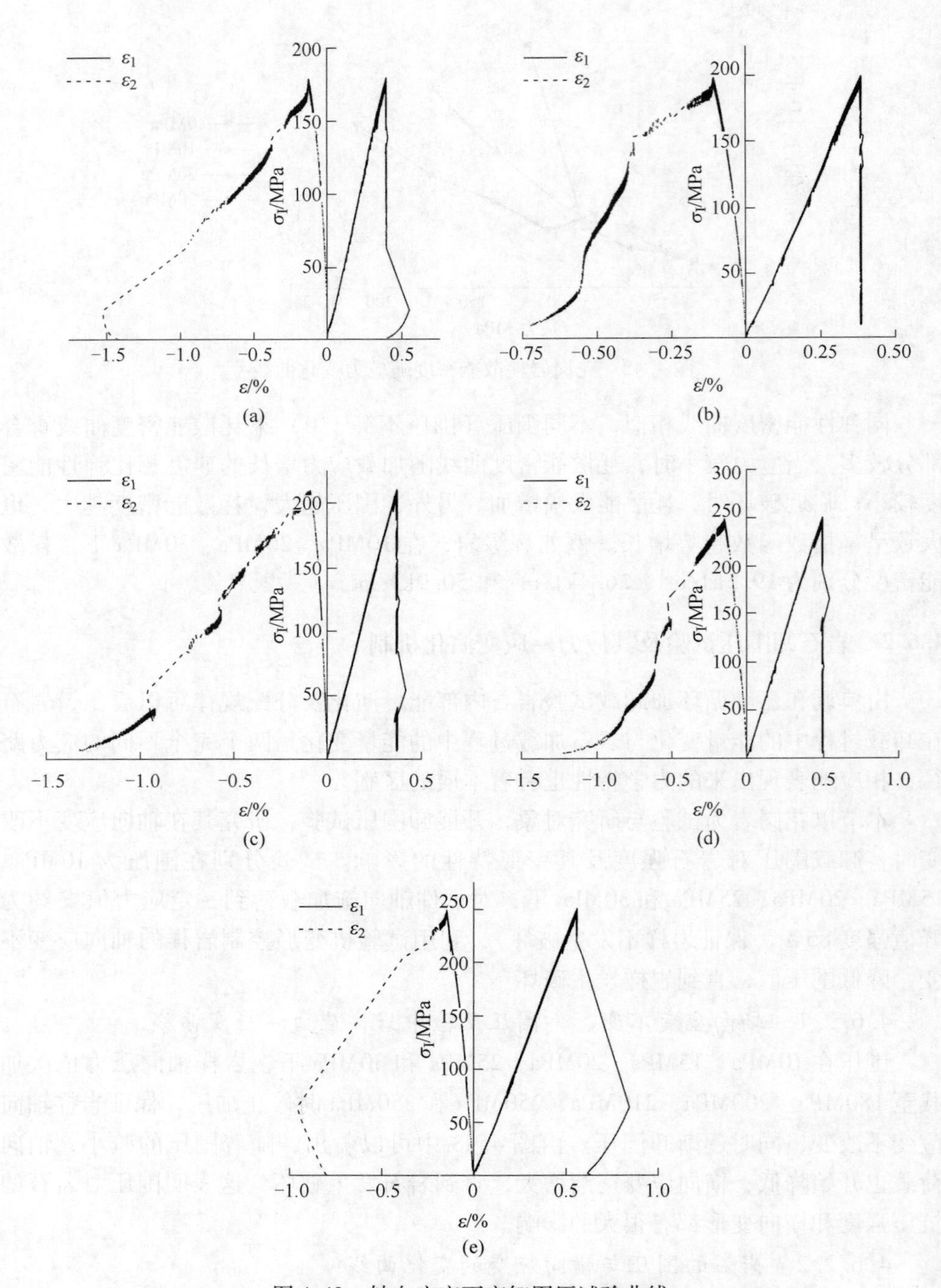

图 4.43 轴向应变不变卸围压试验曲线

（a）围压 10MPa；（b）围压 15MPa；（c）围压 20MPa；（d）围压 25MPa；（e）围压 30MPa

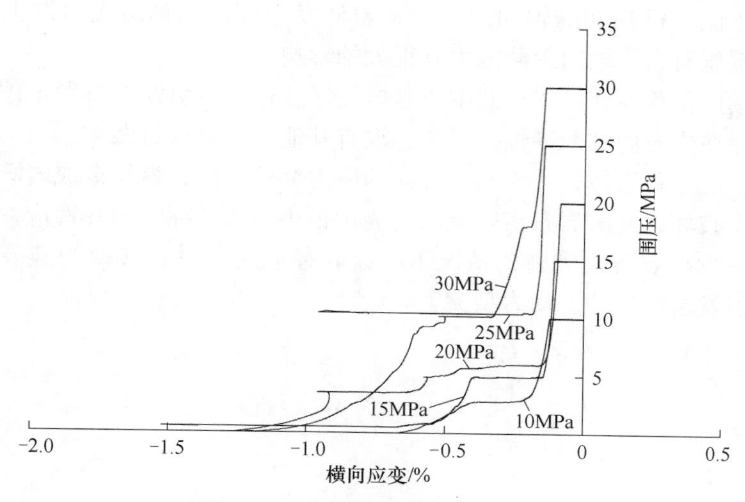

图 4.44 岩石围压－横向应变曲线

期阶段基本在一条直线上，25MPa 和 30MPa 下的两条曲线也表现出类似的变形过程，这表明在卸围压的初始阶段，岩石处于弹性变形阶段。随着围压降幅的加大，岩样的横向变形呈现大幅度的增加，表现出塑性破坏的特征。由图中的五条变形曲线可以看出，围压初始值越大，试件发生塑性破坏时对应的围压值也越大，也就是说试件并不是在围压完全解除的情况下发生破坏，而是在卸载过程中发生破坏，而且试件发生破坏时的围压值与试件初始围压的大小有一定的关系。

4.6.2.3 岩石轴向应力与围压变化关系

花岗岩轴向应力－围压变化曲线如图 4.45 所示，卸载围压初期，轴向应力随着围压的降低而降低，但下降的幅度相对缓慢。当围压降低使岩样能承受的轴

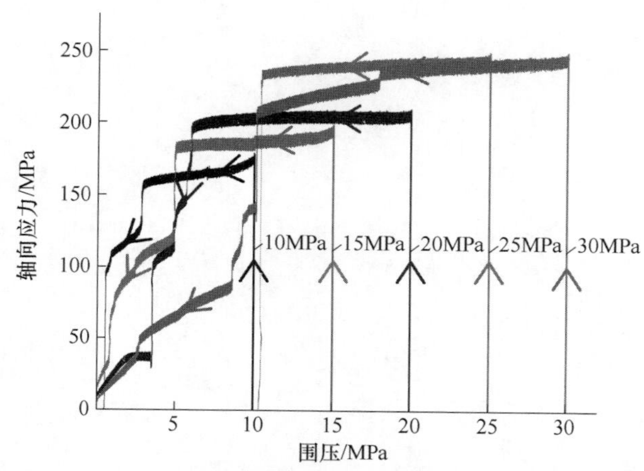

图 4.45 花岗岩轴向应力－围压变化曲线

向应力低于试验机施加的轴向应力时，岩样发生破坏，轴向应力发生大幅度下降，说明围压对岩石轴向承载能力有很大的影响。

保持轴向位移不变，三轴卸围压岩样破坏过程中，引发岩石发生破坏的能量来自于存储在岩石内部的弹性变形能，没有其他外力对岩石做功。因而处于三向应力状态下的工程岩体，由于某一方向的应力突然降低，容易造成岩石在较低应力状态发生破坏，此时岩石实际吸收的能量很小，原岩存储的弹性应变能将对外释放。在缺少有效防控措施的情况下，原岩释放的能量将转换为破裂岩体的动能，容易引发岩爆等冲击动力型灾害。

5 基于多种判据的岩爆倾向性分析

岩爆的发生需要同时具备两个必要条件：一是岩体具备存储高应变能的能力，使岩爆发生时能形成较强的冲击破坏性；二是爆破开挖等工程活动引起局部区域高应变能聚集，即具备岩爆发生所需能量环境。针对第一个必要条件的研究，本章结合室内物理力学试验成果，依据多种判据对深部开采五类岩石的岩爆冲击倾向性进行分析，判断灵宝地区金矿深部矿岩是否具备存储高应变能并瞬时爆发的能力。

5.1 岩爆等级划分

目前，学术界尚未对岩爆烈度分级形成一致的见解。德国学者 Brauner 根据岩爆对工程的危害程度，将岩爆烈度划分为轻微损害、中等损害、严重损害三级；挪威岩爆专家 Russenses 在研究挪威山坡隧道的基础上，根据岩爆的声响特征、围岩破坏特征等将其烈度划分为四个级别（0～3 级）。我国谭以安根据岩爆危害程度及其发生时的力学和声响特征、破坏方式，将其烈度划分为弱、中等、强烈、极强四级；在《二郎山隧道高地应力技术咨询报告》中，铁道部第二勘察设计院提出按切向应力与单轴抗压强度之比将岩爆烈度划分为弱、中等、强烈三级；交通部第一公路设计院则依据岩爆的声响、岩体变形破裂状况，以及最大水平主应力与垂直应力之比，将岩爆烈度划分为微弱、中等、剧烈三级。在借鉴前人分级方案的基础上，以王兰生为首的川藏公路二郎山隧道高地应力与围岩稳定性课题组，依据岩爆危害程度及其声响特征、运动特征、爆裂岩块形态特征、断口特征、岩爆发生部位、岩爆时效特征和影响深度等，将岩爆烈度划分为轻微、中等、强烈、剧烈四级。

5.2 岩爆倾向性的预测方法

岩爆倾向性预测预报是岩爆防治工作的重要组成部分，岩爆的预测内容主要包括岩爆发生的时间、地点和等级。目前国内外岩爆预测预报方法可分为现场实测法、数值模拟法和理论分析法三大类。

5.2.1 现场实测法

深部开采时，最常遇到的是片帮型岩爆。随着地下工程的开挖，在巷道附近存在压应力集中区域。当压应力达到某一值时，沿压应力方向将会开始出现一些不断扩展的原生裂纹和次生裂纹（即在原生裂纹两端形成新裂纹），新生裂纹开裂方向由最大压应力方向决定，并受到自由面的影响。各个裂纹在荷载的进一步作用下将产生滑移，当达到开裂条件时，裂纹会沿最大压应力方向以非稳定的方式扩展，最后，同一裂纹面的新生裂纹将发生贯通联合，在巷道附近形成脱离岩体的薄岩层，并继续向巷道空间压曲（图 5.1）。若这一过程反复进行，巷道附近岩体将形成层裂结构。

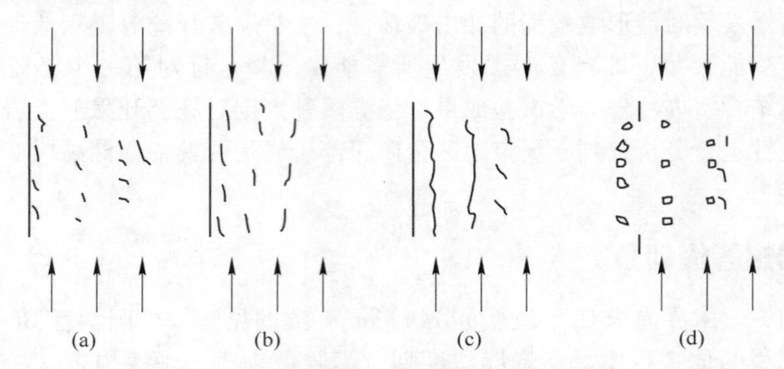

图 5.1　滑移裂纹扩展的岩爆发生示意图

由于应力集中效应，压应力从自由表面到岩体深处不断减小，高应力集中区范围有限，在这个范围之外，岩体处于静水压力状态。另外，对于滑移裂纹模型，滑移面上存在一定的正应力及剪应力，新生的自由表面并非完全自由，内部岩体对它仍有一定程度的影响。因此，巷道壁附近层裂结构区尺寸应该小于应力集中区范围，各分离层将沿井巷走向联合形成层裂板结构。该结构在压应力的作用下或受到某些扰动时将发生破坏，其稳定的结构破坏形式是形成局部岩壁片帮，而动力失稳型破坏就可能导致岩爆发生。此外，层裂结构区的形成与岩体的结构特性及应力水平有关，如松散破碎的岩层岩爆发生的可能性就比较小。可以说，矿山片帮型岩爆的发生是高应力集中区内形成的层裂板结构动力失稳的结果。

现场实测法就是借助一些必要的仪器设备，对岩体直接进行测试和监测，以判别发生岩爆的可能性，并指明发生岩爆的大致地点和时间，以便及时撤离工作人员及设备，保证安全生产，如钻屑法、水分法、声发射法、电磁辐射法、微震监测方法等。这部分将在第 7 章进行详细的对比介绍。

5.2.2　数值模拟法

随着计算机技术的发展，可以采用数值模拟计算方法确定采矿区域内的应力分布状态和岩体变形等参数。目前常用的数值模拟程序主要有 ANSYS、FLAC、

PFC、UDEC、MIDAS/GTS 等，其采用的方法主要是有限元法、离散元法、边界元法等。

数值模拟法的主要优点是可以提前预测岩爆发生的重点区域，特别是对尚未开采的区域，可以提前预测岩爆危险等级。同时，通过数值模拟法还可以预测工作面回采过程中最大应力出现的时间和位置，预报开采空间大小、开采参数、开采历史等对岩爆的影响。而大量工程实践也证明，分析岩爆危险区域内的应力分布状态和应力值的大小是预测和防治岩爆的基础。一般来说，应力高的区域较容易聚积弹性应变能，分析和确定地应力分布规律和应力的集中程度，有助于预测岩爆危险等级，同时也可以对岩爆的防治进行指导。

本书将在第 6 章中利用 FLAC^{3D} 和 MIDAS 软件综合模拟灵宝地区金矿岩体在深度开采过程中应力、应变及能量的变化与分布情况，进一步从能量的角度分析岩爆可能发生的区域及危险性。

5.2.3　理论分析法

理论分析法在岩爆预测方面具有一定的优越性，能较为全面地考虑各种因素的影响，利用已有的岩爆理论知识实现岩爆倾向性的快速评价。理论分析方法主要是通过各种判据预测岩爆发生趋势，如岩石强度脆性系数判据法、弹性应变能储存指数判据法、冲击能系数判据法，等等。

目前岩爆预测预报的有效途径是在扎实的工程地质调查、矿区地应力测量或反演和矿岩物理力学特性试验与研究的基础上，结合矿山具体开采条件，来确定岩爆危险等级和可能发生的区域。

5.3　基于实验数据判据的深部岩体岩爆倾向性分析

灵宝地区金矿深部开采目前尚未出现大范围的强烈的岩爆现象，不过在一些局部范围内已出现了岩爆的征兆，甚至发生了较为严重的破坏，尤其是在竖井及巷道开拓工程中。为了研究灵宝地区金矿深部开采岩爆发生的可能性以及烈度等级，本节将依据强度脆性系数判据、冲击能系数判据、线弹性能判据、岩性判据、临界深度判据、Russenses 判据和陶振宇判据等综合评判岩爆的倾向性。

5.3.1　岩石强度脆性系数法

岩石的单轴抗压强度 σ_c 与抗拉强度 σ_t 之比称为强度脆性系数，它反映了岩石的脆性程度。岩石的强度脆性系数 B 计算公式为：

$$B = \sigma_c / \sigma_t \tag{5.1}$$

式中　σ_c——岩石单轴抗压强度，MPa；

σ_t——岩石抗拉强度，MPa。

该方法的判别指标为：

$$40 < B，无岩爆$$
$$26.7 < B \leqslant 40，轻微岩爆$$
$$14.5 < B \leqslant 26.7，中等岩爆$$
$$B \leqslant 14.5，强烈岩爆$$

强度脆性系数判据只考虑岩石本身的力学性质，即单轴抗压强度与抗拉强度，这两个参数都可以通过室内力学试验获得。所以，根据表2.1计算获得了灵宝地区金矿5类主要岩石基于强度脆性系数判据的岩爆倾向性判别结果，见表5.1，对比相应的判别指标可知5种岩石均有发生岩爆的倾向。

表5.1 基于强度脆性系数判据的岩爆倾向性判别结果

岩 性	σ_c/MPa	σ_t/MPa	B	岩爆倾向
糜棱岩	53.70	11.01	4.87	强烈岩爆
片麻岩	72.88	10.22	7.13	强烈岩爆
辉绿岩	68.84	10.92	6.30	强烈岩爆
花岗岩	81.99	9.01	9.10	强烈岩爆
石英岩	138.57	6.78	20.44	中等岩爆

5.3.2 冲击能系数判据

岩石冲击能系数由岩石的全应力－应变曲线获得，其计算公式为：

$$W_{cf} = F_1 / F_2 \tag{5.2}$$

式中 F_1，F_2——分别为岩石的全应力－应变曲线峰值前、后部分曲线与坐标轴围成的面积，如图5.2所示。

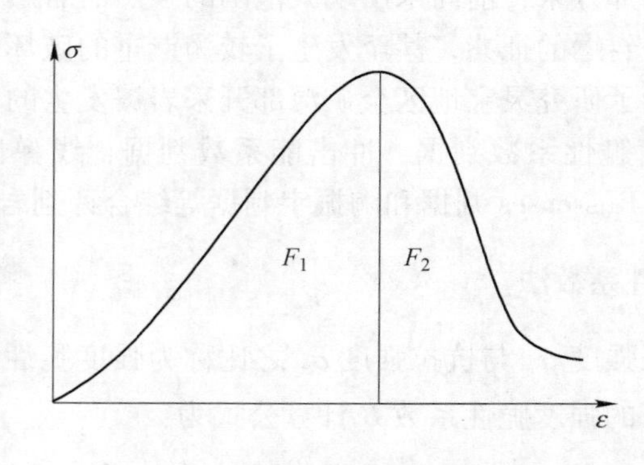

图5.2 冲击能系数示意图

岩石冲击能系数判别指标如下：

$W_{cf}<1.0$，无岩爆

$1.0<W_{cf}\leqslant 2.5$，轻微岩爆

$2.5<W_{cf}\leqslant 5.0$，中等岩爆

$5.0<W_{cf}$，强烈岩爆

对于坚硬岩石来说，在其峰值荷载前可认为只发生弹性变形，微破裂可以忽略，峰值前岩石试件中储存的弹性变形能近似等于 F_1；岩石完全破坏所消耗的能量近似等于 F_2。对于较软的岩石来说，其峰值前塑性变形较大，微破坏严重，F_1 与试样内实际储存的弹性变形能差别较大，而且软岩一般不会发生岩爆现象。因此，该指标仅适用于坚硬岩石。

岩石冲击能系数指标的含义是：只有当岩石储存的弹性变形能大于岩石完全破坏所需要消耗的能量时，才具有岩爆倾向。根据单轴刚性试验得出的灵宝地区金矿主要岩石的全应力－应变曲线，可以计算出不同岩性冲击能系数及其岩爆倾向性判别结果，见表 5.2。

表 5.2 基于冲击能系数判据的岩爆倾向性判别结果

岩 性	F_1	F_2	W_{cf}	岩爆倾向
片麻岩	9.58	6.63	1.445	轻微岩爆
辉绿岩	10.35	14.63	0.739	无岩爆
花岗岩	23.13	8.27	2.797	中等岩爆
石英岩	41.74	8.98	4.648	中等岩爆

5.3.3 线弹性能（W_e）判据

根据功能原理，可以求得岩石在单轴压缩条件下，达到强度峰值以前所储存的线弹性能。根据弹性能的大小，将岩爆烈度划分为四个等级。线弹性能指标 W_e 的计算公式如下：

$$W_e = \sigma_c^2/(2E_s) \tag{5.3}$$

式中 σ_c——单轴抗压强度，MPa；

E_s——卸载切线弹性模量，MPa。

该方法的判别指标为：

$W_e<40$，无岩爆

$40\leqslant W_e<100$，轻微岩爆

$100\leqslant W_e<200$，中等岩爆

$200\leqslant W_e$，强烈岩爆

根据表 2.1，计算获得了灵宝地区金矿深部开采 4 种主要岩石基于线弹性能系

数判据的岩爆倾向性判别结果，见表5.3，可知各类岩石均有发生岩爆的倾向。

表5.3 基于线弹性能系数判据的岩爆倾向性判别结果

岩 性	σ_c	E_s	W_e	岩爆倾向
片麻岩	72.88	19.1	139.04	中等岩爆
辉绿岩	68.84	24.9	95.16	轻微岩爆
花岗岩	81.99	15.3	219.68	强烈岩爆
石英岩	138.57	57.86	165.93	中等岩爆

5.3.4 岩性判别法

为了更加精确地反映岩石的脆性程度，冯涛在强度脆性系数的基础上，添加了岩石的峰前应变和峰后应变的比值，即通过添加变形重新定义强度脆性系数。重新定义后的岩石的强度脆性系数 B 计算公式为:

$$B = \alpha \cdot \frac{\sigma_c}{\sigma_t} \cdot \frac{\varepsilon_f}{\varepsilon_b} \tag{5.4}$$

式中 B——岩石的强度脆性系数；

α——调节参数，一般取0.1；

σ_c——岩石单轴抗压强度；

σ_t——岩石单轴抗拉强度；

ε_f——岩石峰值前应变；

ε_b——岩石峰值后应变。

该方法的判别指标为:

$B \leqslant 3$，无岩爆

$3 < B < 5$，轻微岩爆倾向

$5 \leqslant B$，严重岩爆倾向

根据表2.1，通过计算获得灵宝地区金矿深部开采4种主要岩石基于改进的强度脆性系数判据的岩爆倾向性判别结果，见表5.4。

表5.4 基于改进强度脆性系数判据的岩爆倾向性判别结果

岩 性	σ_c/MPa	σ_t/MPa	ε_f	ε_b	α	B	岩爆倾向
片麻岩	72.88	10.22	0.4695	0.0874	0.1	3.83	轻微岩爆
辉绿岩	68.84	10.92	0.3701	0.1474	0.1	1.58	无岩爆
花岗岩	81.99	9.01	0.3514	0.0836	0.1	3.83	轻微岩爆
石英岩	138.57	6.78	0.4592	0.1606	0.1	5.84	强烈岩爆

5.3.5 临界深度

岩爆临界深度判别方法是中国学者侯发亮提出的。他认为岩爆多发生在水平构造应力比较大的地区，这种岩爆发生的部位一般在硐室的拱顶和底板附近。但是，如果硐室埋深较大，即使没有构造应力，由于上覆岩体自重效应，硐室也可能发生岩爆。侯发亮根据弹性力学理论推导出仅考虑上覆岩体自重应力的岩爆发生最小埋深（h_{cr}）的计算公式：

$$h_{cr} = 0.318\sigma_c(1-\mu)/(3-4\mu)\gamma \tag{5.5}$$

式中 h_{cr}——岩爆发生岩体最小埋深，m；

σ_c——岩体单轴抗压强度，Pa；

μ——岩石的泊松比；

γ——岩石重度，N/m^3。

根据表2.1，通过计算获得了灵宝矿区5种主要岩石基于临界深度判据的岩爆倾向性判别结果，见表5.5。

值得注意的是，岩爆深度判据是只考虑岩体自重作用下发生岩爆的判别方法，某些位置岩体虽然不满足最小埋深条件，但若是构造应力比较大，也有发生岩爆的可能。

表5.5 基于临界深度判据的岩爆倾向性判别结果

岩 性	σ_c/MPa	μ	γ	h_{cr}
糜棱岩	53.70	0.170	2.697	271.40
片麻岩	72.88	0.209	2.695	376.61
辉绿岩	68.84	0.224	2.850	339.42
花岗岩	81.99	0.185	2.561	439.87
石英岩	138.57	0.165	2.663	707.45

5.4 基于地应力值判据的深部岩体岩爆倾向性分析

5.4.1 硐室围岩最大主应力

矿区开采深部围岩处于由三向应力 p、q 和 s 组成的地应力场作用下，且往往水平应力 q 大于垂直应力 p。矿山中巷道可近似为圆形，如果考虑硐室轴向应力 s 是由径向应力和环向应力的泊松效应引起的，就可以把硐室的立体问题转化为平面问题，其截面如图5.3所示。

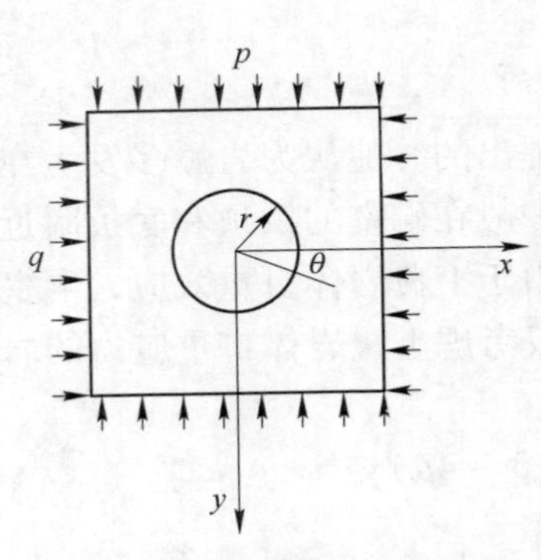

图 5.3 硐室直角平面图

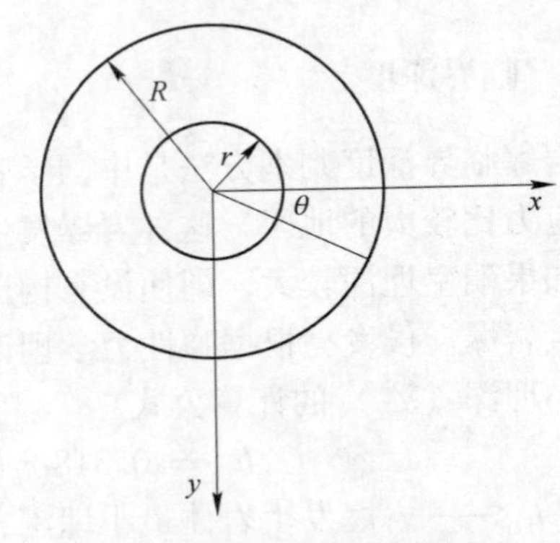

图 5.4 硐室极坐标平面图

求解开挖圆孔边界问题可以使用极坐标，则模型就可以转化为图 5.4，以圆形硐室为例，围岩中的各向应力可以用式（5.6）计算：

$$\left.\begin{aligned}
\sigma_r &= \frac{1}{2}(p+q)\left(1-\frac{a^2}{r^2}\right)+\frac{1}{2}(q-p)\left(1-\frac{4a^2}{r^2}+\frac{3a^4}{r^4}\right)\cos2\theta \\
\sigma_\theta &= \frac{1}{2}(p+q)\left(1-\frac{a^2}{r^2}\right)-\frac{1}{2}(q-p)\left(1+\frac{3a^4}{r^4}\right)\cos2\theta \\
\tau_{r\theta} &= \frac{1}{2}(p+q)\left(1-\frac{3a^4}{r^4}+\frac{2a^2}{r^2}\right)\sin2\theta \\
\sigma_t &= \mu(\sigma_r+\sigma_\theta) = \mu\left[(p+q)-\frac{2a^2}{r^2}(q-p)\cos2\theta\right] = s
\end{aligned}\right\} \tag{5.6}$$

式中 p——铅直向应力；

q——水平向应力；

s——硐室轴向应力；

a——硐室半径；

σ_r——径向应力；

σ_θ——环向应力；

$\tau_{r\theta}$——剪切应力；

σ_t——轴向应力；

r——A 点距硐室中心的距离；

μ——泊松比。

由式（5.6）中 σ_θ 等式，当 $r=a$，$\theta=90°$ 时，可以得到硐室最大环向应力 $\sigma_{\theta\max}$ 为：

$$\sigma_{\theta\max} = 3p - q \tag{5.7}$$

式（5.7）就是 Krisch 方程。工程中为预测岩爆，一般采用该方程得出的环向应力 $\sigma_{\theta\max}$ 与岩石单轴抗压强度 σ_c 之比来判断岩爆的烈度。

根据小秦岭地区区域构造、灵宝地区部分矿区的已有地应力测试资料及第3章声发射试验，我们通过凯塞效应特征，确定了研究区域埋深约1200m时，最大主应力 σ_{hmax} 为39.4MPa，垂直主应力 σ_v 为24.42MPa。则：

水平向应力 $q=\sigma_{hmax}=39.4\text{MPa}$；

铅直向应力 $p=\sigma_v=24.42\text{MPa}$；

则轴向应力为 $\sigma_t=\mu(3p-q)$；

硐室最大环向应力 $\sigma_{\theta max}=3p-q=33.86\text{MPa}$。

5.4.2 Russenses 判据

Russenses 判别法是根据硐室的最大切向应力与岩石点荷载强度的关系，建立岩爆烈度关系图。通过点荷载换算成岩石的单轴抗压强度，并根据岩爆判别关系来判断岩爆发生的可能性。其判别指标如下：

$$\sigma_\theta/\sigma_c<0.2\text{，无岩爆}$$

$$0.2\leqslant\sigma_\theta/\sigma_c<0.3\text{，轻微岩爆}$$

$$0.3\leqslant\sigma_\theta/\sigma_c<0.55\text{，中等岩爆}$$

$$0.55\leqslant\sigma_\theta/\sigma_c\text{，强烈岩爆}$$

根据表2.1及式（5.7）等，计算获得了灵宝地区金矿深部开采4种主要岩石基于 Russenses 判据的岩爆倾向性判别结果，见表5.6。

表5.6 Russenses 判据分析成果

岩 性	最大切向应力 σ_θ	单轴抗压强度 σ_c	Russenses 判据	岩爆倾向性
片麻岩	33.86	72.88	0.46	中等岩爆
辉绿岩	33.86	68.84	0.49	中等岩爆
花岗岩	33.86	81.99	0.41	中等岩爆
石英岩	33.86	138.57	0.24	轻微岩爆

5.4.3 陶振宇判据

陶振宇在前人研究基础上，结合国内工程经验，提出以下岩爆等级的判别方法：

$$14.5\leqslant\sigma_c/\sigma_1\text{，无岩爆}$$

$$5.5\leqslant\sigma_c/\sigma_1<14.5\text{，轻微岩爆}$$

$$2.5\leqslant\sigma_c/\sigma_1<5.5\text{，中等岩爆}$$

$$\sigma_c/\sigma_1<2.5\text{，强烈岩爆}$$

根据表2.1，计算获得了灵宝地区金矿深部开采4种主要岩石基于陶振宇判据法的岩爆倾向性判别结果，见表5.7，可知这4种岩石均有较强岩爆的倾向性。

表 5.7 基于陶振宇判据法的岩爆倾向性判别结果

岩 性	最大主应力 σ_1	单轴抗压强度 σ_c	陶振宇判据	岩爆分级
片麻岩	39.4	72.88	1.85	强烈岩爆
辉绿岩	39.4	68.84	1.75	强烈岩爆
花岗岩	39.4	81.99	2.08	强烈岩爆
石英岩	39.4	138.57	3.52	中等岩爆

由第 4 章岩石加卸载能量分析及改进的强度脆性系数等判据结果可知，石英岩单轴抗压强度最高，存储应变能的能力应该更强，所以，一旦发生岩爆，其危害程度更大，烈度更高。但采用 Russenses 判别法和陶振宇法对岩爆倾向性的判别结果显示，石英岩的岩爆倾向性相对较弱。这是因为当前主要采场 1000 ~ 1400m 开采深度的应力水平尚未达到诱发完整石英岩岩爆的临界值。而实际工程中，石英岩往往在爆破后发生剥落或轻微弹射，并且总量较大，原因是石英脆性大，爆破震动后石英岩内部会产生大量裂隙，整体强度降低。这方面在现场岩块取样和试件加工中都有所体现，同等尺寸的石块，石英呈现更多微裂隙，钻孔取样过程中也更容易开裂，加工难度较大。该现象也可以从石英单轴抗压强度试验数据中得到体现，极完整试件的单轴抗压强度达到 188.42MPa，而经过爆破震动产生微裂隙的试件，单轴抗压强度值在 120MPa 左右，甚至更低。所以对于坚硬的完整致密的岩石，发生岩爆需要较高的应力环境，而发生岩爆时，动力冲击性更强；而在当前埋深及应力状况下，存在少量裂隙的坚硬岩石，更易于发生岩爆。而对于辉绿岩，刚性试验的应力 - 应变曲线显示其峰后残余应变较大，说明其破坏后释放能量较小，不易发生岩爆，一般不会发生剧烈、突发性的动力失稳破坏。

5.5 适于灵宝地区金矿深部开采的岩爆倾向性评价指标

现场调查结果显示，灵宝地区金矿深部开采硬岩岩爆主要发生在竖井掘进及平硐开挖过程中。竖井掘进过程中井壁出现过片状剥落、岩体突出、岩片弹射等岩爆现象。平硐开挖过程中巷道上部顶板和侧帮出现过崩裂、片帮，底板发生过底鼓等岩爆现象，岩爆破裂声音较大。而在深部开采过程中石英脉构造岩爆主要发生在花岗岩、石英岩和片麻岩中，例如：灵宝金源鼎盛分公司 888 坑口 540、470 中段岩爆主要发生在顶板片麻岩和石英矿脉中，而 400 中段则以花岗岩岩爆为主。

国内外众多岩爆研究成果和大量岩爆调研资料和试验数据显示：发生岩爆，除了岩体应力（地应力或初始应力）必须大于岩石单轴抗压强度的某一比例外，岩石还应该是脆性的、坚硬的和完整的（或比较完整的），同时岩石的弹性应变能需要比岩石破坏耗损应变能大很多；反之，不会发生岩爆。我国很多学者也根据工程实际情况提出了一些有代表性的判据，例如：谷明成针对秦岭隧道围岩强度较高的片麻岩，提出了发生岩爆的诸项条件及相应的岩爆判据，但是他提出的发生岩爆的条件偏高。陶振宇根据国内外大量工程实例及岩爆统计资料，提出了最大主应力的判据，有其优点，但整体条件偏低。而从第5.3和5.4节岩爆倾向性分析可以看出，基于国内外主流岩爆判据所判别的各类岩石的岩爆倾向性也存在一定的差异。所以，在综合考虑国内外不同岩爆判据的基础上，结合现场实际情况、地应力分布规律、岩石物理力学实验及岩爆倾向性分析成果，制定了适应于灵宝地区金矿深部开采的岩爆倾向性判据，见式（5.8）：

$$\left.\begin{aligned} \sigma_1 &\geqslant 0.18\sigma_c \quad &\text{(力学要求)} \\ \sigma_c &\geqslant 13\sigma_t \quad &\text{(脆性要求)} \\ \mathrm{RQD} &\geqslant 55\% \quad &\text{(完整性要求)} \\ R &\geqslant 1.2 \quad &\text{(储能要求)} \end{aligned}\right\} \tag{5.8}$$

式中 σ_1——原岩最大主应力；

σ_c——岩石单轴抗压强度；

σ_t——岩石抗拉强度；

RQD——岩体的质量指标；

R——弹性能量（应变能）指数。

当灵宝地区金矿深部开采满足式（5.8）中的所有条件时，易发生岩爆。其潜在的岩爆强度可以采用表5.8进行分级预测。

表5.8 灵宝地区金矿深部开采建议的岩爆分级表

岩爆分级	判别式	埋深/m	说明
Ⅰ	$\sigma_1 < 0.18\sigma_c$	<536	无岩爆发生，无声发射现象
Ⅱ	$\sigma_1 = (0.18 \sim 0.29)\sigma_c$	563~855	低岩爆活动，有轻微声发射现象
Ⅲ	$\sigma_1 = (0.29 \sim 0.43)\sigma_c$	855~1170	中等岩爆活动，有较强声发射现象
Ⅳ	$\sigma_1 > 0.43\sigma_c$	>1170	高岩爆活动，有很强的爆裂声

6 灵宝地区金矿深部采场及井巷工程能量分布与岩爆预测

6.1 FLAC^{3D}有限差分数值计算软件

FLAC^{3D}（Fast Lagrangian Analysis of Continua in Three Dimensions）是美国Itasca Consulting Group Inc. 开发的，用于工程计算的大型三维显示拉格朗日有限差分程序。能够模拟计算三维的土、岩体及其他材料受力状态下的各种力学行为。尤其适用于材料的弹塑性、大变形分析，以及流变预测和施工过程模拟。

FLAC^{3D}将计算区域划分为若干个六面体单元，每个单元在给定的边界条件下，遵循指定的线性或非线性应力－应变关系产生力学响应。FLAC^{3D}程序主要是为岩土工程应用而开发的力学计算模拟程序，程序中包括了反映地质材料力学效应的特殊计算功能，可以计算地质类材料的高度非线性（包括应变硬化/软化）、不可逆剪切破坏和压密、黏弹（蠕变）、孔隙介质的应力－渗流耦合、热－力耦合以及动力学行为等。

FLAC^{3D}不但能模拟岩石、土体及其他材料的大变形、挠曲或塑性流动，而且可以在模型中加入节理、断层等地质构造，同时还可以模拟锚杆（索）、喷射混凝土等加固措施。FLAC^{3D}提供了十种材料模型，包括模拟动态开挖的“空”（null）型、三种弹性模型（各向同性、横观各向同性、正交各向异性弹性模型）和六种弹塑性模型来模拟断层节理的性质以及滑移面、摩擦边界的性质。为了模拟工程的一些结构单元，如锚杆、锚索等，FLAC^{3D}程序还引入了Structure结构单元模型，为模拟开挖支护的分析计算提供了便利。除此之外，FLAC^{3D}还提供了如下的辅助模型：液流模型、轴对称几何结构模型、动力分析模型。用户可以根据需要创建自己的本构模型，并进行各种特殊修正和补充。

FLAC^{3D}建立在拉格朗日算法基础上，特别适合模拟塌陷区大变形、节理裂隙发育、扭曲，借助显式算法来获得模型全部运动方程的时间步长解，从而可以跟踪材料的渐进破坏和跨落，这对采矿设计、巷道支护方案选择是非常重要的。此外，程序允许输入多种材料类型，还可以在计算工程中改变某个局部材料参数，以增强程序使用的灵活性。

无论是静态还是动态问题，有限差分法均由运动方程用显式求解，这使得FLAC^{3D}很容易模拟大变形、振动等动态问题，对显式法来说非线性本构关系与线性本构关系并无算法上的差别，对于已知的应变增量可以方便地求出应力增量和不平衡力，并模拟跟踪系统演化过程。此外，显式法不形成刚度矩阵，在模拟计算时占用计算机内存小，在求解大变形过程中，因每一步变形很小，可以采用小变形本构关系，将每步变形叠加即可得到大变形结果，实现用小变形求解大变形问题。

FLAC3D具有强大的内嵌程序语言 FISH。用户可以定义新的变量或函数，以适应用户的特殊需要，可以指定特殊的边界条件，自动进行参数分析，可以获得节点或单元的坐标、位移、材料参数、应力应变、不平衡力等参数。FLAC3D还具有强大的后处理功能，有自动三维网络生成器，内部定义了多种基本单元形态，可以生成非常复杂的三维网络。可以绘制计算任意截面上的变量等直线图或矢量图，可以保存和输出高分辨率图形文件，其中包括等应力线、等位移线、弹塑性破坏状态图、应力实体图、位移实体图等，方便对不同条件下的结果进行实时分析。

FLAC3D的求解过程使用了如下 3 种计算方法：

（1）离散模型方法：连续介质被离散为若干互相连接的六面体单元，作用力均被集中在节点上。

（2）有限差分方法：变量关于空间和时间的一阶导数均用有限差分来近似。基本方程组和边界条件（一般均为微分方程）近似地改用差分方程（代数方程）来表示，也就是由空间离散点处的场变量（应力、位移）的代数表达式代替。这些变量在单元中是非确定的，从而把求解微分方程问题简化为求解代数方程问题。而有限元法则需要场变量在每个单元内部按照某些参数控制的特殊方程产生变化，公式中包括调整这些参数以减少误差项和能量项，在求解过程中通常要将单元矩阵组合成大型整体刚度矩阵。有限差分法在每个计算步重新生成有限差分方程，并采用显式、时间替步法解算代数方程。

（3）动态松弛方法：应用质点运动方程求解，通过阻尼使系统运动衰减至平衡状态。

在 FLAC3D中采用了混合离散方法，区域被划分为常应变六面体单元的集合体，在计算过程中，程序内部又将每个六面体分为以六面体角点为节点的常应变四面体的集合体，变量均在四面体上进行计算，六面体单元的应力、应变取值为其内四面体的体积加权平均。如图 6.1 所示四面体，节点编号为 1 ~4，第 n 面表示与节点 n 相对的面，假设其内部任一点的速率分量为 v_i，则可由高斯公式得：

$$\int_V v_{i,j} \mathrm{d}v = \int_S v_i n_j \mathrm{d}s \tag{6.1}$$

式中 V——四面体的体积；

S——四面体的外表面；

n_j——外表面的单位法向向量分量。

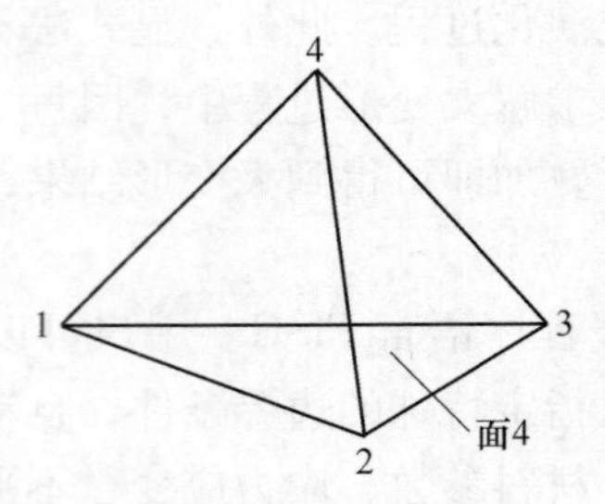

图 6.1 四面体单元

对于常应变单元，v_i 为线性分布，n_j 在每个面上为常量，由式（6.1）可得：

$$v_{ij} = -\frac{1}{3v}\sum_{i=1}^{4} v_i^l n_j^{(l)} S^{(l)} \tag{6.2}$$

式中 l——节点 l 的变量；

(l) ——面 l 的变量。

FLAC^{3D}以节点为计算对象，将力和质点均集中在节点上，然后通过运动方程在时域内进行求解。节点运动方程可表示为下述形式：

$$\frac{\partial v_i^l}{\partial t} = \frac{F_i^l(t)}{m^l} \tag{6.3}$$

式中 $F_i^l(t)$ ——在 t 时刻 l 节点在 i 方向的不平衡分量，可由虚功原理导出；

m^l——l 节点的集中质量，在分析静态问题时，采用虚拟质量以保证数值稳定，而在分析动态问题时则采用实际的集中质量。

把式（6.3）左端用中心差分来近似，则可得到：

$$v_i^l\left(t+\frac{\Delta t}{2}\right) = v_i^l\left(t-\frac{\Delta t}{2}\right) + \frac{F_i^l(t)}{m^l}\Delta t \tag{6.4}$$

FLAC^{3D}利用速率来求解某一时步的单元应变增量，如式（6.5）所示：

$$\Delta e_{ij} = \frac{1}{2}(v_{i,j} + v_{j,i})\Delta t \tag{6.5}$$

式中速率可由式（6.2）解释。得出应变增量后，再用本构方程求出应力增量，各时步的应力增量叠加得到总应力，在大变形情况下，还需根据本时步单元的转角对本时步前的总应力进行旋转修正。然后由虚功原理求出下一时步的节点不平衡力。

对于静态问题，在不平衡力中加入非黏性阻尼，以使系统的振动逐渐衰减直到平衡状态（不平衡力接近于零）。式（6.3）变为：

$$\frac{\partial v_i^l}{\partial t} = \frac{F_i^l(t) + f_i^l(t)}{m^l} \tag{6.6}$$

阻尼力 $f_i^l(t)$ 为：

$$f_i^l(t) = -\alpha \left| F_i^l(t) \right| \mathrm{sign}(v_i^l) \tag{6.7}$$

式中 α——阻尼系数，其默认值为0.8。

sign(y) 为：

$$\mathrm{sign}(y) = \begin{cases} +1 & (y > 0) \\ -1 & (y < 0) \\ 0 & (y = 0) \end{cases} \tag{6.8}$$

如上所述，FLAC^{3D}的计算循环如图6.2所示。

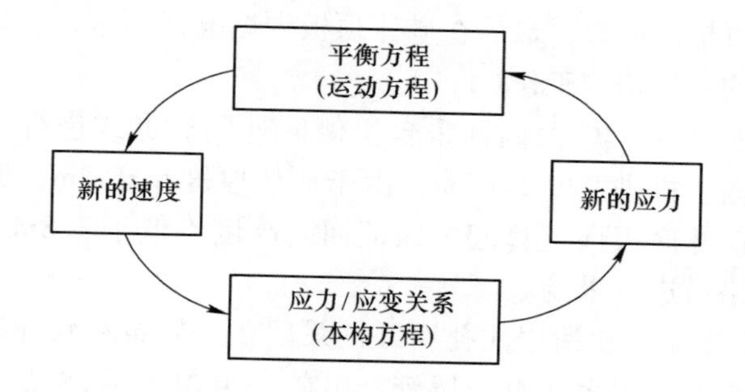

图6.2 有限差分计算流程图

6.2 灵宝地区金矿主要开采方法

6.2.1 开采技术条件

据灵宝地区金矿床核实报告，区内所开采的金矿体多为缓倾斜、倾斜、急倾斜的极薄、薄到中厚矿体（倾角在15°~85°，平均厚度0.34~5.71m）。矿床开采的水文地质条件多为简单型和中等偏复杂型，工程地质条件属中等类型。

根据《采矿设计手册》中的有关资料，矿山地下开采时，其采矿方法的选择一般应遵循以下原则：(1)保证开采安全可靠和最大限度地回采资源；(2)尽量降低开采成本；(3)降低贫化率，尽量提高出窿矿石的品位；(4)采矿工艺简单、技术成熟可靠；(5)矿块生产能力大，劳动生产率高。

根据区域内开采的主要金矿体的赋存特征和开采技术条件及采矿方法选取的原则，较适合区内各矿体的采矿方法为留矿全面法、全面法、浅孔留矿法、浅孔房柱法、削壁充填法等五种采矿方法，但灵宝地区金矿主要采用前面四种采矿方法。各采矿方法的适应条件及主要工艺情况如下。

6.2.2 留矿全面法

该法适用于矿岩稳固、倾角大于30°小于50°的薄到中厚矿体。

（1）矿块构成参数的选定。矿块沿矿体走向布置，中段高度20～30m，矿块长40～60m，矿块倾斜长40～60m。留顶柱、底柱和间柱，顶柱2m，底柱2～3m，间柱宽6m。

（2）采准切割工作。主要采准切割工作为：在矿体里侧自脉内中段运输平巷沿矿体倾斜方向向上掘人行、通风上山与上中段脉内运输平巷（回风平巷）相通，上山掘在矿岩底板交界线以上的矿体内。之后自上山每隔5m向侧部（一侧或两侧）掘进联络道，长度2m，再在下部距运输平巷底柱高度处，沿矿体走向掘切割平巷，再扩出矿口，最后在矿体顶板内掘电耙硐室，安设电耙绞车，至此完成一个矿块的采准切割工作。

（3）回采落矿工艺。中段内回采自里侧向外侧后退式进行，矿房回采自下而上进行，每次向上推进宽度2～3m，由于矿体厚度小于2m，回采中沿矿体全厚一次采下，自矿体底板向上算起，保证回采高度不低于1.8m。人员、材料通过人行上山经联络道进入采场。

采用YT－27型凿岩机凿岩浅孔爆破，采用2号岩石粉状炸药，非电导爆管爆破，使用高压起爆器引爆非电导爆管。出矿采用2DPJ－28型电耙，矿石在采场底部放出和装车。

（4）通风。新鲜风流自脉内运输平巷经人行、通风上山至采场工作面，清洗工作面的污风由采场回风上山到上中段，最后经回风上山排至地表。

（5）矿柱回采及采空区处理。矿房采完后，顶柱部分进行回收，间柱隔一采一，从一端向另一端后退式回收，处于沿脉运输平硐的底柱不回收。

在回采过程中，将夹石、贫矿按顶板岩石稳固情况留作不规则的孤立矿柱维护采空区。回采完毕后，对于矿岩稳定性好、较为稳定的采空区，只要对其采取封堵即可；而围岩稳定性较差的采空区，为了预防岩柱失稳、围岩大规模崩落，产生空气冲击波，对人员和设备造成危害，需对这种围岩稳定性较差的采空区采用井下掘进废石就近进行充填。

（6）主要经济技术指标。矿块平均生产能力：60～80t/d；矿石损失率：8.0%；矿石贫化率：8.0%。

6.2.3 全面法

该法适用于区内矿岩稳固、倾角不大于30°的薄到中厚矿体。

（1）矿块布置和构成要素。矿块沿走向布置，中段高度10～20m，矿块长度一般40～60m，顶柱厚2～3m，底柱高度4～6m，间柱宽1.5～2m，漏斗间距5～10m。矿块四周留有顶、底、间柱，间柱的留取可视顶板情况决定。

（2）采准切割工程：

1）运输平巷一般采取脉内布置，靠近底板。

2）电耙绞车硐室位置设计采用移动式绞车，安装在切割平巷内。

3）切割平巷布置在下端部，沿脉运输巷的上方。

（3）回采：

1）中段各矿块回采顺序采用后退式回采。

2）回采工作面的推进方向沿走向推进，工作面的长度为矿块的斜长。可采用梯段式布置，从矿块一侧的切割上山向矿块的另一侧推进，阶梯长度8～20m，阶梯超前距离3～5m。

3）采用YT－27凿岩机凿岩，炮孔呈梅花形排列，孔径38mm，孔深1.8～2m，排距0.8m，眼距0.7m，采用乳化炸药，非电导爆管系统微差爆破。

4）采用2DPJ－14型电耙出矿，通过漏斗口放矿。

（4）采场支护。为了防止岩石冒落和控制地压，回采过程中即刻进行支护，可将夹石、贫矿按照岩石稳固情况留作矿柱维护采矿区。根据岩石的稳定程度、采场跨度的大小、顶板的透水性、矿石品位等情况选择矿柱的规格以及矿柱之间的间距。本次模拟矿柱间距8～10m，矿柱规格可留直径2～3m的圆形矿柱，矿柱在规定的时间内不得开采和破坏。

（5）矿柱回采及采空区安全处理。为了提高矿石回采率，每个中段矿房采完后，间柱、顶柱和底柱采取隔一采一的方式，从一端往另一端后退式回收，采空区最后作密闭处理。

另外，如果矿体上部已经存在大片老采空区，回采过程中对最上部矿块的顶柱不回收，留作永久性保安矿柱。

（6）主要技术经济指标。矿块生产能力：60.0～80.0t/d；矿石损失率：8.0%；矿石贫化率：8.0%。

6.2.4 浅孔留矿法

该法适用于矿岩稳固、倾角大于50°的薄到中厚矿体。

（1）矿块构成要素。矿块沿矿体走向布置，中段高度40～60m，矿块长40～60m，矿房宽即矿体水平厚度。留顶、底柱和间柱，顶柱高3m，底柱高6m，间柱宽6m，漏斗间距7m。

（2）采准切割。主要采准切割工作为：先掘脉内运输平巷，再自脉内运输平巷沿矿体倾斜方向在矿体两端向上掘人行、通风天井与上中段运输平巷相通，天井布置在矿岩底板交界线以上的矿体内，在天井中每隔5m掘进联络道。之后自天井下部距运输平巷6m处，沿矿体走向掘切割平巷，在距天井8m处掘进放矿漏斗，漏斗间距7m，最后进行拉底和扩漏。至此完成一个矿块的采准切割工作。

（3）回采落矿工艺。矿房回采自下而上进行，人员、材料由天井经联络道进入采场。回采工作面自矿房一侧向另一侧推进。回采自拉底巷道开始，自下而上分层回采，分层高度 2 ~ 2.5m 左右，其工作包括凿岩、爆破、通风、局部放矿和安全处理。凿岩用 YSP - 45 钻机，钻头 ϕ38 ~ 40mm，最小抵抗线 0.8m，孔距 0.8m，孔深 2.5 ~ 3.0m，浅孔落矿，每天一个循环。回采中爆破采用乳化炸药，非电导爆管爆破，非电导爆管使用专用起爆器引爆。

每次放出的矿石量约为落矿量的 1/3（保持作业空间高度为 2m 左右），采下的矿石经采场底部漏斗放矿装车。

（4）采场通风。新鲜风流自脉内运输平巷经人行通风天井至采场工作面，清洗工作面的污风由采场回风天井回到上中段回风平巷，最后经风井排出地表。

（5）矿柱回采及安全处理。为提高矿石回采率，每个中段矿房采完后，间柱、顶柱和底柱采取隔一采一的方式，从一端往另一端后退式回收，采空区最后作密闭处理。

对少数直接出露地表的矿体回采，为预防雨季地表水对井下开采的影响，其开采此部分矿体时，对临近地表所有矿块的顶柱均不予回收，均留作永久性的防水保安矿柱。

对少数临近溪沟的矿体开采除留足正常 3m 高的顶柱保安矿柱外，另增加 3m 高的永久性防水保安矿柱。

另外，回采矿体的上部存在老采空区时，其回采中对最上部的矿块的顶柱不回收，应留作永久性保安隔离矿柱。

对接近采空区的所有矿块的顶柱均不予回收，留作永久性的保安矿柱。

对少数上下盘稳固性不太好的围岩，在开采当中采取措施及时对上下盘围岩进行超前支护。矿块回采结束后对所预留的采场矿柱一般不作二次回采和利用，均留作永久性矿柱。

（6）主要技术经济指标。矿块生产能力：40.0 ~ 60.0t/d；损失率：8.0%；贫化率：10.0%。

6.2.5 浅孔房柱法

该法适用于矿石稳固，围岩中等稳固至稳固，倾角不大于 20°的薄到中厚矿体。

（1）矿块构成要素。矿块沿走向布置长 60m，采场间留宽度 4m 的连续矿壁，矿房宽 8m，矿房间留 4m × 4m 间隔矿柱，矿柱间隔距离 10m，矿房净跨度 8m，阶段高度 10m，阶段斜长约为 40m，顶柱为 3m。

（2）采准切割。首先自中段运输平巷开始掘进联络道，然后沿矿体倾斜方向向上每隔 60m 掘人行通风上山与上中段回风平巷相通，上山掘在矿岩底板交界线以上的矿体内。之后自上山下部距运输平巷 4 ~ 6m 高度处，沿矿体走向掘切割平巷，并于矿房一侧上掘回风上山至上中段回风平巷，最后进行拉底和扩漏，在矿体联络道内安设电耙绞车，至此完成一个矿块的采准切割工作。

（3）回采。矿房回采自下而上进行，人员、材料由上山经联络道进入采场。回采工作面自矿房一侧的回风上山处开始，向另一侧推进。由于矿体厚度大于4m，采用压顶进行落矿。采用YT－27型浅孔凿岩机落矿，爆破采用非电导爆管一次起爆。每次爆破崩落的矿石采用2DPJ－28电耙耙入溜口，由木漏斗直接卸入矿车。随着回采工作的推进，在矿房两侧留规则的不连续矿柱，矿柱间距12m。

（4）通风。新鲜风流自中段运输平巷经人行通风上山至采场工作面，清洗工作面的污风由采场回风上山回到上中段回风平巷，最后经回风井排出地表。

（5）矿柱回采和采空区处理。为提高矿石回采率，矿房采完后，间柱、顶柱和底柱采取隔一采一的方式，从一端往另一端后退式回收。采空区可用上部中段的废石通过废弃不用的上山进行不完整充填，主要目的是废石尽量不出窿，当废石不能再向下充填时，对采空区进行密闭处理。

（6）主要技术经济指标。矿块生产能力：40.0～60.0t/d；损失率：8.0%；贫化率：12.0%。

6.2.6 削壁充填法

该法适用于矿、岩稳固，倾角小于20°的极薄矿体。

（1）矿块构成参数的选定。矿块沿走向布置，中段高度：20～30m，底柱高3m，不留间柱和顶柱，工作面宽度2.5～3.0m，采幅高1.2～1.6m。矿块尺寸：（30～40）m×矿体厚度×（40～50）m（宽×高×斜长）。

（2）采准切割工作。首先在矿块采场一侧掘进采场出矿联络道（在运输巷道下盘岩石中掘12～14m长的出矿联络道），由此向上掘采场溜井与切割（拉底）巷道贯通，上山在采场两侧沿矿脉倾向掘进，电耙绞车硐室位于靠近漏斗的上盘岩石中。

（3）回采工艺。回采从设有漏斗的一侧开始，以切割巷道为自由面，使斜工作面呈扇形推进，直至采完整个矿块。由于围岩的爆破性能好，先用1.5～2.0m深的浅孔崩落，从而使落矿能用大孔距、间隔装药结构，保证矿石呈块状崩落，减少粉矿损失。削壁时，为保持顶板的完整性，一般崩落下盘围岩。

采场内用2DPJ－14电耙将矿石耙运至漏斗。先崩落的围岩充填采空区，每隔1.5～2.0m选用大块废石砌筑一道挡墙，并使墙面与底板间夹角小于90°，墙内充以小块废石。充填工作自下而上逐段进行，且严密接顶。为防止冒顶，充填体至回采工作面的距离不应超过3～5m。根据脉厚和顶板稳固程度可采用全面充填或间隔充填。

（4）主要经济技术指标。

矿块生产能力：30t/d；矿石损失率：8.0%；矿石贫化率：15.0%。

6.3 模拟开采方案与计算模型

6.3.1 模拟开采方案

综合分析上述五种采矿方法，留矿全面法、全面法、浅孔留矿法三者的采场结构布置类似，可建立统一模型进行模拟分析。模拟中段高度30m，矿块长60m，顶柱2m，底柱2~3m，间柱宽6m，每次开采向上推进3m，模拟开采至顶柱。

房柱法单独建立数值模型进行开采分析，模拟开采矿块长60m，8m一个矿房，矿房间布置间隔矿柱，矿柱尺寸4m×4m，矿柱间隔距离10m，阶段高度10m。

6.3.2 力学参数

通过经验强度折减，模拟选用的围岩和矿体主要力学参数设置见表6.1。

表6.1 数值模拟力学参数

位置	体积模量/GPa	剪切模量/GPa	黏聚力/MPa	内摩擦角/(°)	抗拉强度/MPa	渗透系数/m·s^{-1}
围岩	3.37	2.8	11.4	31	4.37	6.2×10^{-7}
矿体	2.51	1.35	21.5	33	3.44	8.3×10^{-7}

6.3.3 边界条件

模型侧面限制水平移动，模型的底面限制垂直移动，模型的上部施加上覆岩层的自重应力。

6.3.4 强度准则

模拟计算采用理想弹塑性本构模型——摩尔－库仑（Mohr－Coulomb）屈服准则判断岩体的破坏：

$$f_s = \sigma_1 - \sigma_3 \frac{1+\sin\varphi}{1-\sin\varphi} - 2c\sqrt{\frac{1+\sin\varphi}{1-\sin\varphi}}$$

式中 σ_1，σ_3——分别是最大和最小主应力；

c，φ——分别是黏聚力和内摩擦角。

当$f_s>0$时，材料将发生剪切破坏。在通常应力状态下，岩体的抗拉强度很低，因此可根据抗拉强度准则（$\sigma_3 \geqslant \sigma_T$）判断岩体是否产生拉破坏。

6.3.5 数值计算模型

从google地图抓取灵宝地区金矿床某矿区地表高程数据，采用surfer软件生成地表图，进而建立矿区整体模型，如图 6.3、图 6.4 所示。

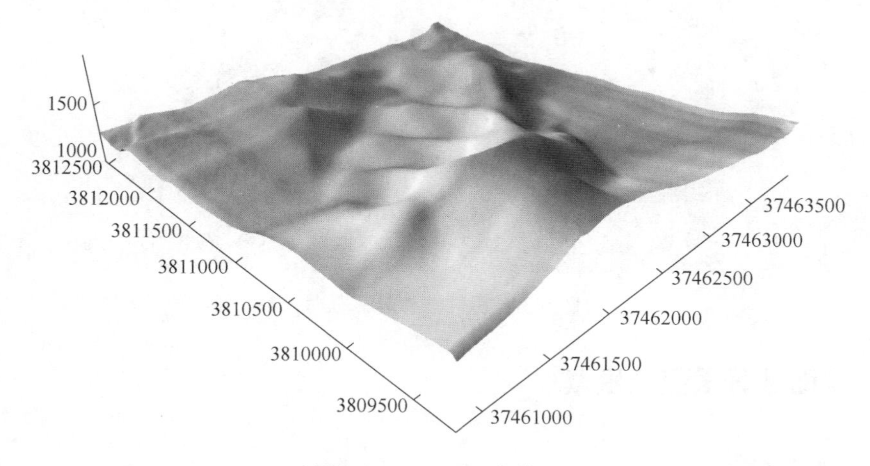

图 6.3　Surfer 地表模型

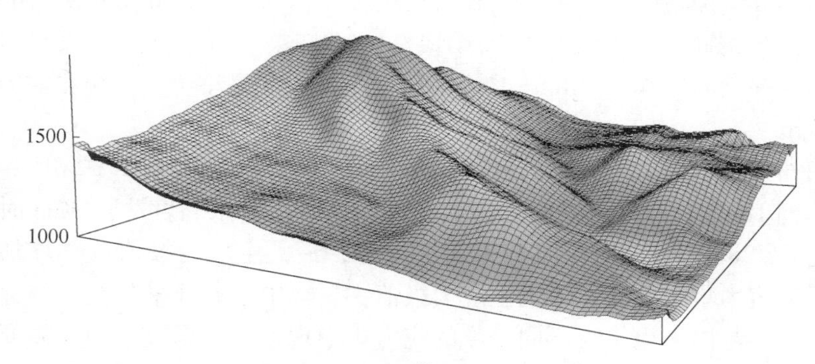

图 6.4　FLAC^{3D}计算地表图

利用 MIDAS 软件构建矿体开挖模型，如图 6.5、图 6.6 所示。随后导入 FLAC^{3D}进行模拟开挖计算。

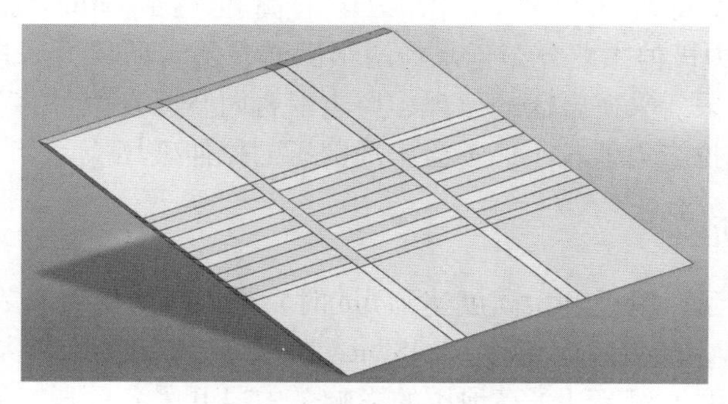

图 6.5　全面法拟开采模型

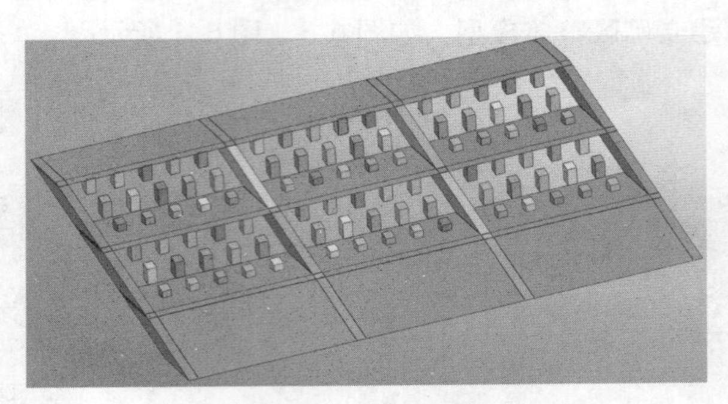

图 6.6 房柱法拟开采模型

6.4 全面法开采数值模拟

6.4.1 应力分析

全面法开采模拟中，由于采场暴露面积较大，围岩竖向位移和两帮的收敛对采场稳定性的影响至关重要。一个中段分五步开采，每次回采两层共计 6m 高度，其中，开采高度 6m、18m、32m 的最大主应力和最小主应力分布如图 6.7 和图 6.8 所示。

如图 6.7 所示，阶段开采高度达到 6m 时，最大主应力为 41.02MPa；阶段开采高度达到 18m 时，最大主应力为 55.69MPa；阶段开采高度达到 30m 时，最大主应力为 61.28MPa。随着阶段开采向上推进，最大主应力极值逐渐增加，并且呈现出局部应力集中现象，最大主应力极值主要集中于各开采阶段工作面顶部和底部围岩，两帮围岩也出现不同程度的应力集中现象。开采过程中，需要时刻检查顶部围岩的破裂现象。

如图 6.8 所示，开采过程中，各阶段均存在不同程度的拉应力。拉应力极值分布如下：阶段开采高度达到 6m 时，拉应力极值 3.35MPa；阶段开采高度达到 18m 时，拉应力极值 3.56MPa；阶段开采高度达到 30m 时，拉应力极值 3.70MPa。拉应力极值主要分布于采场两帮围岩，随着阶段开采向上推进基本保持不变。由于开采后采矿空区的出现，周边围岩向空区发生位移，在局部区域产生拉应力。总体拉应力值较小，不会出现围压的拉伸破坏。

6.4.2 位移分析

如图 6.9 所示，阶段开采高度达到 6m 时，最大竖向位移 7.75cm；阶段开采高度达到 18m 时，最大竖向位移 17.48cm；阶段开采高度达到 30m 时，最大竖向位移 24.75cm。由于深部开采高地压的影响，中段开采各阶段，底板均有不同程度的微弱底鼓现象。

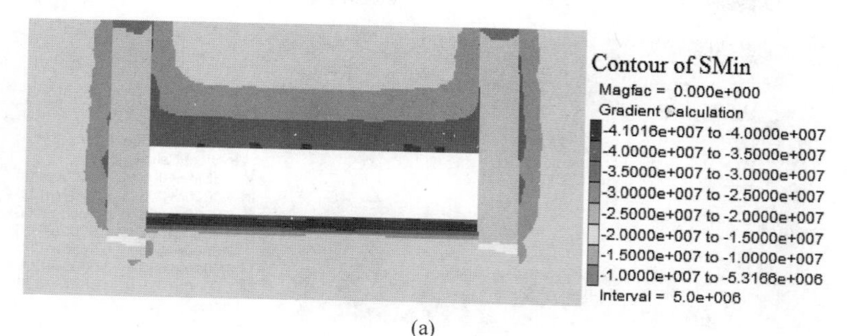

(a)

(b)

(c)

图 6.7　阶段开采最大主应力分布云图

（a）阶段开采高度 6m 的最大主应力；（b）阶段开采高度 18m 的最大主应力；
（c）阶段开采高度 30m 的最大主应力

(a)

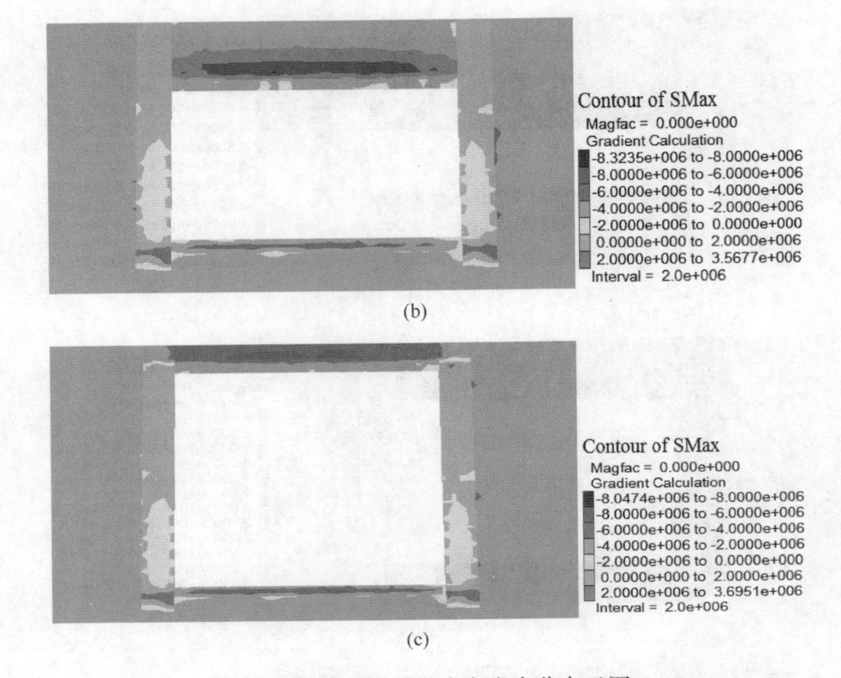

(b)

(c)

图 6.8 阶段开采最小主应力分布云图

（a）阶段开采高度 6m 的最小主应力；（b）阶段开采高度 18m 的最小主应力；

（c）阶段开采高度 30m 的最小主应力

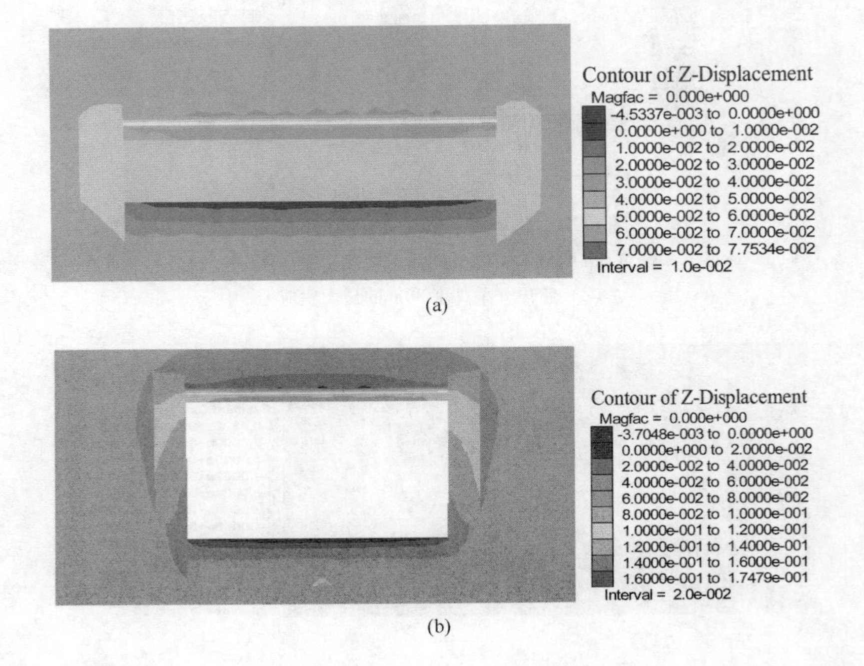

(a)

(b)

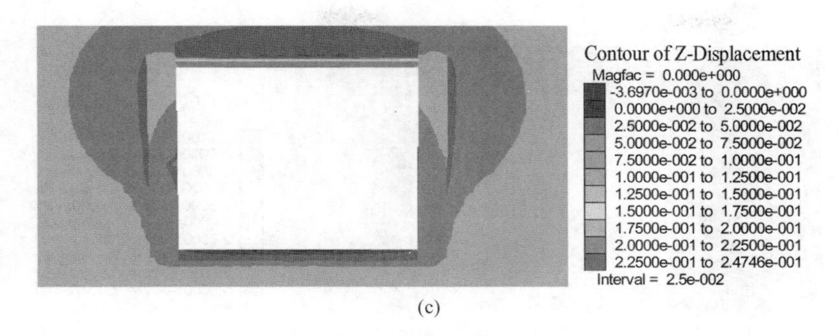

(c)

图 6.9 阶段开采竖向位移分布云图

（a）阶段开采高度 6m 的竖向位移；（b）阶段开采高度 18m 的竖向位移；
（c）阶段开采高度 30m 的竖向位移

随着开采高度增加，采场暴露面积增大，竖向位移呈现增大趋势，最大位移的极值均出现在采场顶板围岩，开采过程中需要注意顶板的加固支护与安全监管，并针对围岩的破碎条件，有选择性地设立人工矿柱支撑，确保顶板围岩稳定性。另外，根据采矿方法设计，随着矿体倾角的变化，在矿体回采和出矿时，需要适时选用留矿全面法进行开采，并及时地对采空区进行碎石充填。

如图 6.10 所示，阶段开采高度达到 6m 时，采场两侧最大水平位移分别为 3.66cm 和 3.44cm，即采场最大收敛位移为 7.1cm；阶段开采高度达到 18m 时，采场两侧最大水平位移分别为 7.24cm 和 6.41cm，即采场最大收敛位移为 13.65cm；阶段开采高度达到 30m 时，采场两侧最大水平位移分别为 10.40cm 和 10.01cm，即采场最大收敛位移为 20.41cm。

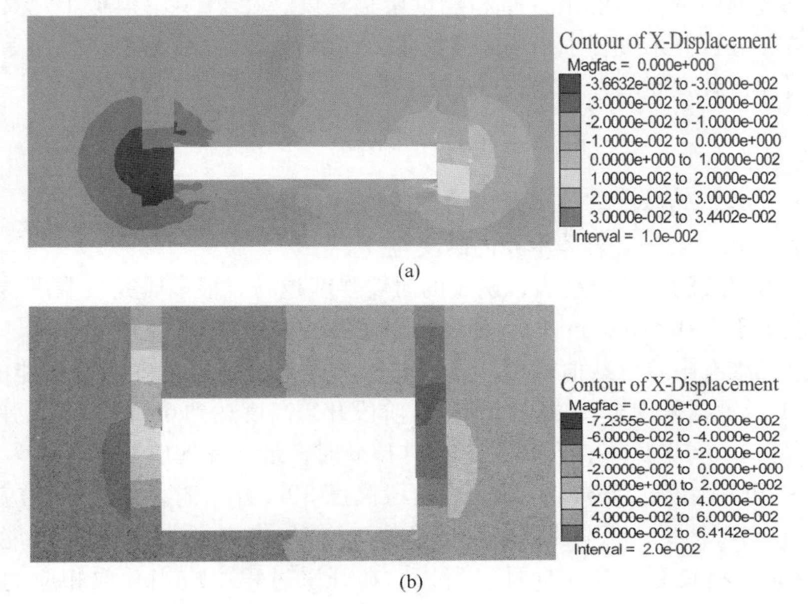

(a)

(b)

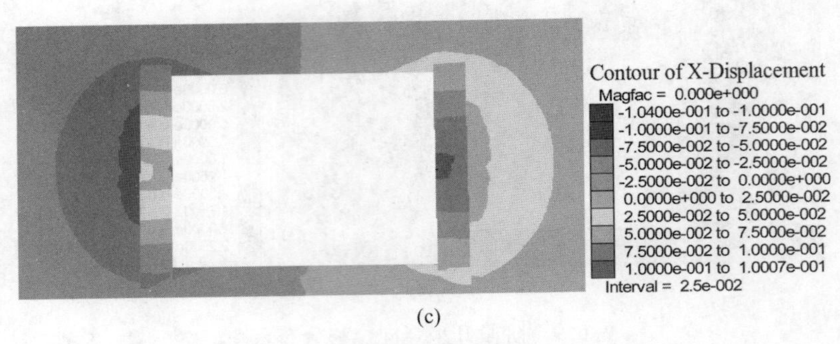

(c)

图 6.10 阶段开采水平位移分布云图

（a）阶段开采高度 6m 的水平位移；（b）阶段开采高度 18m 的水平位移；
（c）阶段开采高度 30m 的水平位移

随着开采高度增加，采场暴露面积增大，水平位移呈现增大趋势，最大位移的极值均出现在采场两侧中部及中上部。所以应根据围岩的破碎条件，对采场两侧围岩进行加固，以确保其稳定性。另外，根据采矿方法设计，随着矿体倾角的变化，在矿体回采和出矿时，需要适时选用留矿全面法进行开采，并及时对采空区进行碎石充填，若条件许可，应选用充填法开采。

6.4.3 能量分布与岩爆倾向分析

岩爆发生的必要条件，除了岩石本身具备能够储存大量弹性能这种能力外，由岩体构成的力学系统还必须具备产生高应力或产生能量积累的环境。为了分析矿体开采过程中围岩体能量分布和能量聚集程度，在 FLAC^{3D} 模拟中定义弹性应变能参数，分析开采过程中采场围岩能量分布特征。

岩石弹性应变能的计算按式（6.9）进行：

$$W_e = \frac{1}{2}(\sigma_1\varepsilon_1 + \sigma_2\varepsilon_2 + \sigma_3\varepsilon_3) \tag{6.9}$$

式中 σ_1，σ_2，σ_3——岩体单元内的主应力；

ε_1，ε_2，ε_3——岩体单元内的主应变。

围岩内聚集的应变能越大，诱发的岩爆强度越高。很多研究表明围岩内聚集的应变能大于 $1.0\times10^5\mathrm{J/m^3}$ 时，易发生岩爆和冲击地压。

通过三维有限差分数值模拟计算，获得了开采后围岩内弹性应变能的分布。如图 6.11 所示，采用全面法进行开采，阶段开采高度达到 6m 时，最大弹性应变能密度为 $4.15\times10^4\mathrm{J/m^3}$；开采高度达到 18m 时，最大弹性应变能密度为 $1.11\times10^5\mathrm{J/m^3}$；开采高度达到 30m，即完成阶段高度 30m 开采时，最大弹性应变能密度为 $1.51\times10^5\mathrm{J/m^3}$；说明当采场空区高度达到 18m 时，围岩中聚集的能量超过 $1\times10^5\mathrm{J/m^3}$，将具有岩爆倾向性。所以，在开采过程中应当采取相应的支护措施，或对采矿设计进行优化，如减小采场宽度以增加采场稳定性，从而减少岩爆发生几率。

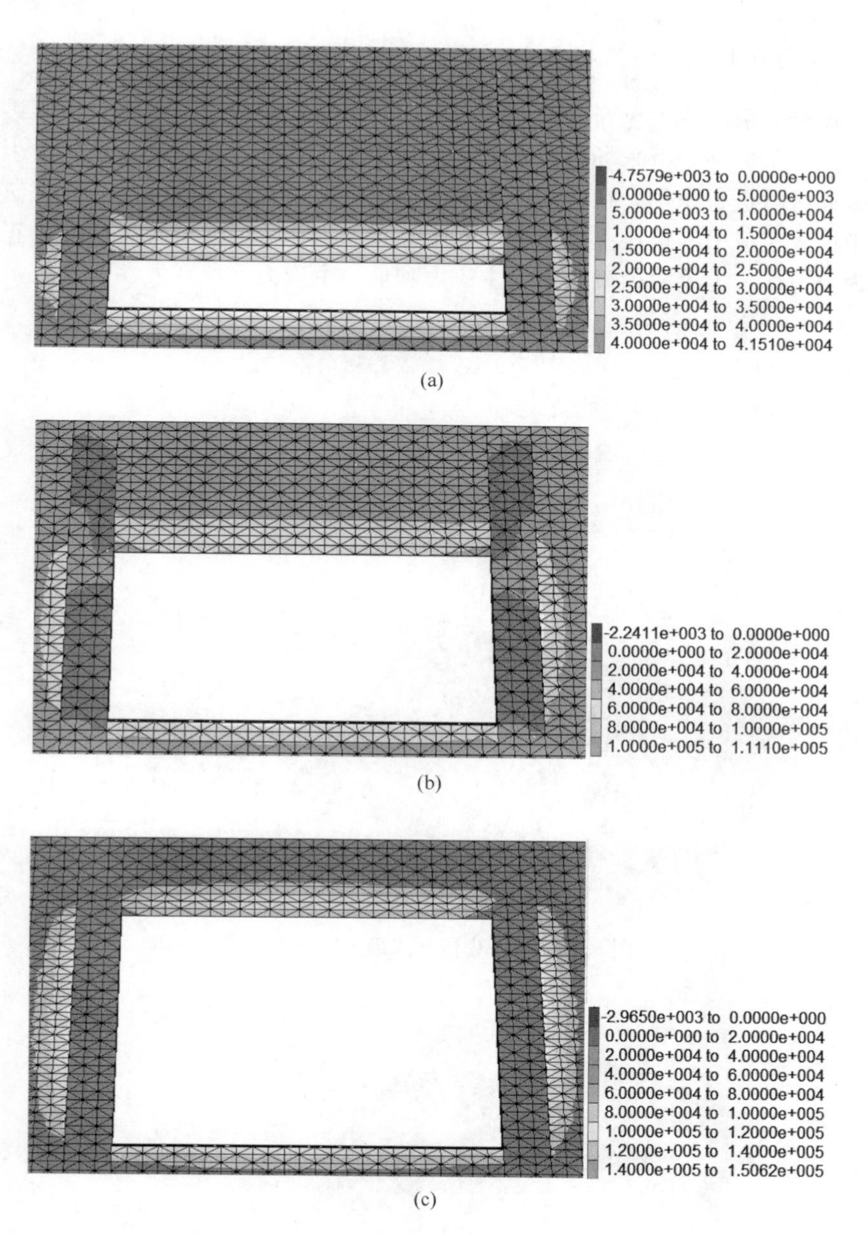

图 6.11 全面法开采围岩能量分布

（a）阶段开采高度 6m；（b）阶段开采高度 18m；（c）阶段开采高度 30m

6.5 房柱法开采数值模拟

6.5.1 应力分析

采场开采引起应力重新分布，应力状态是影响采场稳定性的最主要因素。为实现安全开采必须分析采场应力分布特征，对应力集中、拉应力、剪应力引起的潜在破坏区域进行识别，在生产过程中选择重点区域进行加固支护。房柱法开采过程中最大主应力、最小主应力如图 6.12 ~ 图 6.15 所示，图中拉应力为正，压应力为负，以应力绝对值确定最大主应力和最小主应力。

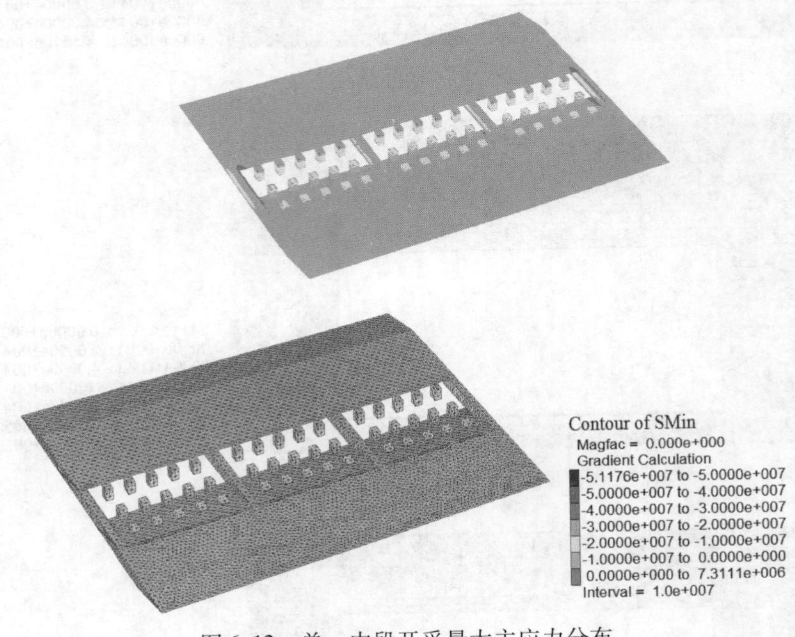

图 6.12 单一中段开采最大主应力分布

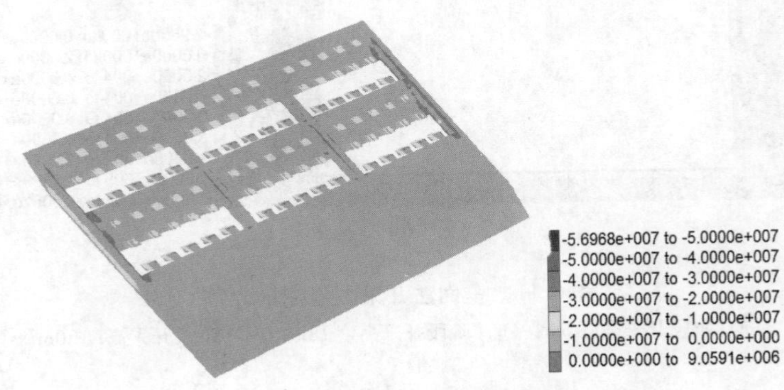

图 6.13 多中段开采最大主应力分布

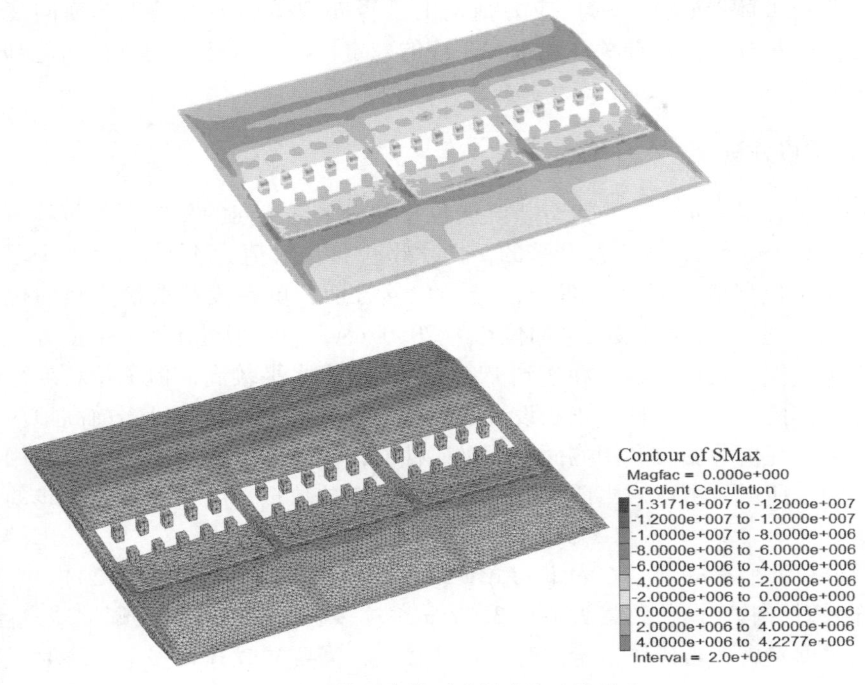

图 6.14 单一中段开采最小主应力分布

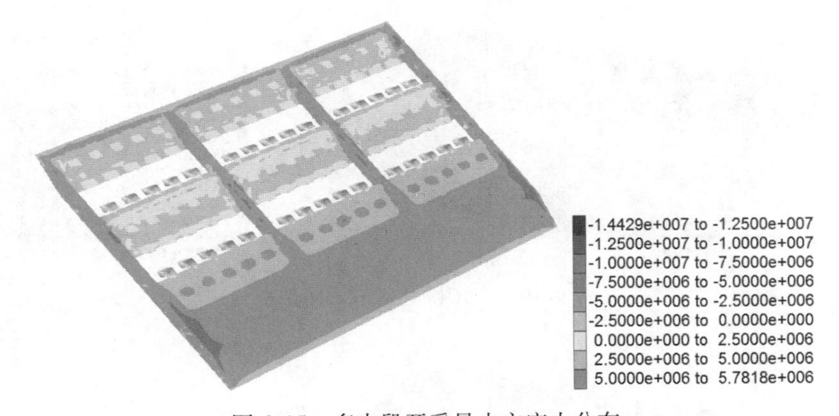

图 6.15 多中段开采最小主应力分布

如图 6.12、图 6.13 所示，单一中段开采最大主应力达到 51.18MPa，多中段开采最大主应力达到 56.97MPa，最大主应力极值出现在采矿中部区域的矿柱，该部分矿柱承受围岩竖向载荷较大。

如图 6.14、图 6.15 所示单一中段开采和多中段开采模拟中，最小主应力云图均出现了不同程度的拉应力，分别为 4.2MPa 和 5.78MPa，拉应力集中在采场顶柱和部分矿柱。由于矿体开挖后围岩卸载，矿柱作用在顶柱上的压应力导致其易出现张拉破坏，矿柱中的拉应力则是由于竖向载荷增大后呈现的横向变形破坏。在开采过程中，需要关注顶板和矿柱的稳定性，采取必要的监控措施和安全保障措施。

6.5.2 位移分析

房柱法开采模拟中，重点分析竖向位移和沿采场走向的 Y 向水平位移。如图 6.16 ~ 图 6.19 所示，单中段开采的 Y 向水平位移最大值为 4.55cm，多中段开采的 Y 向水平位移最大值为 7.39cm。竖向位移方面，单中段开采最大竖向位移值为 12.9cm，多中段开采最大竖向位移为 20.07cm，但均值处于 5 ~ 8cm。

由于模拟开采位置的埋深达到 1200m，地应力水平较高，但该位移变形值尚在可控范围内，说明房柱开采法设计的矿柱密度和尺寸能够满足当前高地压的稳定性要求。在资源回收利用方面，大量矿柱的设置对于生产效率和资源利用率有严重影响，所以，可以对当前设计开采方案的矿柱数量、尺寸进行进一步的优化设计。

此外，我们还开展了 60m 长度单矿块的多中段开采模拟（图 6.20）。多中段同时开采时，其竖向位移最大值在 3.79cm，较多矿块同时开采大幅缩减。因此，从安全角度考虑，若矿体沿走向分布尺寸较大，需要同时开采多个矿块时，可以采用隔一采一的方式进行回采，以有效控制围岩变形，保证开采安全。

图 6.16 单中段开采沿走向位移

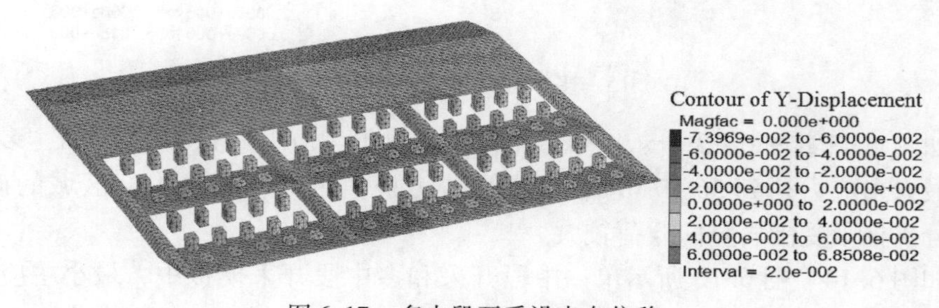

图 6.17 多中段开采沿走向位移

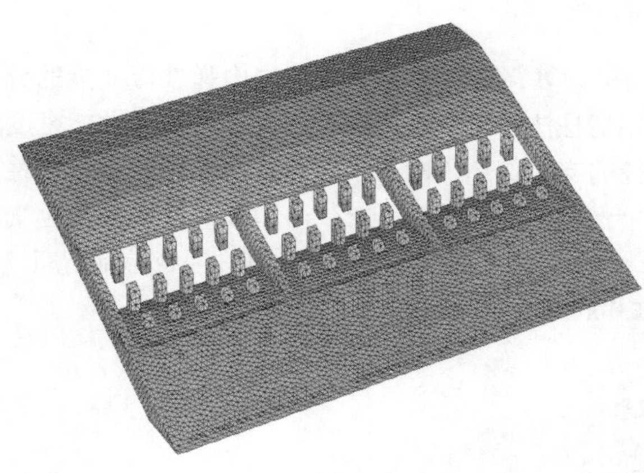

图 6.18 单中段开采竖向位移

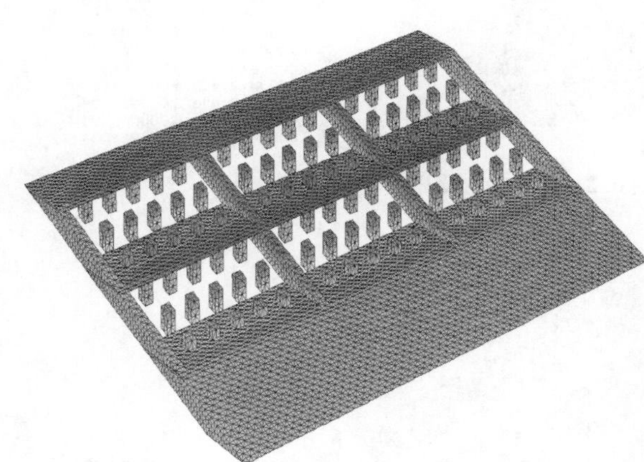

图 6.19 多中段开采竖向位移

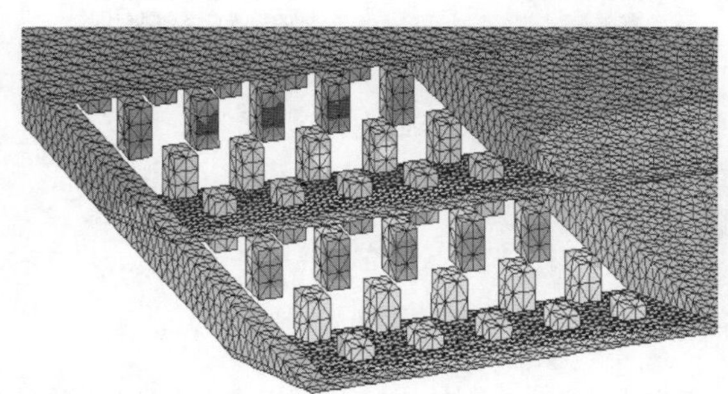

图 6.20 多中段开采单矿块竖向位移

6.5.3 能量分布与岩爆倾向分析

通过三维有限差分数值模拟计算，获得了开采后围岩内弹性应变能的分布。图6.21和图6.22结果显示，采用房柱法，单一中段进行开采，围岩弹性能密度最大值达到$6.98\times10^4\mathrm{J/m^3}$，由于矿柱的支撑作用，围岩尚未呈现严重的岩爆倾向性。若埋深不同的多中段同时开采，由于矿柱承担顶板围岩载荷增加，最大弹性应变能达到$1.16\times10^5\mathrm{J/m^3}$，围岩呈现出岩爆倾向性，同时矿柱聚集的弹性能也急剧增加，在后期矿柱回采过程中，围岩稳定性和周边矿柱的稳定性存在一定安全隐患。

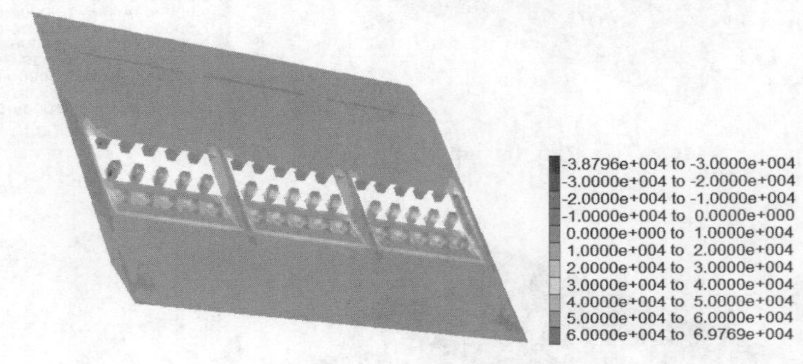

图6.21 单一中段开采能量分布

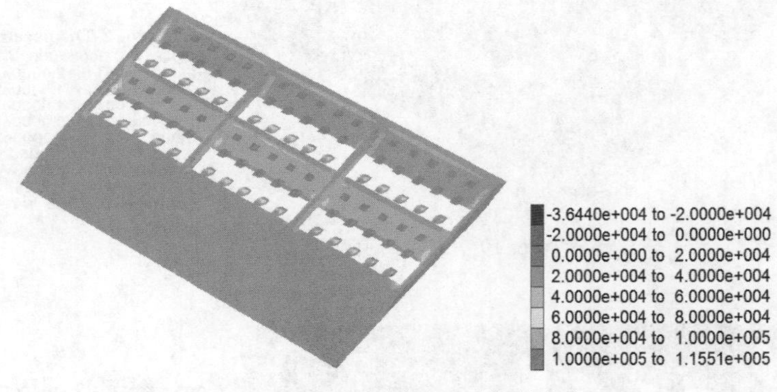

图6.22 多中段同时开采能量分布

6.6 水平巷道开挖数值模拟

6.6.1 模拟方案

灵宝地区金矿深部开采各开采水平的巷道均出现不同程度的围岩片落等岩爆现象，随着深度的增加，地应力增大，围岩的变形、应力以及表征岩爆的能量存储密度也会随之增加。为研究不同深度水平巷道的围岩应力、变形以及岩爆倾向性，针对灵宝某金矿 888 坑口的 400m、470m、540m 水平，1300 竖井的 380m、540m 水平共计五个不同埋深的水平巷道进行数值模拟计算，具体工程及埋深对应关系见表 6.2。

表 6.2 模拟工程分布及埋深

位 置	工程位置	埋深/m
1300 竖井	540m 水平巷道	760
1300 竖井	380m 水平巷道	920
888 坑口	540m 水平巷道	1260
888 坑口	470m 水平巷道	1330
888 坑口	400m 水平巷道	1400

6.6.2 模拟结果

建立 FLAC^{3D}模型，针对水平巷道的埋深施加相应的边界条件，模拟后得到不同深度巷道开挖后的最大主应力云图、最小主应力云图、最大水平应力云图、最大垂直应力云图、最大水平位移云图、最大垂直位移云图以及表征岩爆特性的围岩弹性应变能分布云图，如图 6.23 ~ 图 6.27 所示。提取各水平巷道最大主应力、最小主应力、最大水平位移、顶板最大垂直位移、底板最大垂直位移、围岩最大弹性能密度值见表 6.3。

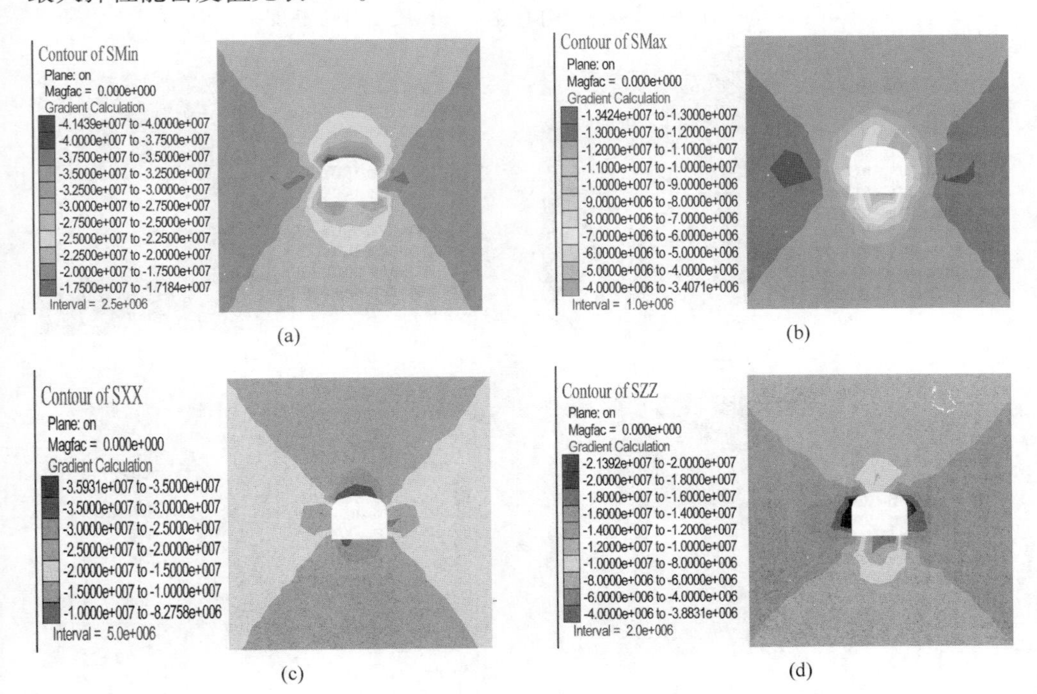

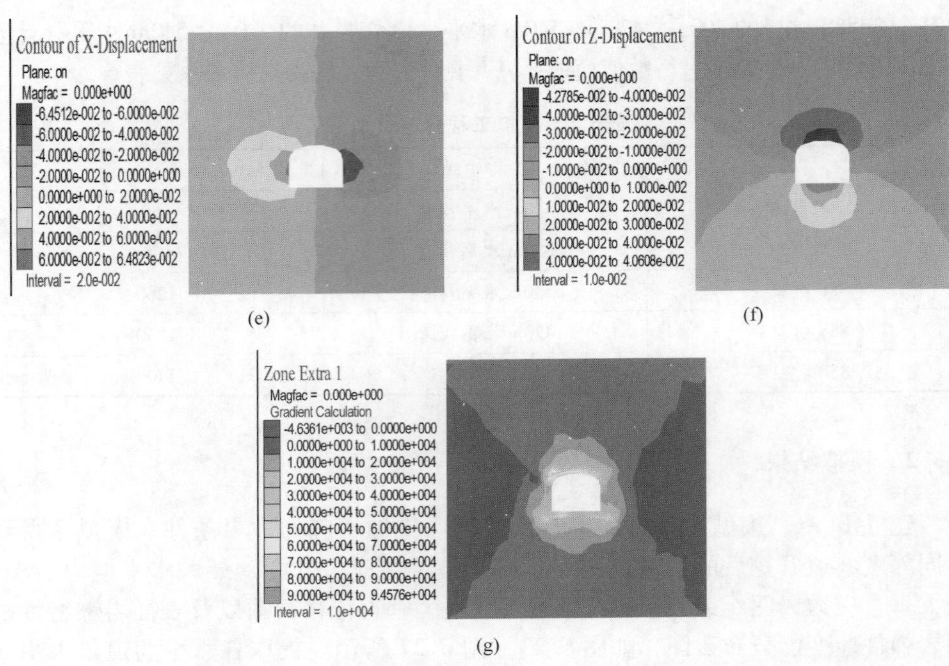

图 6.23 1300 竖井 540m 水平巷道模拟分析结果（埋深 760m）
（a）最大主应力；（b）最小主应力；（c）水平应力；（d）竖向应力；
（e）水平位移；（f）竖向位移；（g）最大弹性能密度

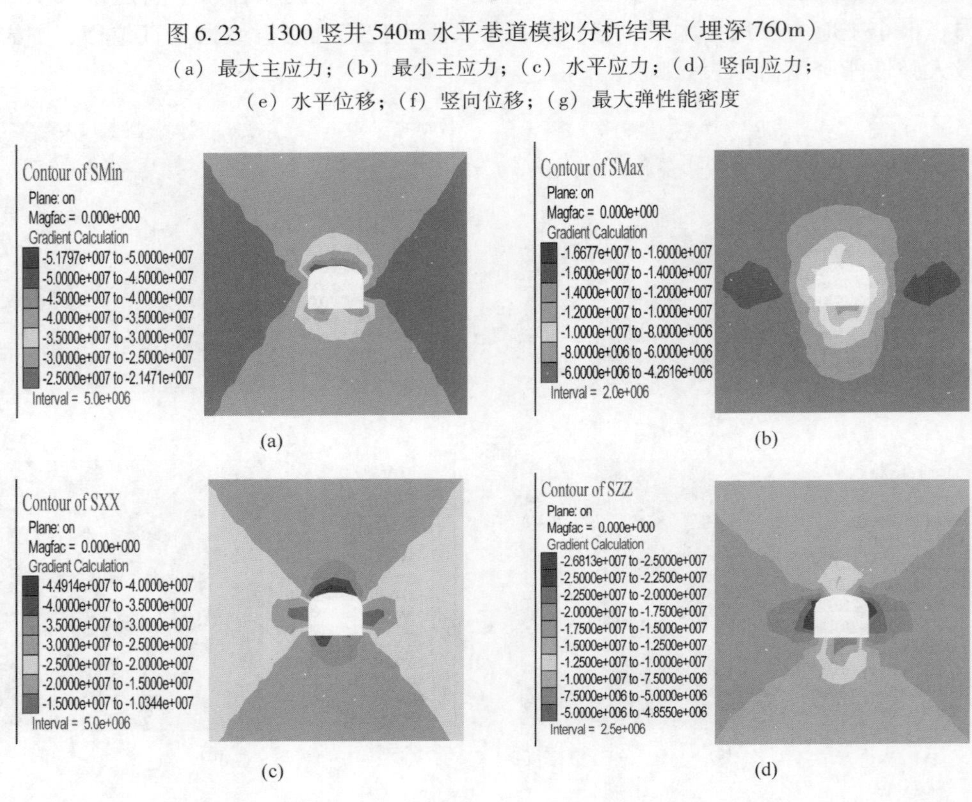

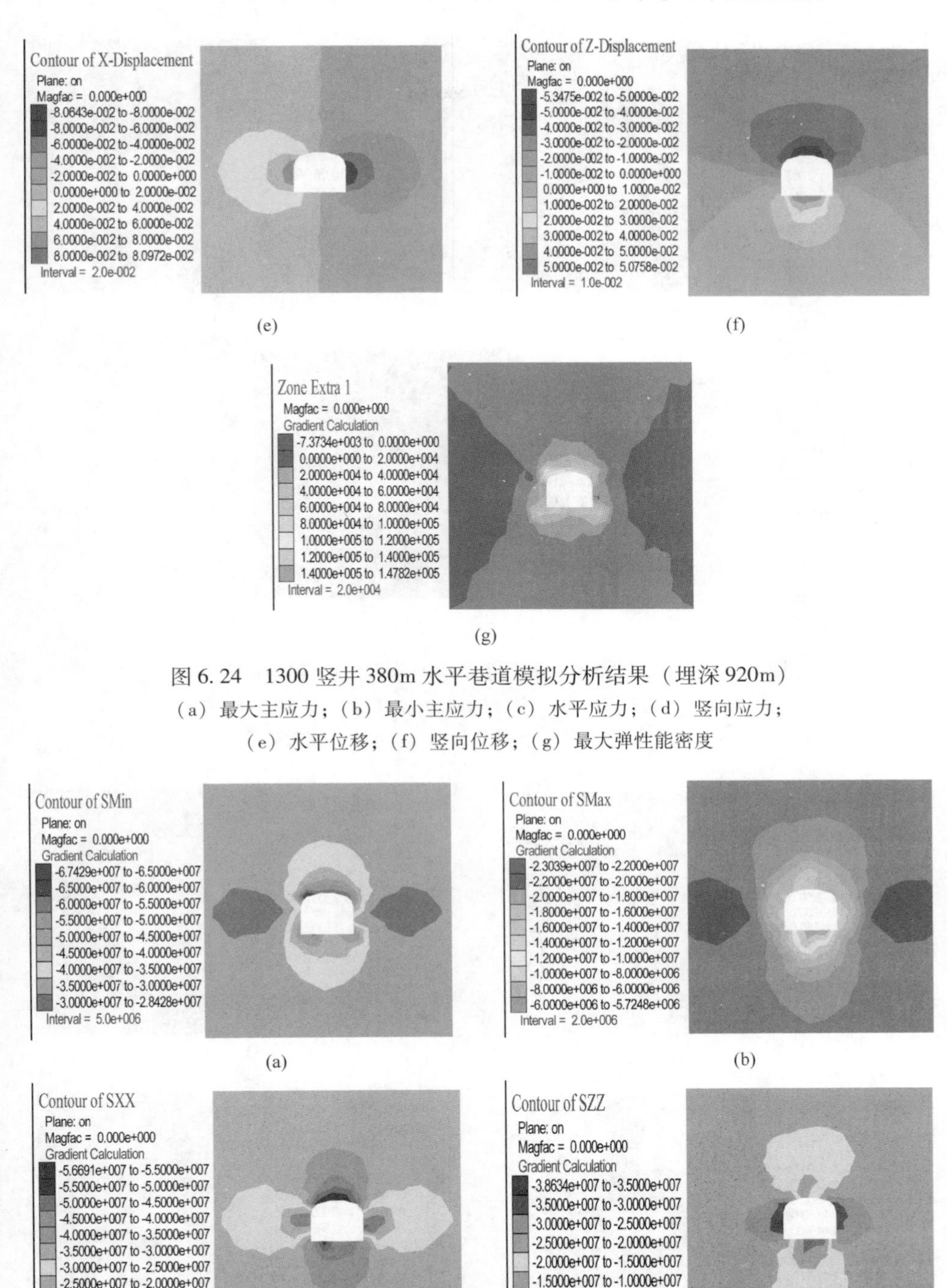

图 6.24 1300 竖井 380m 水平巷道模拟分析结果（埋深 920m）
（a）最大主应力；（b）最小主应力；（c）水平应力；（d）竖向应力；
（e）水平位移；（f）竖向位移；（g）最大弹性能密度

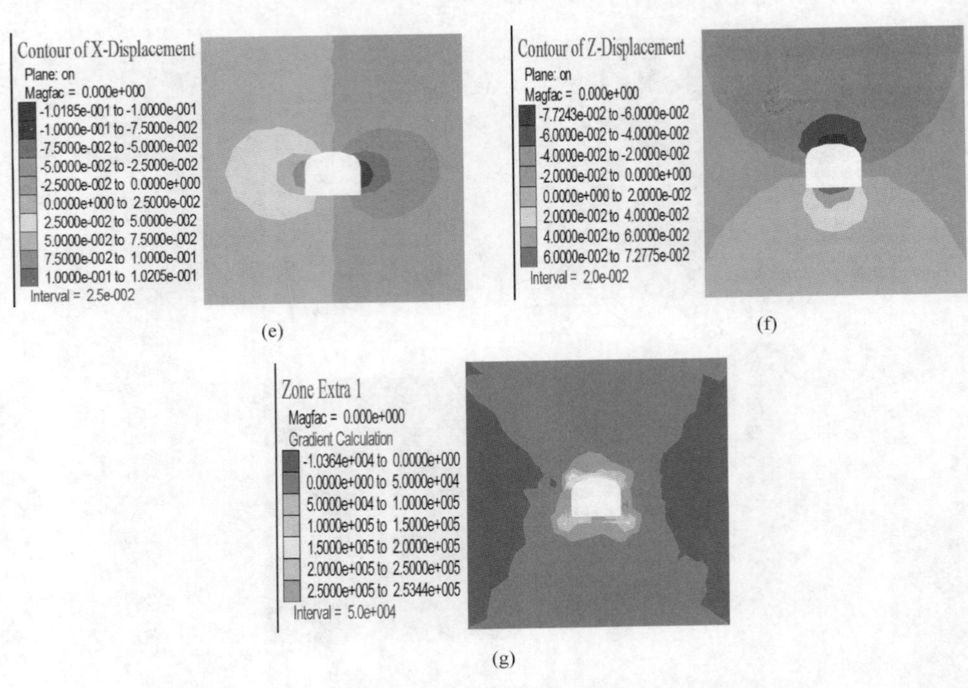

图6.25 888坑口540m水平巷道模拟分析结果（埋深1260m）

（a）最大主应力；（b）最小主应力；（c）水平应力；（d）竖向应力；（e）水平位移；（f）竖向位移；（g）最大弹性能密度

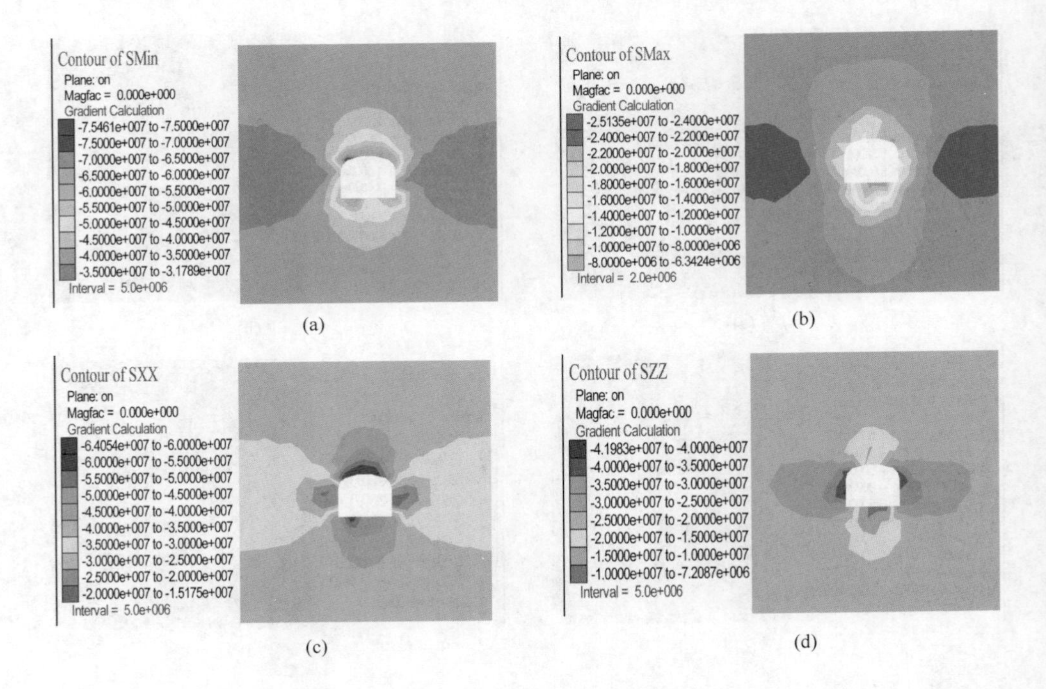

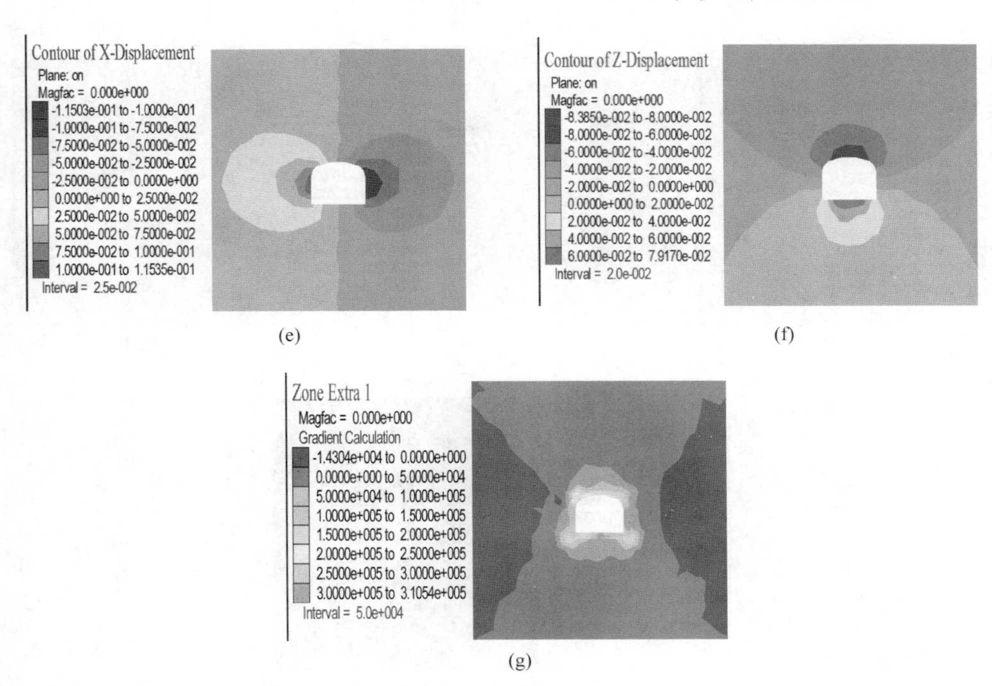

(e) (f)

(g)

图6.26 888坑口470m水平巷道模拟分析结果（埋深1330m）

（a）最大主应力；（b）最小主应力；（c）水平应力；（d）竖向应力；

（e）水平位移；（f）竖向位移；（g）最大弹性能密度

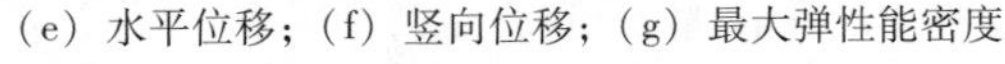

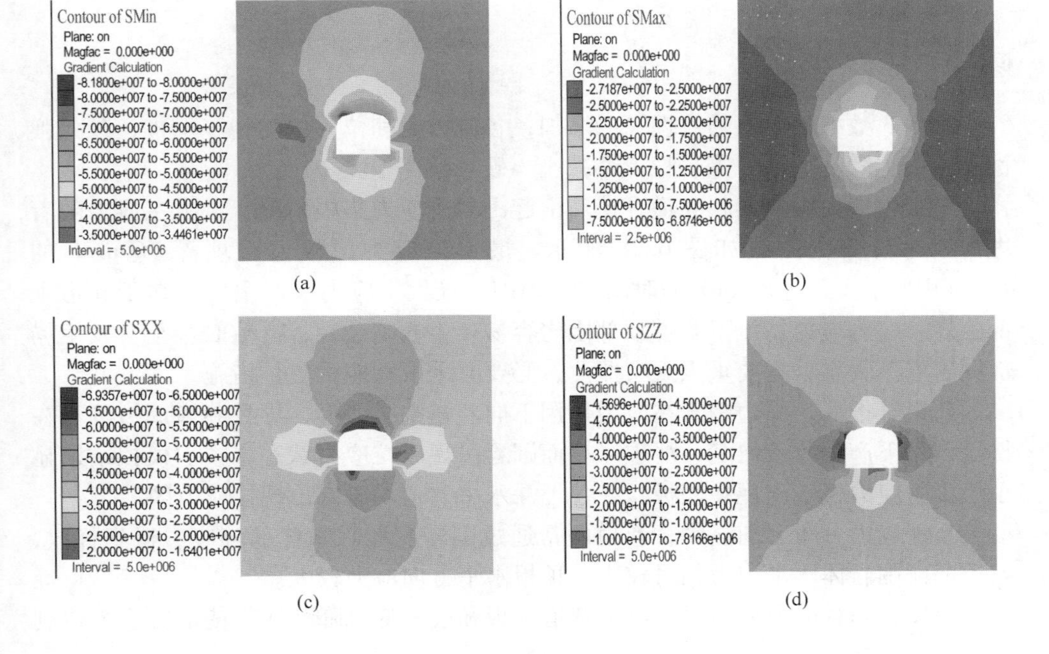

(a) (b)

(c) (d)

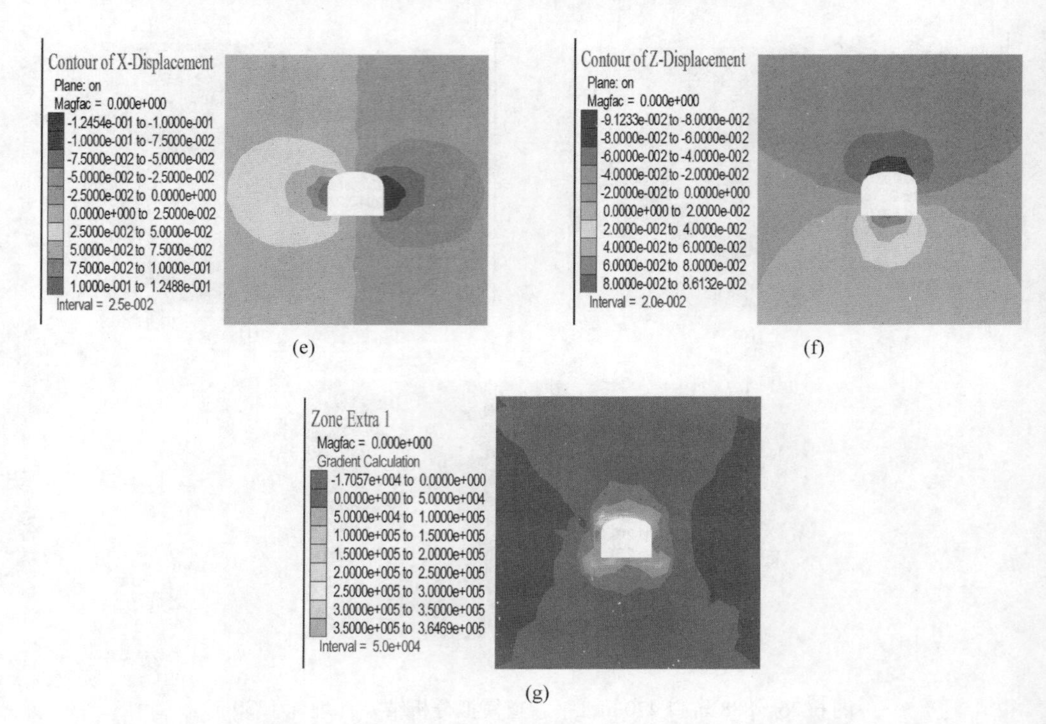

图6.27 888坑口400m水平巷道模拟分析结果（埋深1400m）

（a）最大主应力；（b）最小主应力；（c）水平应力；（d）竖向应力；
（e）水平位移；（f）竖向位移；（g）最大弹性能密度

6.6.3 应力分析

表6.3数据显示，随着埋深的增加，各应力值和位移值均稳步增加，最大弹性能密度也随之增大，围岩稳定性减小，破坏概率增大。

最大主应力极值反映巷道开挖后引起围岩的应力集中情况，最大主应力随着埋深增加的变化曲线如图6.28所示。最大主应力值极值自埋深760m时的41.44MPa增大到埋深1400m时的81.1MPa。最大主应力极值主要存在于巷道顶部围岩，在高应力挤压下巷道顶部围岩容易产生松动破裂，严重时甚至会发生局部围岩塌落灾害，需要重点观察监测，必要时采取相应的支护措施。

巷道开挖后，周边围岩在应力作用下向巷道空区变形，导致巷道周边围岩在挤压作用下产生收敛内缩，严重时表面围岩呈现出拉应力状态，本次模拟结果显示最小主应力极值出现在底板，在各埋深水平巷道均没有出现拉应力区。

水平应力分布云图显示，巷道两帮通过围岩变形收敛使部分应力得到释放，巷道两侧围岩体水平应力相对较小，顶板水平方向应力较大。

相反，垂直应力分布云图显示巷道顶板和底板的沉降和底鼓使部分应力得到释放，顶板和底板的垂直应力相对较小，巷道两帮垂直方向应力较大。最大垂直应力和最大水平应力随埋深的变化曲线如图 6.29 和图 6.30 所示。

表 6.3 水平巷道模拟结果

埋深 /m	最大主应力 /MPa	最小主应力 /MPa	最大水平应力 /MPa	最大垂直应力 /MPa	最大水平位移 /cm	顶板最大垂直位移 /cm	底板最大垂直位移 /cm	最大弹性能密度 /10^5J · m^{-3}
760	41.44	3.41	35.93	21.39	6.48	4.28	4.06	0.95
920	51.8	4.26	44.91	26.81	8.1	5.35	5.08	1.48
1260	67.43	5.72	56.69	38.63	10.21	7.72	7.28	2.53
1330	75.46	6.34	64.05	41.98	11.53	8.39	7.92	3.11
1400	81.8	6.87	69.36	45.7	12.49	9.12	8.61	3.65

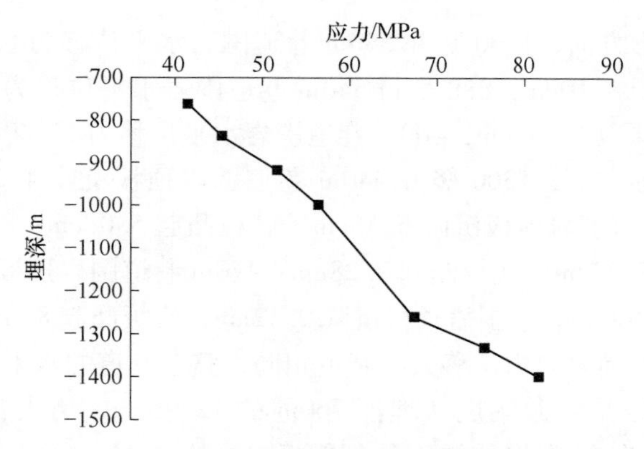

图 6.28 巷道最大主应力极值随埋深的变化曲线

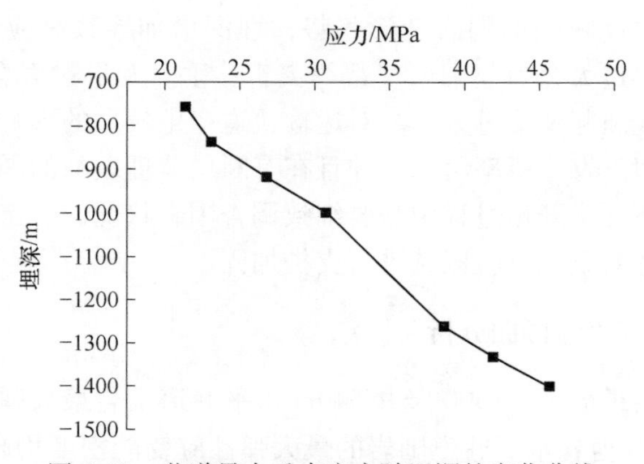

图 6.29 巷道最大垂直应力随埋深的变化曲线

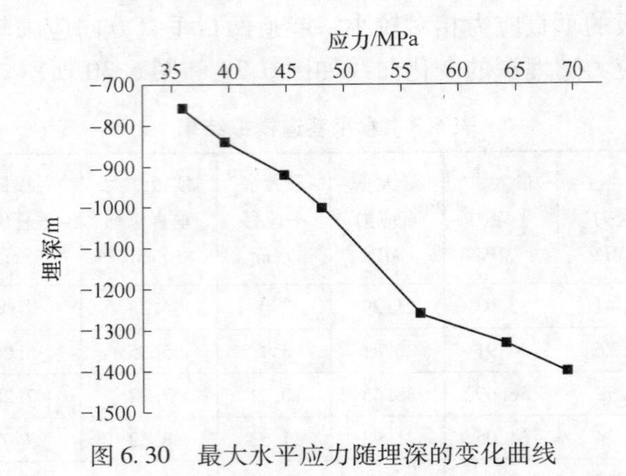

图 6.30 最大水平应力随埋深的变化曲线

6.6.4 位移分析

水平位移变形方面，1300 竖井 540m 巷道围岩水平位移为 6.48cm，380m 巷道围岩水平位移为 8.10cm，888 坑口 540m 巷道围岩水平位移为 10.21cm，470m 巷道围岩水平位移为 11.53cm，400m 巷道围岩水平位移为 12.49cm。

垂直位移变形方面，1300 竖井 540m 巷道围岩顶板沉降 4.28cm，底板凸起 4.06cm；380m 巷道围岩顶板沉降 5.35cm，底板凸起 5.08cm；888 坑口 540m 巷道围岩顶板沉降 7.72cm，底板凸起 7.28cm；470m 巷道围岩顶板沉降 8.39m，底板凸起 7.92cm；400m 巷道围岩顶板沉降 9.12cm，底板凸起 8.61cm。

巷道左右两帮围岩向内位移大小基本相同，整个巷道的水平收敛值为模拟位移值的 2 倍，总水平收敛幅度从埋深 760m 的 12.96cm，增大到埋深 1400m 的 24.98cm。垂直方向的总收敛幅度从埋深 760m 的 8.34cm，增大到埋深 1400m 的 17.73cm。

巷道围岩收敛反映表面围岩变形趋势，埋深增加导致高应力下围岩变形增大，水平方向变形过大会引起围岩片帮等灾害，垂直变形过大会增大顶板塌落、落石等灾害，底板凸起变形过大，会对运输轨道产生较大的影响，上述几种潜在灾害在深部高应力下发生概率增大，并且在有断层节理裂隙的围岩中更容易产生大变形，所以，在开采开拓过程中需要细致调查围岩状况，制定防灾预案，做好监测预测工作，并对重点危险区域进行支护加固。

6.6.5 能量分布与岩爆倾向分析

表 6.3 模拟结果显示，1300 竖井 540m 水平巷道围岩最大弹性应变能密度为 $0.95\times10^5 J/m^3$，其他各水平巷道围岩的最大弹性应变能密度均超过 $1\times10^5 J/m^3$，所以，该区域在埋深 760m 以下位置开采，易于发生岩爆。而与最大主应力分布

云图相对应，弹性能密度最大的区域也位于巷道顶板和底板，这两处发生岩爆及围岩动力失稳的可能性较大，需要重点关注。

6.7 竖井开挖稳定性模拟

6.7.1 模拟方案

建立 FLAC^{3D}数值模型，对灵宝某金矿 1300 竖井进行模拟开挖，分析自地表开挖至 800m 水平、700m 水平、600m 水平、500m 水平、400m 水平、300m 水平时的围岩体最大主应力、最小主应力、水平主应力以及弹性能密度。以此研究围岩因应力集中可能产生的塑性破坏、横向变形以及岩爆倾向性。

6.7.2 结果分析

竖井模拟开挖至不同水平时的应力、位移及弹性应变能密度状态统计结果如图 6.31 所示。

竖井开挖模拟显示，由于井筒形状较水平巷道更为规整，围岩应力集中现象稍弱，1300 竖井开挖至 300m 水平（埋深达到 1000m）时围岩最大主应力极值为 52.9MPa，极值稍弱于埋深 1000m 的水平巷道最大主应力极值，高应力集中区域和范围明显小于水平巷道，仅仅发生在围岩表层的局部区域。井壁变形维持在较低水平，模拟结果显示，发生的总收敛量最大时达到 16.54cm。此外，存在软弱层或较大节理裂隙等结构面的区域，井壁收敛总量会有明显的增加，在施工过程中需重点关注。

竖井开挖至 700m 水平，埋深超过 600m 时，井壁围岩最大弹性能密度即超过 10^5J/m^3，说明有发生岩爆的倾向，随着开挖深度的增加，地应力增大，最大弹性能密度也随之增大，发生岩爆的倾向性和烈度也随之增大。

6.8 岩爆倾向性说明

采场及井巷工程开挖数值模拟计算，主要针对矿山最常用的全面开采法、房柱开采法进行开采模拟，以分析开采过程中采场周边围岩应力及变形特征；并对各矿区不同埋深的水平巷道应力、变形、能量等进行模拟分析；最后完成竖井开挖模拟，研究竖井开挖至不同深度时，井壁围岩的稳定性状态；并以最大弹性应变能密度为指标，对围岩的岩爆倾向性以及发生岩爆危害几率较大的区域进行了分析说明。

采场和巷道的模拟均显示最大主应力极值即高应力集中区域位于顶板，最大弹性应变能密度也位于顶板位置，说明该处产生围岩失稳以及岩爆的倾向性最大。在模拟计算中，巷道两帮围岩的水平位移较大，围岩发生变形甚至破坏，导

开拓位置标高	800m(埋深500m)
最大主应力/MPa	33.2
最小主应力/MPa	8.86
最大水平位移/cm	5.09
最大弹性能密度/J·m^{-3}	0.8×10^5

开拓位置标高	700m(埋深600m)
最大主应力/MPa	37.2
最小主应力/MPa	9.62
最大水平位移/cm	5.74
最大弹性能密度/J·m^{-3}	1.1×10^5

开拓位置标高	600m(埋深700m)
最大主应力/MPa	41.2
最小主应力/MPa	10.4
最大水平位移/cm	6.39
最大弹性能密度/J·m^{-3}	1.4×10^5

开拓位置标高	500m(埋深800m)
最大主应力/MPa	45.2
最小主应力/MPa	11.1
最大水平位移/cm	7.04
最大弹性能密度/J·m^{-3}	1.7×10^5

开拓位置标高	400m(埋深900m)
最大主应力/MPa	49.1
最小主应力/MPa	11.7
最大水平位移/cm	7.73
最大弹性能密度/J·m^{-3}	2.0×10^5

开拓位置标高	300m(埋深1000m)
最大主应力/MPa	52.9
最小主应力/MPa	13.1
最大水平位移/cm	8.27
最大弹性能密度/J·m^{-3}	2.3×10^5

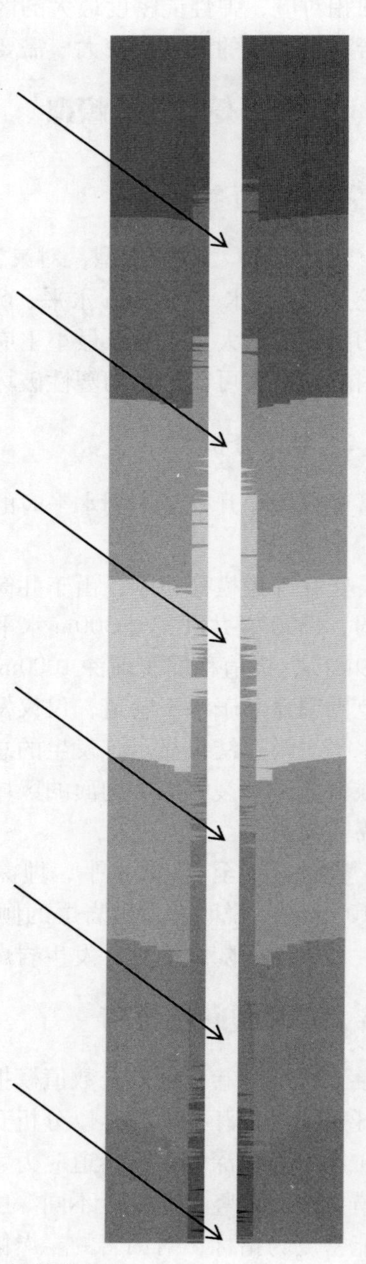

图 6.31 竖井不同开挖阶段的围岩体状态

致两帮围岩体应力得到释放，在变形和应力释放的过程中，会发生片帮及弹射等岩爆现象，如果有弱结构面存在，甚至会发生较大规模的两帮围岩塌落现象；而顶板则由于结构效应在局部区域产生较大的应力集中，导致弹性应变能密度过大，岩体内储存能量较多，在一定应力环境诱导下会发生岩爆灾害。而现场实际看到的围岩剥落、片帮和弹射等岩爆现象也主要发生在采场和巷道顶板和两帮，模拟结果和现场实际情况是一致的。

岩爆发生需要同时满足两个必要条件，一是岩石必须具备储存高应变能的能力，二是围岩必须具有形成高应变能聚集的应力环境。除了应力条件外，结构特征也是影响岩爆烈度的最本质因素，主要包括岩石结构特征和岩体结构面特征两个方面。

岩石结构特征包括颗粒排列、颗粒间的连接以及微裂隙的分布及扩展。发生岩爆的岩性种类繁杂，从成因上可归为三类：第一类是深成岩浆岩，包括花岗岩、花岗闪长岩、闪长岩等；第二类是沉积岩，包括灰岩、白云岩等；第三类是变质岩，包括混合花岗岩、花岗片麻岩、片麻岩、石英岩、大理岩及糜棱岩等。不同岩性中发生的岩爆，其弹射现象各不相同，大致规律为：在深成岩浆岩或片理片麻理不发育的变质岩中发生的岩爆烈度大，岩块弹射能力强，并伴有巨大的声响；在沉积岩或片理片麻理发育的变质岩中发生的岩爆烈度较小，岩块呈劈裂或剥落形式，发出的声响沉闷。

现场调查显示，灵宝地区金矿深部开采发生岩爆时，片麻岩主要表现为围岩剥落并伴随弹射现象；花岗岩主要发生劈裂并伴有尖锐的爆裂声响；石英岩发生劈裂、剥落或爆裂规模较大，但一般无弹射现象；辉绿岩发生岩爆时，存在不同规模的岩片弹射崩落现象；糜棱岩岩爆现象微弱，易产生劈裂，小规模剥落。

同时，岩爆还受到围岩体中各种规模结构面的影响，不同区域的局部构造也会引起应力场的集中分布，在开拓和开采过程中，应力集中区域围岩体更易发生岩爆。此外，围岩在爆破震动作用下，内部产生新的结构面或者诱发原始结构面扩展，在高应力作用下促进围岩的剥落、片帮和弹射等岩爆现象的发生，由此导致同等应力水平作用下不同区域产生岩爆程度有所不同。

7 岩爆灾害防控技术与措施

7.1 岩爆的监测、预测及预警

岩爆预警是公认的世界难题。与地震发生机理一样，岩爆的震源以剪切破裂为主，遵从尺度不变性。因此，许多学者据此判定，地震监测预警的低成功率预示着岩爆预警成功的难度很大。

由于岩爆与地震同属岩石破裂过程的动力失稳现象，因此在岩爆监测预报研究中借鉴地震学和地球物理学理论无疑是最具有指导意义的。然而，我们必须看到，尽管岩爆在力学机理上与地震类似，但与天然地震相比，岩爆主要是人类工程活动的结果。由于深部开挖竖井、硐室、巷道及采场，原有应力平衡被打破，不仅应力状态将重新分布，而且往往会造成局部围岩应力跃升和能量集中，并可能导致围岩变形局部化现象，诱发岩石发生微破裂，使围岩由静态平衡向动态失稳转化，释放大量弹性能，形成岩爆。相对于天然地震的长周期、低发生率和震源深度大等特征，岩爆的震源区则是可接近的（如开挖面），时间上具有短周期、多发性等特征。更重要的是，对于地下开采而言，地质构造相对比较明确，岩爆的发生区域与工程进度有关，具有高重复性。因此，相比地震，岩爆的预警从理论上更具有可操作性。

一个深部开采矿山的岩爆预测工作可分三个阶段进行。首先，预先查明深部矿山是否存在具有岩爆危险的岩层，并对影响岩爆的重要地质因素——采深、地质构造、顶底板，尤其是顶板岩性、岩层力学特性等作出评价，以便编制合理的深部矿山开采设计，选择正确的开拓开采方式，消除或者减缓岩爆危害。其次，在深部矿山开拓掘进期间，应利用井巷揭露的岩层做进一步的力学试验，评价岩层的岩爆冲击倾向性以便及时采取防治措施。最后，在深部矿山掘进与开采过程中应结合采动压力、微震活动等进行冲击危险性监测预警工作，以便及时采取解危措施。

7.1.1 岩爆灾害前兆信息特征

岩爆是一种岩体动力破坏形式，初步判别矿体和围岩是否具有岩爆倾向性，是硬岩矿床开采岩爆研究工作的第一步。岩爆灾害前兆信息主要特征如下所述。

7.1.1.1 饼状岩芯

地质勘探钻孔岩芯是人们了解岩爆特征的最初来源。在高应力区，地质勘探钻孔中岩石发生的脆性破裂实质上是最小规模的岩爆。岩芯“饼化”现象是岩石脆性和矿区处于高应力状态的明显标志，主要发生在一定埋深的岩芯根部，是钻孔中发生的脆性破裂。岩体的这种破裂是钻进过程中差异卸荷回弹的产物，由张拉及复合机制所致。该现象是高应力区所特有的岩爆现象，生产中应引起足够的重视。我国二滩水电站、黄河拉西瓦水电站、金川矿区等都存在岩芯饼化现象。

这里所讲的岩芯“饼化”现象是指在地质勘探钻孔中出现大量厚薄均匀、外貌颇似麻饼的岩芯。统计结果表明，饼状岩芯有以下特征：

（1）破裂面顶凹底凸，形若盘盏，面上清晰可见平行延伸的微细擦纹和与擦纹相正交的拉裂坎，底面周围尚有短小的裂纹平行分布，侧面多呈截锥状。

（2）破裂面新鲜粗糙，不见原生构造形迹。裂面没有外力作用的痕迹，无风化、蚀变现象。

（3）饼状岩芯多呈椭圆形，长轴平行擦纹而垂直拉裂坎，在紧密嵌合连续的数块饼状岩芯上，长轴沿垂直向重叠且平行；岩芯厚度与岩芯直径呈正比。

（4）分布范围广，但数量较少。在所施工的钻孔中，大部分沿矿体走向布置的钻孔可见饼化现象，但饼化数量并不多，一般一个15m长的钻孔中分布2～3处，每处岩饼长度20cm左右。

岩芯侧面断口形态特征主要体现在岩饼厚度和破裂面形态差异性上。饼化岩芯侧面破坏特征可分为以下几类（图7.1（a）～(e)）：

（1）破碎状。由于岩饼较薄，当钻探和取芯扰动作用较大时，在微裂纹富集处岩饼容易出现纵向断裂破碎。

（2）薄片状。在直径较小的钻孔中较常见，薄片状岩饼厚度仅为0.3～0.5cm，边缘较薄，厚度不均。

（3）厚饼状。厚度为1.0～4.0cm，是最为常见的一种形态。

（4）半饼化状。岩芯侧面出现开裂，但沿径向方向上没有贯通，看似岩饼但仍连为一体。

（5）短柱状。长度与岩饼直径相当。

非饼化岩芯具有与饼化岩芯不同的破坏形态（图7.1（f）～(h)），如劈裂状、错台状和长柱状。劈裂状主要是沿节理面或裂隙面断开，断面平整光滑，与岩芯轴线斜交；错台状断面粗糙，主要为扭转断裂；长柱状主要出现在岩体完整的地段，长度可达150cm。

7.1.1.2 巷道围岩片状剥落现象

当矿区进入深部开采阶段时，矿体的上盘穿脉和下盘主运输巷道还有可能出现不同程度的围岩片状剥落现象，主要特征如下：

（1）巷道边帮剥落，边帮及“肩部”尤为严重，且现象比较普遍。

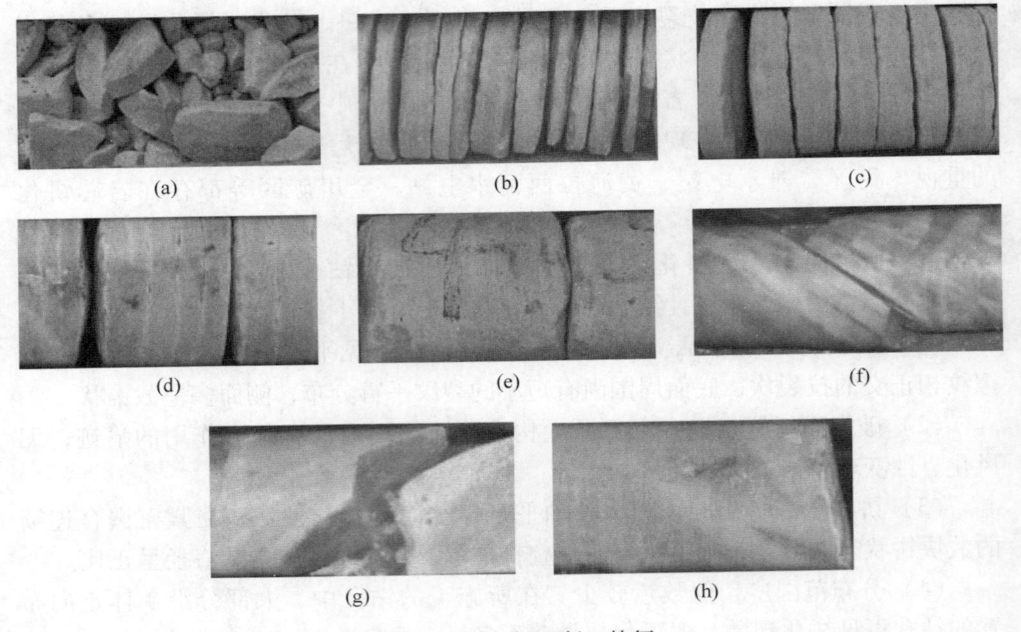

图 7.1 岩芯侧面断口特征

(a) 破碎状；(b) 薄片状；(c) 厚饼状；(d) 半饼化状；
(e) 短柱状；(f) 劈裂状；(g) 错台状；(h) 长柱状

(2) 矿体上盘巷道比矿体下盘巷道围岩片落要严重得多。

(3) 深部巷道围岩片落比浅部巷道要严重得多。

(4) 片落方向与巷道轴线方向垂直，延伸方向与巷道主轴方向一致，沿巷道方向延伸数米至数十米，呈板状岩片，厚度为0.5～20cm，向巷道侧帮延伸约0.3～0.8m。

当巷道边帮等位置出现剥落现象时，预示着岩体稳定性开始降低，已经无法支撑巷道的稳定性，应开展岩爆监测、预警与防控技术的研究。

7.1.1.3 *矿床埋藏深度大*

发生岩爆的必要条件是构造应力、自重应力和采矿次生应力的叠加超过脆性岩石强度。地应力最大主应力分量与完整岩石单轴抗压强度的比值在评价地应力高低时具有重要意义。矿体赋存深度或埋深是影响地应力大小最重要的因素之一，随深度增加，地应力一般增大，岩爆发生的可能性也随之增大。从南非、印度和加拿大等国的硬岩矿山岩爆记录发现，当硬岩矿山开采深度大于800～1000m时，岩爆的发生频率迅速增加。而我国硬岩矿山工程实践也显示，开采深度小于600～700m时，几乎没有岩爆发生（或者说没有破坏性岩爆发生），红透山铜矿在开采深度超过800m后岩爆发生的频率明显增加。

所以，建议当硬岩矿床开拓及开采深度超过800m时，应开展岩爆监测、预警与防控技术的研究。

7.1.1.4 延深或基建井巷工程发生岩爆现象

矿山延深工程首先要进行井巷工程开拓与建设，其周边应力分布并未受到大规模开采影响。如果在这期间发生诸如深部岩体破碎，岩石抛出，并伴随有响声、岩体震动和粉尘从巷道壁散落的岩爆现象和小块岩石弹射现象，那么在未来生产期间，由于矿体大规模开采，导致巷道、硐室、采场周围岩体应力集中的可能性和程度均会比基建时高，因此造成生产期间岩爆危险性随之增大。所以应根据实际情况，在开拓及产出期间开展岩爆监测、预警与防控技术的研究。

7.1.1.5 岩爆前兆微震试件变化特征

采矿活动破坏了原始岩体的应力平衡，采场、围岩和矿体内应力重新分布，形成次生应力场，使得矿柱、采场顶板和围岩发生位移和变形，甚至发生破坏。根据矿体开采及监测经验得出如下微震事件前兆特征：

（1）岩层弹性变形能以声波的形式向外释放——声发射（微震动），也称为“岩音”。大强度微震事件是岩层深部离层和断裂，小强度微震事件表明岩层浅部受压破坏。采场顶板岩层和矿柱承压破坏诱发微震事件，若连续不断，则预示大规模冒落即将来临。

（2）采场顶板松动和掉块。大规模岩爆冒落前 2 个月内掉块次数为 1.5 ~ 6 次/d；临近大规模冒落前约 10 余天，增加到 5 ~ 7 次/d；在大规模冒落前夕，剧增至 10 ~ 15 次/d。

（3）矿柱破坏和采场顶板下沉、开裂、局部冒落。在大规模岩爆冒落前一个月，发生裂隙和剥落的矿柱占矿柱总数的 12%；在冒落前 3 个月，顶板下沉速度为 0.3 ~ 0.5mm/d，并出现采场底鼓、巷道开裂等现象。

7.1.2 硬岩矿山深部开采岩爆监测、预测与预警

7.1.2.1 地质动力区划分析法

大量采矿实践表明，岩层中原始地应力的赋存状态对采矿工程的影响十分显著。地质动力区划分析法的主要原理：地质结构体的结构与构造的任何一点信息都同时反映了地壳活动的历史与未来，以及地层岩体的应力状态的受力形式。地质动力区划的主要过程：根据地表、地形地貌、井上与井下地质构造及地应力测量等一系列地球物理信息，分析并确定区域内不同历史阶段的结构断块及应力状态与形式，以此来判断发生高度应力集中与岩爆等动力现象的可能性。

地质动力区划分析法属地质力学方法在采矿工程中的延伸与应用。其主要原则为：

（1）地质结构体受地壳应力活动的控制，而现今地壳应力的活动，无论其表现形式如何，总是受到已有地质构造的制约，并受到近期活动的地质构造带体系控制。

（2）包括岩层在内的浅层地壳是个变形体，当前地貌是数千万年来地质作用的结果。

（3）岩层的层状结构常常被不同类型的结构面分割成规模大小不等的断块。各断块可能处于相同的区域结构应力场控制之下，它们相互联系、相互作用，往往具有不同的应力状态。

（4）分割各断块的结构面主要是尚在孕育的、潜在的断裂面和仍在活动的古断裂面。按力学性质可将它们划分为挤压型、拉张型、剪切型、张剪型和剪压型等五种基本类型及其复合型。

（5）地质动力区划包括对地形、水系等地貌信息进行分析处理，因为地形、地貌与其深部结构及其受力状态具有密切的关系。而且通过不同比例尺的地形图上所反映的地貌特征及其特殊性，可分析、判断出活动的断裂和基底隐蔽断裂，并对此进行不同级别的地质断块区划。

（6）将矿区划分为不同级别的断块，进一步定性和定量确定矿区的应力状态。这项工作是地质动力区划的根本目的。

7.1.2.2 钻屑法

钻屑法是通过在岩层中打直径为42～50mm的钻孔，根据排出的岩粉量及其变化规律以及相应的动力现象鉴别岩爆冲击危险的一种方法。钻屑法的原理：钻孔钻出岩粉量与岩体内应力状态具有一定的关系，即其他条件相同的岩体，当应力状态不同时，其钻孔的岩粉量也不同。如图7.2所示，通过岩粉量测定岩体高应力带区域，从而判别岩体是否具有冲击危险性。它与其他预测预报方法和解危措施联合使用，能取得更为显著的效果，因而成为目前普遍使用的方法之一。

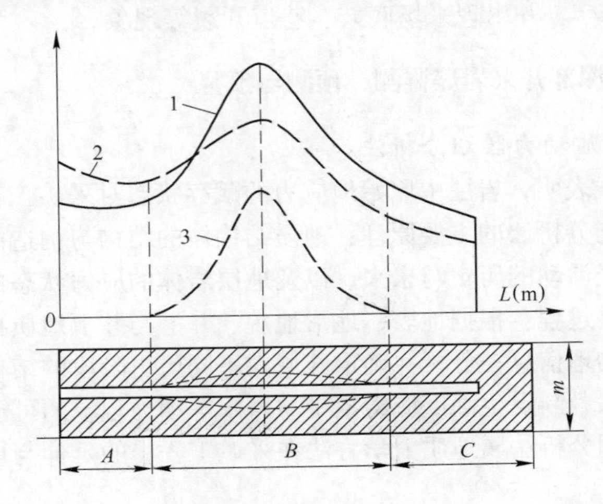

图7.2 钻孔效应示意图

1—钻屑排出量；2—钻屑粒度变化；3—打钻过程中声响强度变化

A 基本假设与力学模型

假设岩体为各向异性、均匀的纯弹性-塑性介质，小直径钻孔的出现仅改变钻孔周边附近区域的应力。同时，由于钻孔直径远小于钻孔的长度，而且钻孔远小于岩层厚度，可建立厚壁筒平面应变力学模型（图7.3）；在以巷道高为直径的弹性圆筒周边上作用着均布压力 P；钻孔形成后，产生半径为 R 的塑性破坏区。

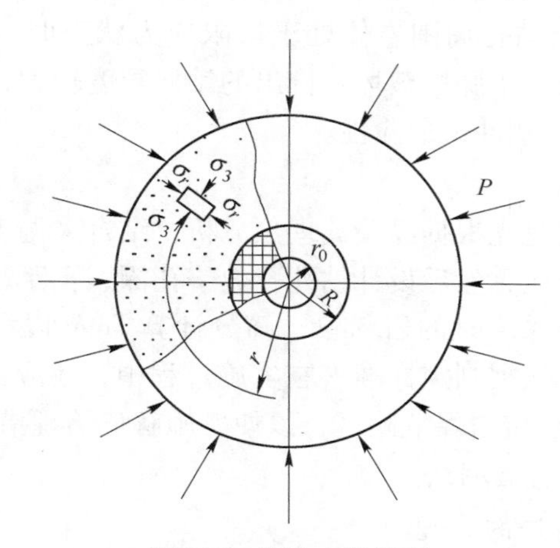

图7.3 钻孔力学模型

B 岩粉量理论计算

钻进过程中所排出的岩粉量由四部分组成，即：

（1）钻孔实体岩芯。

（2）钻孔形成后，由于钻孔弹性卸载所形成的附加岩粉量。

（3）钻孔形成后，孔壁周围破碎带内岩体扩容所形成的附加岩粉量。

（4）破碎带形成后，在弹性区与破碎带交界处由于弹性卸载而产生的附加岩粉量。

C 极限岩粉量

极限岩粉量是指在极限岩体压力作用下产生的岩粉量，是岩体-围岩力学系统达到极限平衡的条件，即有可能发生岩爆的岩粉量。因而，计算的极限岩粉量是鉴别和预测冲击危险的理论依据。

但由于极限岩粉量是基于若干假设计算的，而且一些参数很难确定，因此，理论计算结果与实际往往差距较大，实际应用中一般是结合经验类比、实验室试验、现场试验等方法进行综合确定。

D 钻屑法预测岩爆的指标

（1）钻屑量：通过钻屑量建立岩体应力之间的关系，了解岩体的应力状态。

（2）最大钻屑量距岩壁的距离：现场实测和理论计算表明，随着距离的增加，岩层压力显著增大，岩体产生的冲击能量也相应增大；但同时，该位置至岩壁之间的岩体给予的阻力也逐渐增大，所以，当岩体内部至岩壁达到一定距离后，即使该处应力集中程度很高，岩体也不会抛向采掘空间。

（3）动力效应：钻孔过程中若出现冲击响声、钻杆跳动、卡钻甚至钻杆卡死等现象，则表明孔壁周围岩体突然破裂挤入孔内，这是周围岩体应力高度集中或突然变化的标志。因此，上述现象也可以作为预测冲击危险的参考。

（4）钻屑粒度：当钻孔周围岩体处于极限应力状态时，钻孔过程中几乎不需要钻头研磨岩层就已发生脆性破坏，排出的钻屑粒度较大，这时可用钻屑粒度大于3mm所占比例，预测冲击危险性。

E 钻屑法的实施

钻屑法的实施一般是先根据经验、理论分析，结合采掘工作面的地质和开采技术条件圈定冲击危险区，然后设计钻孔孔数、孔深、孔距，再用电钻向岩体打孔，同时记录钻至不同深度时的岩粉量，筛分计算3mm以上粒径所占比例，分析钻孔时的动力现象，依据判定标准（在实施过程中，还应根据已发生岩爆区所测数据作相应调整），圈定岩爆危险区，以便实施解危治理措施。

7.1.2.3 顶板动态监测法

A 顶板动态监测法的原理

顶板动态监测法是预测岩爆的辅助手段之一。观测的目的是测定掌子面上覆岩层运动规律，支承压力显著作用范围及支承压力峰值位置。一般情况下，岩爆岩层都具有厚而坚硬的顶板，当工作面顶板来压时，经常由于超前支承压力的叠加或挠动产生岩爆，因此，有必要对上覆岩层的运动规律实施监测，在此基础上进行岩粉钻屑量测定。顶板动态监测的主要方法有压力测试法和顶底板移近量观测法。

B 测站及测点布置

根据以往的矿压测试资料，结合实际掌子面顶板及地质构造情况和边界条件，在巷道的顶板位置设置测站，每测站设测点3～5个、测点间距3～5m。采用顶板动态仪，自掌子面推进起开始进行观测。随掌子面的推进，测站测点前移。

7.1.2.4 地球物理监测方法

近年来，地球物理学的各种分支技术在岩爆灾害监测、预警等方面的应用越来越广泛，并发挥着非常重要的作用。

A 地质层析成像法

地质层析成像法包括主动层析成像和被动层析成像。主动层析成像是在目标岩体周围布置多个检测点，各检测点的位置已知。在某一确定位置用人工方法主动发射地震波，根据地震波到达各测点所需的时间和已知的距离算出应力波的传播速度，这样通过数学方法就能做出波速等值线图。根据地震波在高应力状态岩体中传播速度快这一物理特征，即可间接得到岩体内应力的大小。被动层析成像是在目标岩体周围设置检测点，等待岩体破坏发出地震波，其他原理与主动层析成像相同。主动层析成像技术在实际中比被动层析成像技术应用更为广泛，但这两种技术仅能提供应力相对高低的信息，而无法对岩体变形全过程进行全面实时监测。

地质层析成像法可应用于地下开采覆岩破坏的层析成像研究，可以比较准确地重现地下结构的形态、裂隙带的位置和地下开采后岩层结构的变化过程。该方法早期工作注重于主动成像，其进一步研究在于连续成像和对事件区域及速度结构确定方面的模拟反演技术的应用。

B 电阻法与地震法

电阻法是利用岩石间电磁学性质及电化学性质的差异，通过观测和研究人工建立的或天然存在的电磁场空间和时间分布规律，解决地质问题的一类勘探技术。电阻法可用于不同地质灾害领域的调查、检测，其中应用最广的是高密度电阻率法、地质雷达法。

地震法是利用地震波在岩石中传播的规律来解决地质问题的一种勘察方法。地震法包括高分辨率浅层地震勘探技术和瞬态瑞雷波勘探技术。其中，高分辨率浅层地震勘探（包括浅层折射波法和反射波法）主要用于岩溶塌陷勘察、滑坡勘察、地裂缝勘察、岩层采空区勘察和覆岩塌陷探测等；瞬态瑞雷波勘探技术可用于滑坡、泥石流等环境地质灾害的调查。地震学在矿山地质灾害的监测和防治中取得了较大的进展，尤其在岩爆的监测和预警方面具有重大的实用价值。

在地质灾害监测中，电阻法与地震法的配合使用可以更有效地进行采空区探测、地裂缝勘测、应力高度集中区探测及矿区陷落柱探测等。

C 电磁辐射法

电磁辐射法是利用地下岩石和岩土介质之间的磁性差异所引起的磁场变化（磁异常）来解决地质问题的一种地球物理勘探方法。电磁辐射法具有操作简便、工作效率高、获取的信息量多等特点。电磁辐射法可用于高应力区及动力现象的探测。该方法可分为两种：自然电磁辐射法和记录诱导电磁辐射法。

电磁辐射是岩体在破坏过程中向外辐射电磁能量的一种物理现象，在弹性变形阶段，岩体不发生电磁辐射，当荷载达到峰值强度附近时，电磁辐射最为强烈，岩体屈服后也不再发生电磁辐射，据此原理可以通过监测围岩发出的电磁辐射信号对岩爆进行预测。

7.1.2.5 声发射

材料中局部区域应力集中，快速释放能量并产生瞬态弹性波的现象称为声发射（Acoustic Emission，简称 AE），有时也称为应力波发射。在材料加工、处理和使用过程中有很多因素能引起材料内部应力的变化，如位错运动、裂纹萌生与扩展、断裂、无扩散型相变、磁畴壁运动、热胀冷缩、外加负荷的变化等，这些内部应力的变化都会产生声发射信号。人们可以根据观察到的声发射信号进行分析与推断，以了解材料产生声发射的机制。

声发射是固体材料损伤与破裂时产生瞬态弹性波的物理现象。在岩爆孕育初期到岩爆发生前，声发射信号逐渐增强，然后突然减弱，发生岩爆。利用这一特征，在岩爆可能发生的部位布置传感器接收声发射信号，通过对信号数据处理和解译，可以实现岩爆预警预报。

该技术最早应用于北美的阿克松铜矿，日本、苏联、捷克在声发射设备研发上也都做了大量的研究工作和工程应用。我国锦屏二级水电站、油篓沟金矿、三山岛金矿、秦岭终南山隧道等也使用了声发射技术。

7.1.2.6 微震监测技术

岩体微震监测技术是利用岩体受力变形和破坏过程中发射的声波和微震信号来监测工程岩体稳定性的一种技术。按振动频率分类（图 7.4），可以把声发射、微震、岩爆、地震等不同现象分成具有不同振动频率的震动事件。

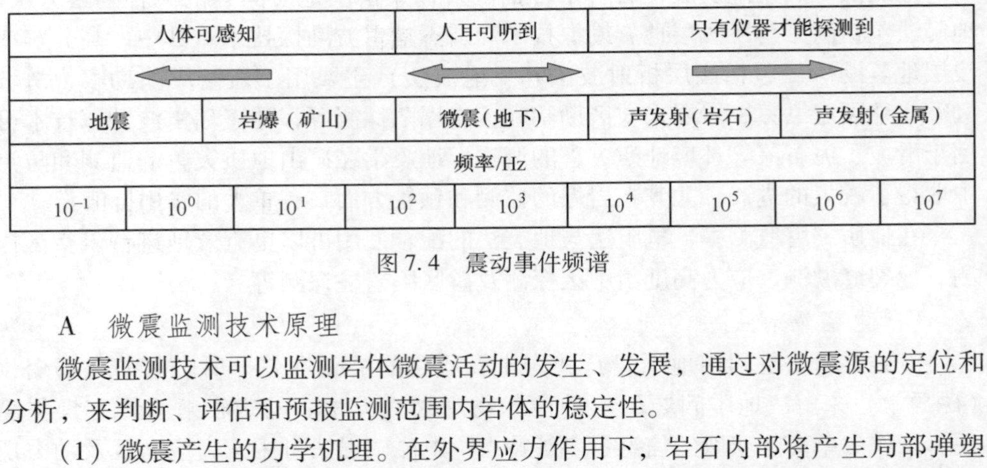

<table>
<tr><td colspan="4">人体可感知</td><td colspan="2">人耳可听到</td><td colspan="3">只有仪器才能探测到</td></tr>
<tr><td colspan="4">←</td><td colspan="2">↔</td><td colspan="3">→</td></tr>
<tr><td colspan="2">地震</td><td colspan="2">岩爆（矿山）</td><td colspan="2">微震（地下）</td><td colspan="2">声发射（岩石）</td><td>声发射（金属）</td></tr>
<tr><td colspan="9">频率/Hz</td></tr>
<tr><td>10^{-1}</td><td>10^{0}</td><td>10^{1}</td><td>10^{2}</td><td>10^{3}</td><td>10^{4}</td><td>10^{5}</td><td>10^{6}</td><td>10^{7}</td></tr>
</table>

图 7.4 震动事件频谱

A 微震监测技术原理

微震监测技术可以监测岩体微震活动的发生、发展，通过对微震源的定位和分析，来判断、评估和预报监测范围内岩体的稳定性。

（1）微震产生的力学机理。在外界应力作用下，岩石内部将产生局部弹塑性能集中现象，当能量积聚到某一临界值时，会引起微裂隙的产生与扩展；微裂隙的产生与扩展伴随着弹性波或应力波的释放并在周围岩体内快速传播，即声发射，相对于尺寸较大的岩体，在地质上也称为微震。

（2）微震监测技术的基础理论。国内外大量研究成果表明，岩体在破坏之前必然持续一段时间以声波的形式对外释放积蓄的能量，这种能量释放的强度随着结构临近失稳而变化。接收到的微震信号包含了岩体内部状态变化的丰富信息，经过处理、分析后可以作为评价岩体稳定性的依据，进而预报岩体塌方、冒顶、片帮、滑坡和岩爆等动力失稳现象。室内试验研究表明，当对岩石试件增加荷载时，可以观测到试件在破坏前的声发射次数急剧增加。当荷载增加到其峰值强度的60%时，大部分岩石会出现声发射现象，其频率约为$10^2 \sim 10^4$Hz。在荷载接近峰值强度前，声发射率明显降低，进入所谓的“平静期”。这个研究成果可以作为预测岩体破坏的理论依据。

微震信号的强度很弱，一般情况下人耳不能直接听到，需要借助灵敏的电子仪器进行监测。微震监测技术的基本原理是：利用在空间上不同位置设置的微震传感器，记录岩石破裂所产生的微震波的到达时间、强度、传播方向等信息，通过数据处理确定岩体内发生变形或破坏的位置及强度，从而得到岩石破裂的信息，达到预测岩爆等地压活动的目的。

微震监测系统具有远距离、动态、三维、实时监测的优点。其工作原理如图7.5所示。

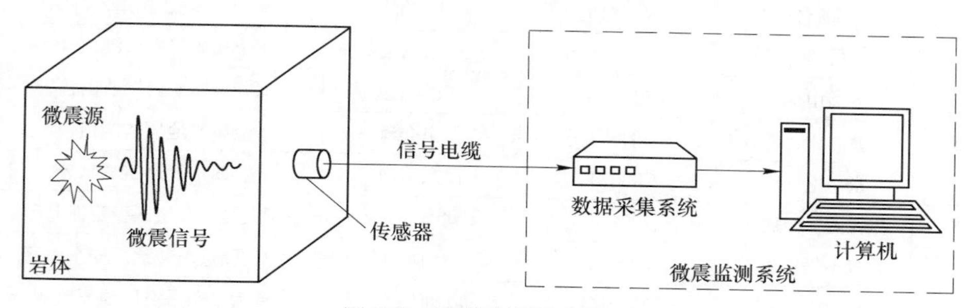

图7.5　微震监测技术原理

根据实验室所做的岩块试验和矿山现场的实际微震监测结果可以看出，岩体声发射与微震信号具有以下比较明显的特征：

（1）信号是随机的，非周期性的；

（2）信号频率范围很宽，上限可高达几万赫兹，甚至更高；

（3）信号波形不同，能量悬殊较大；

（4）振幅随距离增大迅速衰减。

岩体声发射与微震监测技术通过对信号波形的分析，获取其内部信息，以帮助人们对岩体稳定性做出适当的判断和预测。针对这类信号特征，一般主要记录与分析具有统计性质的量，包括事件率（频度）、振幅分布、能率、事件变化率、能率变化率和频率分布。

声发射与微震信号的特征取决于震源性质、所经过的岩体性质及监测点到震源的距离等。其基本参数与岩体的稳定状态密切相关，反映了岩体的破坏性状。事件率和频率变化反映岩体变形和破坏过程；振幅分布与能率大小，主要反映岩体变形和破坏范围。岩体处于稳定状态时，事件率等参数很低，且变化不大；一旦受外界干扰，岩体开始发生破坏，微震活动随之增加，事件率等参数也相应升高；发生岩爆之前，微震活动增加明显，而在临近岩爆发生时，微震活动频数反而减少；岩爆发生后，岩体内部应力重新趋于平衡状态时，事件率等参数也随之降低。

B 微震监测系统

矿山微震监测系统的研发涉及多学科技术的综合应用，包括岩石力学、采矿工程、通信技术、信号分析技术、电子技术及软件工程。目前，南非 ISSI 公司的 ISS 微震监测系统、加拿大 ESG 公司的 ESG 微震监测系统在国际国内应用较为广泛。

C 工程实例

目前，国内很多金属矿山安装了微震监测系统（表 7.1）。

表 7.1 国内建立微震监测系统的主要金属矿山

序号	矿山名称	建立时间	地 址	主要用途
1	凡口铅锌矿	2003 年	广东韶关	金属矿岩爆监测预警
2	冬瓜山铜矿	2005 年	安徽铜陵	深井金属矿岩爆监测预警
3	会泽铅锌矿	2006 年	云南会泽	金属矿地压监测预警
4	张马屯铁矿	2006 年	山东济南	金属矿岩爆监测预警
5	柿竹园多金属矿	2008 年	湖南郴州	特大复杂采空区稳定性监测
6	石头沟铁矿	2008 年	唐山遵化	边坡及边坡转地下安全监测
7	香炉山钨矿	2010 年	江西修水	特大复杂采空区地压监测
8	红透山铜矿	2011 年	辽宁抚顺	金属矿岩爆监测预警
9	三山岛金矿	2012 年	山东莱州	金属矿岩爆监测预警

其中，冬瓜山铜矿是我国首个千米深井开采的有岩爆倾向的硬岩金属矿山，该矿 2005 年引进了南非 ISSI 公司的 ISS 微震监测系统。系统运行以来，监测到了大量的矿震事件。

a 地震传感器站网空间布置

根据分期建设、随开采规模的扩大而扩展的原则，冬瓜山铜矿首期微震监测系统监测范围为冬瓜山首采区矿体及其开采影响范围的岩体。为此，针对监测范围、井下巷道工程和微震监测系统技术性能，设计了多个微震监测系统传感器站、网空间布置方案，对各方案计算了事件震源定位误差和系统灵敏度。

冬瓜山铜矿首期微震监测系统，共有 8 个地震传感器布置在矿体上部开采影响范围以外，包括 2 个三向传感器和 6 个单向传感器，分别布置于上向 10m 深的钻孔孔底和上向 40m 深的钻孔孔底。另外有 8 个地震传感器布置在矿体下部开采影响范围以外，包括 2 个三向传感器和 6 个单向传感器，全部布置在上向 10m 深的钻孔孔底。在首采区内，该方案微震监测系统的地震事件震源定位误差小于 10m，系统灵敏度为里氏震级 -2。

b 微震监测系统矿山开采数字建模

采用 Datamine 软件建立矿山地质和开采数学模型，然后导入 ISS 微震监测系统软件中，生成矿床及采掘工程的三维模型。另外，根据矿山现场工程地质调查及记录资料，在 ISS 微震监测系统自带的软件中，将部分断层等主要地质构造数学模型再建入到矿山微震监测系统数学模型中，用于震源机理研究。

c 井下开采地震活动监测与分析

冬瓜山铜矿微震监测系统从起初每天监测到 200 多个各种地下振动事件增加到目前每天 300 多个，已经积累了一定的微震数据，在微震活动、岩爆及地压活动、灾害预测等方面进行了大量研究工作，取得了初步成果。作为岩爆预测与控制的重要手段，矿山微震监测系统的建立和成功运行，不仅实现了冬瓜山深井开采岩爆及地压的连续监测，还为该矿岩爆和地压控制与技术研究创造了条件。

7.1.2.7 室内岩石力学实验

岩爆预测是有岩爆危害矿床安全开采的重要组成部分。不对开挖后岩体的力学响应进行监测，就无法知道岩体应力和应变状态的变化规律，因此也就不可能对岩体是否发生失稳做出判断或预测。

实验室内进行的常规岩石力学实验，试块的加载破坏过程实质上是矿山岩体破坏失稳的一个特例。尽管采用岩石试块的力学性能代替矿山原位岩体力学性能具有一定的局限性，但岩石试块与岩体的破坏过程具有共性。如果考虑岩石试件中的微观缺陷，那么试块和原位岩体破坏几乎不存在本质区别。岩石试块的试验破坏过程可以用仪器和仪表进行直观的连续监测，并获得应力和应变的变化规律以及声发射特征，根据一定数量试件的实验结果，可以比较准确地预测岩石的岩爆倾向性及其强度，具体试验与研究成果见第 3 ~ 5 章。

7.1.2.8 综合预测预报

岩爆的发生和烈度受多种影响因素控制，已有的理论判据通常仅仅考虑 1 ~ 2 种影响因素与岩爆发生的相关性，无法反映多种因素的综合影响。另外，采用不同的判据分析时甚至可能会得到不同的结果。而且，在岩爆的预测、预报中，由于岩爆发生的随机性和突发性以及破坏形式的多样性，单凭一种方法往往不能准确地预报冲击危险。因此，有学者开始探索可以综合考虑多种因素共同影响的岩爆预测方法，在分析地质条件和工程技术条件的基础上，根据具体情况，采用多种方法对岩爆进行综合预测、预报。

近年来，结合非线性科学、专家系统和人工智能技术等方法，各国学者提出了多种岩爆预测新方法，如模糊数学理论、灰色理论、人工神经网络、距离判别法、支持向量机、可拓学、集对分析法、蚁群聚类模型、判别分析模型、功效系数法、数据挖掘法等。

上述方法为岩爆预测开拓了新的思路，代表了岩爆预测的发展方向。虽然这些方法在考虑岩爆的影响因素时各有侧重，有其自身的优势，但其准确性和适用性还需要通过更多工程实践进行验证，并进行不断地修改。

但总体来说，由于岩爆的发生原因和条件的复杂性和多样性、科技发展水平以及人们认识与实践的局限性，目前的理论和技术距离准确预报岩爆还具有一定的距离。

7.2 基于能量孕育机制的岩爆防控措施研究

近年来，通过大量研究，国内外学者对不同类型岩爆的特征机制和规律有了一定的认识。研究表明，各种类型的岩爆都有一个能量孕育、聚集、释放的过程，其孕育时间少则几小时、多则数十个小时甚至一个月以上。不同采矿方法、开挖方式、参数对同样地质和应力条件下的岩爆孕育过程中能量的聚集水平、释放水平和速率及微震的活动性等会有重要的影响。能量和应力的释放与转移途径及方式不同，会直接影响到储存在岩体中能量的大小和释放的速度。不同的支护类型（如喷层、吸能锚杆、钢筋网等）及其参数对岩爆孕育过程中吸收储存在岩体内部的能量大小，以及阻止围岩破坏的范围与速度等具有重要影响。

为此，本节从能量的角度出发，提出深部硬岩开采岩爆防控措施，以尽可能降低开挖诱发的能量聚集水平、释放水平和速率，通过能量和应力的释放与转移途径及方式的优化，预释放部分能量；通过支护类型和参数的优化，尽可能多地吸收储存在岩体中的能量。

7.2.1 基于能量角度的岩爆防控的总体思想

基于能量角度的岩爆防控的总体思想是：减少能量集中→预释放、转移能量→吸收能量。具体步骤如下：

第一步：减少能量集中。深部或高应力状况下岩体在开挖前储存了大量能量。开挖过程中应力调整会增加局部区域能量聚集水平。通过采矿工艺的全局优化，综合确定开挖方案，以期最大限度地降低二次应力局部集中造成的高能量聚集。

在此之前要准确地把握开挖岩石的力学性质及开挖卸荷下的力学行为，识别可能的岩爆类型，为计算模型、力学参数的优化与确定奠定基础。同时，需要弄清待开挖区间的地质条件，辨识主控地质结构。

第二步：预释放、转移能量。提出应力及能量预释放优化设计方法，即当岩爆级别较高时，单独采用第一步方法可能仍无法明显降低岩爆风险和等级，需要进一步采用预释放或转移能量的方法，通过预裂围岩，改变围岩内应力分布，达到预释放和转移能量的目的。而应力解除爆破孔法和应力释放孔法对预释放转移能量最具有针对性。即开挖前，对高能量聚集处或控制性结构面实施应力解除，使岩体破裂，能量耗散或转移，从而有效降低岩爆风险和等级。然而，应力解除爆破孔和应力释放孔的布置、方式和深度还需要进行优化，才能取得更好的效果。根据地质分析、数值模拟，确定应力集中和能量集中较大的部位，确定应力释放孔的位置（掌子面上、侧墙、拱顶、拱肩等）及其优化布置参数（应力释放孔孔深、布置角度和间距等）。此外，还需要研究岩体的围压效应，开挖后及时喷层，以增加岩体的延性，降低岩体的脆性；研究应力和能量集中可能的转移位置和途径，将能量适当转移到岩体深部，从而降低工程围岩表面及附近的能量和应力集中水平，以降低岩爆的危险。

第三步：吸收能量。当前两种对策不能有效地预防岩爆时，就需要通过支护结构吸收能量，以降低岩爆发生时岩块剧烈弹射造成的危害。开挖区域表面支护可应对中等以下的岩爆，而对更为剧烈的岩爆则需要专门的吸能锚杆，然而如何选择支护类型，如何设计每种支护类型的参数，以保证支护结构的系统性，并使吸能能力满足要求，则需要进行设计优化。支护设计方法包括不同类型支护的吸能计算方法、锚杆的长度和间距计算方法等，优化支护措施，避免或降低岩爆的发生风险。可采用吸能锚杆、钢纤维喷射混凝土、钢筋网等支护方法，尽可能吸收岩爆破坏时释放的能量，“兜”住破裂岩体，降低岩块弹出速度。

在针对具体工程进行岩爆防治对策设计时，并不限于每个步骤只选择一种方法，可以同时选择多种方法综合运用，以最大限度地降低岩爆风险和等级。比如在防控强烈岩爆时，第一步策略中可同时优化硐型、采场、巷道尺寸、循环进尺等，而在第二步策略中可同时选用应力解除爆破和应力释放孔等方法，第三步策略中可同时选择多种支护类型搭配，从而最大程度降低岩爆灾害。

7.2.2 减小能量集中法

减小能量集中的方法主要通过采矿工艺的优化和巷道开挖方案及掘进速率优化，减少能量聚集水平、优化能量分布和大小，以达到降低岩爆风险的目的。

7.2.2.1 采矿工艺优化

有岩爆倾向矿床的赋存条件千差万别，可采用的采矿工艺也不是唯一的。有岩爆危险的矿山采矿工艺选择应遵守以下原则：

（1）前采和回采这两种开采顺序中，若采用前采顺序，靠近断层远端的矿区首先开采，然后开采逐步接近断层，这种开采顺序会造成大量的能量集中与释放。因此，在靠近断层的岩爆高发区应该采用回采的开采顺序，减小能量的释放，降低岩爆发生的几率。

（2）有条件时应尽量实现盘区连续开采，无条件时应确保采矿工作面总体连续推进，避免全面开花到处设采场。采矿作业线的推进应规整一致，不应有临空小锐角出现，也不要逐步形成孤岛矿柱。

(3) 传统的留矿法和全面法随着开采深度的增加，岩爆危险性逐渐加重，使人员和设备安全受到严重的威胁。研究表明，分段凿岩阶段矿房采矿法为理想可供选择的采矿方法，该方法特点：矿块分为矿房和矿柱，矿房内采用平底受矿、双侧耙道底部结构；下盘浅孔拉槽，分段凿岩，工作面垂直布置，逐排爆破回采。

(4) 矿区内有较大规模断层或岩墙时，采矿工作面应背离这些构造推进，避免垂直朝向构造或沿构造走向推进。

(5) 多层平行矿脉开采时，为防止岩爆的发生，优先开采岩爆倾向性弱或无岩爆倾向的矿脉，以解除其他岩爆倾向性强矿脉的高应力；回采岩爆倾向性强烈的单一矿脉时，可先回采矿柱的顶柱并用高强度充填料充填，解除矿房的应力后再大量回采矿石。而下向分层充填法比上向分层充填法更有利于控制岩爆。

(6) 空场法、充填法和崩落法这三大类采矿方法中，空场法一般不宜用于有岩爆危险的矿床开采。充填法和崩落法由于有利于减小矿体开采后周围岩体内的应力集中和控制岩体聚集应变能的均匀释放，因此适于有岩爆危险矿床开采。

(7) 采准工程应该尽量布置在岩爆倾向性较弱的岩层内。

(8) 采场长轴方向应尽量平行于原岩最大主应力方向，或与其成小角度相交。

(9) 采用适当的岩柱设计来减弱矿井中的低荷载系统刚度，进而减少房柱型岩爆发生的概率。

(10) 应尽量采用人员和设备不进入采场的开采工艺；人员和设备必须进入采空区时，采场工作面要根据情况采取岩爆防治预处理措施。

7.2.2.2 巷道掘进速率优化

巷道掘进速率优化包括对开挖步长和日掘进速率进行优化，总体上应降低单次卸载量和扰动效应，以尽可能降低触发岩爆的风险。在待开挖硐段地应力和地质条件基本确定的情况下，采用数值模拟的手段得到最优的开挖步长和日掘进速率（好的掘进方案应在满足工程功能要求的情况下，尽可能减小因开挖引起的应力集中与能量积聚，即尽可能降低弹性释放能 ERR 和局部能量释放率 LERR 的量值）。

对高应力下坚硬岩石进行不同速率的加卸载试验，其结果表明：在一定的卸荷速率范围内，随着卸荷速率的增加，岩石的强度增大，剪胀角增长，且大量的拉张裂纹快速扩展。强度提高意味着破坏前储存能量增大，所以破坏时释放的能量也将增大；而岩石随着卸荷速率的增加脆性特征更为显著，表明卸荷速度越快，破坏越剧烈。

由图 7.6 可知，以某交通隧道开挖为例，在相同高应力、断面尺寸、全断面开挖条件下，随着开挖步长的减小：(1)局部能量释放率 LERR 先快速降低，到一定水平后进入稳定状态；(2)能量释放率 ERR 呈递减趋势，表明岩爆危险性随开挖步长的减小而减小；(3)塑性区体积并没有显著变化；(4)破坏接近度 FAI 大体上呈现逐步增大的趋势，表明随着开挖步长的减小，开挖对巷道周边岩体的扰动程度有所增加，弱化了巷道周边岩体力学性质，改变了其应力分布，促使应力集中向围岩内部转移，有利于掘进过程中围岩的缓慢裂化，实现一定程度的应力解除。

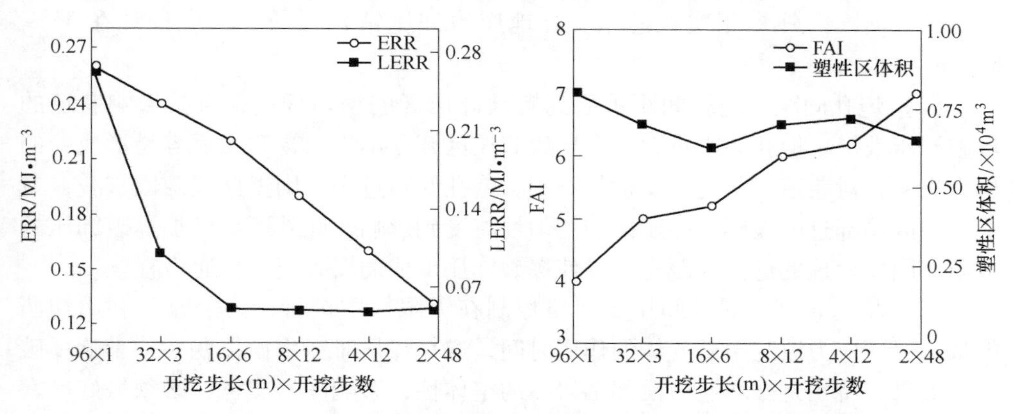

图 7.6　相同高应力、断面尺寸、全断面开挖条件下不同开挖步长开挖诱发的 ERR、LERR、FAI 和塑性区体积的变化

7.2.3　能量预释放、转移法

能量预释放、转移法主要是通过改变岩体或结构面性质，降低局部岩体的储能能力和实际的储能大小，使局部聚集的高能量通过岩体破裂或变形耗散掉，或转移到岩体内部储能能力高的部位，达到降低岩爆风险的目的。目前，比较实用的能量预释放、转移法的原理及优化思路包括应力卸压孔参数优化、钻爆法施工优化和硐室大断面开挖参数的优化等。

7.2.3.1　应力卸压孔参数优化

应力卸压孔是卸压技术的重要组成部分，其原理是在围岩体内部制造一个破碎带，形成一个低弹性区，将周边高应力转移到深部围岩，从而使巷道周边应力降低。这种方法的具体措施是从邻近掌子面的侧壁边墙，向前方打超前斜孔，并在孔内爆破，形成一个既与硐壁有一定安全距离，又具有一定厚度的人工破碎带，使原有应力集中部位的应力得以释放，从而减少岩爆发生的可能性。由于属于围岩内部爆破，除装药孔外，还需钻容积补偿孔，即非装药孔，在设计位置形成破碎带。

卸压孔的主要参数有：炮孔直径、炮孔间距、堵塞长度等，卸压参数的优化是保证卸压效果好坏的关键，爆破孔参数选择是否适当直接影响巷道的稳定和爆破卸压的效果。

（1）炮孔直径。炮孔直径主要由炸药性能、围岩体的物理力学参数、装药结构、封泥长度等决定。直径较小的炮孔，装药能力有限，产生的压碎区和裂隙区半径都比较小，爆破卸压效果不理想；而且炮孔较小，装药比较困难，尤其在破碎围岩区下。炮孔直径较大时，难以保证较好的封孔效果；而且钻较大的炮孔时，钻机钻进速度较慢，容易发生卡钻、塌孔。所以，炮孔直径不宜太大也不宜太小，根据国内外多年实践总结，高地应力卸压钻孔直径一般应设计在 35 ~ 50mm 之间。

（2）炮孔间距。炮孔间距关系到爆破卸压区的均匀程度，直接影响巷道的爆破卸压效果。炮孔间距过大，会导致卸压区卸压不均匀，卸压后容易形成新的应力集中，对巷道的稳定和支护都不利；炮孔间距过小，则爆破裂隙圈重叠，造成卸压区局部过度破碎，卸压区的均匀性将受到影响，此外还会增加爆破卸压的成本。因此合理的炮孔间距应该以使爆破卸压形成的爆破裂隙贯通为宜。

（3）堵塞长度。爆破卸压要严格控制在无限体中进行，为了充分利用炸药能量，保证应力波与爆破气体的作用时间，避免爆炸时产生抛掷漏斗，影响爆破卸压效果，特别是破坏巷道浅部围岩体的整体性，影响围岩支护，必须做好堵塞工作。一般情况考虑松动爆破时封孔长度应为卸压孔深度的60%以上。

7.2.3.2 钻爆法施工参数优化

多年来，国内外学者在岩爆发生判据方面进行了广泛深入的研究，按照摩尔－库仑强度准则，断面硐壁切向应力要达到岩石的单轴抗压强度，围岩才能发生破坏。但在实际工程中，断面硐壁切向应力仅达到岩石单轴抗压强度的30%时，就有岩爆发生的案例。在总结国内外地下工程施工中岩爆的发生条件及特征时，我们发现：采用钻爆法施工易发生岩爆，可以通过“短进尺，弱爆破”，减小爆破扰动的方式，有效地控制岩爆的发生，即爆破扰动和岩爆发生必然存在一定的联系。

围岩在爆破冲击荷载作用下，应力状态以波动方式从爆破源向周围传播，这种应力的波动称为爆破应力波。爆破应力波诱发的岩爆，按发生时间可分为发生在爆破过程中的岩爆和发生于爆破间歇的岩爆。爆破应力波对发生在爆破过程中的岩爆起直接控制作用；发生在爆破间歇的岩爆，以爆破应力波形成的裂隙为基础，应力波对岩爆的发生起诱发作用，岩爆的主要控制作用则是巷道或平硐开挖后围岩的高应力集中。

（1）对于爆破过程中发生的岩爆，防治原则主要是减小爆破扰动。地下工程开挖的围岩轮廓面上一点的波动位移大小与爆破源的峰值压力成正比，因而可以通过降低峰值压力有效地减小波动位移。降低爆破扰动的具体方法是减少药量，缩短进尺，但同时也会影响施工进度。由于斜眼掏槽每层炮的爆破都具有较好的临空面，既可以加快爆破荷载衰减，又可以降低爆破荷载峰值压力，同时还可以减少装药量，因此，应优先考虑斜眼掏槽爆破。由于爆破对已开挖围岩的扰动是通过应力波的方式传播的，因此还可以从拦截应力波入手减小扰动，特别是拦截R波。由于应力波遇到自由表面时全部反射，R波又只是在围岩表面附近区域传播，因此可以使用凿岩台车连续钻孔，在掌子面岩爆易发部位形成横向切槽，拦截应力波，从而减小爆破扰动。

（2）对于爆破间歇发生的岩爆，防治原则主要是改善围岩力学性能、释放围岩应力。

对于爆破间歇发生的岩爆，爆破应力波只起到诱发作用，应力集中和围岩力学性能仍是岩爆发生的主要根源，可以根据实际情况采取如下措施：如沿开挖轮廓线环向预打应力释放孔，以便减缓开挖后的围岩应力，将弹性应变能提前释放并促使最大切向应力转移向围岩深部；采用超前钻孔向岩体高压注水，高压注水的劈裂作用可以产生新的张裂隙，起到软化、降低岩体强度，降低岩体储存弹性应变能的能力（本章7.3节亦考虑并试验研究高压注入化学溶液以加速岩石裂隙生成）。此外，还应改善施工，特别要控制好爆破效果，以减少围岩表层应力集中现象。

7.2.3.3　*硐室或巷道大断面开挖参数的优化*

大断面硐室或巷道开挖下，相比应力释放孔，导硐扰动的范围更大，对能量和应力的释放更为有利，而不同位置、不同大小和形状的导硐所产生的效果不同，需要根据具体的地质条件和地应力状态进行优化。以下为导硐参数的优化方案：

（1）优化导硐的形状、位置、尺寸和超前距离，有效预裂围岩，降低二次应力集中和能量积聚水平，转移高应力和能量，改变岩体的破坏模式。

（2）大断面硐室及巷道开挖下，应导硐先前，对大断面硐室和巷道应分层开挖来降低岩爆发生的概率。

（3）兼顾导硐开挖和主硐扩挖过程中各自的岩爆风险。导硐开挖过程中的岩爆风险随着导硐尺寸的增加而增大，而主硐扩挖的风险则随之降低。所以需要在二者之间寻求一个平衡点，使得导硐开挖和主硐扩挖的岩爆风险控制在最低的水平。

7.2.4　能量吸收法

支护结构是岩爆防治的重要措施。在岩爆支护设计中存在两种思想：一种是采取强有力的支护措施（即刚性支护）以保证支护结构有足够的强度抵抗岩爆冲击荷载；另一种是采取柔性支护方式，增强支护的延性变形能力以最大限度地吸收冲击能量。大量工程实践表明，刚性支护结构变形小、强度有限，在强烈和极强岩爆发生时，巨大的冲击作用很容易摧毁整个支护系统，造成人员伤亡和财产损失。因此，吸能支护在工程中逐渐得以推广应用。

本节考虑各种支护方式的吸能特性，给出了岩爆倾向性区域的支护设计，提出了岩爆孕育过程的支护设计优化方法，主要包括喷层和锚杆参数设计和支护时机优化方法。在通常的岩爆防治支护设计中，锚杆的永久作用以及长期荷载作用下的围岩稳定性考虑较少，而对于深部硬岩开采巷道，必须要考虑支护结构的永久性和岩石的长期强度。

7.2.4.1 支护要求、选型

对具有岩爆倾向性的巷道或硐室，支护结构的功能主要体现在两个方面。第一，提高围岩的强度，降低岩爆风险；第二，若岩爆发生，支护结构能吸收岩爆发生时所释放的能量，而且岩爆发生后，破裂岩块可脱离母岩，但能被锚杆或支护结构“吊”住或“兜”住，并降低岩块弹射速度。对于深部开采，第二个功能体现更为明显。轻微或中等岩爆区段，可以通过设计合理的支护参数来抑制岩爆；但对于强烈和极强岩爆，已经很难通过支护方式来控制其发生，支护设计的目标在于控制岩爆的冲击危害程度。所以，岩爆防治支护系统要满足五个方面的要求：(1) 快速作用；(2) 支护力高；(3) 具有吸能机制；(4) 延性较好，能在屈服状态下工作；(5) 能作为永久支护长期作用。

当前，地下硐室或巷道普遍采用的支护单元包括：喷射混凝土、钢丝网或钢筋网和锚杆。而为了控制岩爆，可以选用喷射钢纤维混凝土，相比普通混凝土，钢纤维混凝土弯曲拉伸、抗剪强度及柔性大，峰值强度后的残余强度大，耐冲击，能够承担较大的变形而不会导致表面开裂，所以当岩爆破坏程度较小时，它可以控制围岩劈裂时裂纹向临空面扩展，使其不至于脱落；当岩爆等级较高时，它也能吸收一定的能量，降低岩块弹射速度。

另外，在有岩爆倾向的硐段，一般采用钢筋网与锚杆（刚性锚杆 + 吸能锚杆）构成一个双重的岩爆防御体系。作为静载荷（刚性支护），螺纹钢可以对岩石进行加固，提高岩石强度。当岩石发生失稳破裂时，作为动荷载支护的屈服锚杆（吸能锚杆）将确保破裂的岩石不发生整体失稳。

随着开采深度的增加，地下硐室与巷道开挖引起的高应力集中导致的岩石破裂将不可避免。当岩石受动荷载作用时，应力进一步增加，因此支护的重点应放在控制岩石破裂后的状态，而不是防止岩石的破裂。为了避免岩石发生整体失稳破坏，必须采用柔性结构。钢丝网或钢筋网就属于一种柔性支护结构，它的作用具体体现在两个方面：第一，当锚杆和喷层不能阻止岩块脱离围岩并弹射出来时，柔性钢丝网或钢筋网可以“兜”住石块；第二，在复喷混凝土层时，钢丝网或钢筋网作为加固单元，可以提高喷射混凝土强度和柔性，从而提高喷层的强度和吸能能力。钢筋网及柔性钢丝网本身的吸能能力较小，但加入喷层后，喷层吸能能力可大幅提高。

从岩爆防控角度来讲，锚杆的类型应选择吸能锚杆，以便更好地消耗岩爆发生时巨大的冲击能量，降低支护破坏程度。考虑到永久支护问题、施工组织设计、投资和工期等各方面的因素，在中等甚至强烈的岩爆倾向性区域也可以选择高强度刚性锚杆与吸能锚杆联合使用以抵抗岩爆的冲击作用，但岩爆后，支护系统的完整性仍需要靠吸能锚杆得以保证，同时防治岩爆的效果需要及时跟踪评估和分析，以便在开挖施工中不断进行修正。

7.2.4.2 支护时机的优化

巷道或硐室开挖后，围岩收敛变形与内力变化的时间效应对于软岩或流变性质明显的岩体来说比较显著。因此，对于软岩巷道或硐室，支护结构可限制围岩收敛变形的发展，进而协调围岩内力分布，保证围岩的稳定。在软岩巷道或硐室中进行支护设计时，一方面应充分利用围岩自身的承载能力，在围岩充分变形后再进行支护，保证支护结构的荷载最小；若过早支护，围岩的变形将在支护结构上产生较大的形变压力。另一方面，围岩在无支护状况下过大的变形又可能导致围岩出现失稳破坏，影响施工安全和进度。要解决这一矛盾，需要科学合理地选择支护时机，在保证围岩稳定的前提下，最大限度地减小支护结构上的荷载，节省支护材料。

在深部开采硬岩巷道或硐室中，围岩的收敛变形较小，即使开挖后立刻支护，围岩变形在支护结构上形成的形变压力也比较小，一般不会超过支护结构的极限承载能力。在软岩硐室与巷道中，支护结构的主要作用是控制围岩的变形；而在硬岩硐室和巷道中，支护结构的主要作用是加固围岩，提高岩体的强度。因此，在硬岩巷道或硐室中，围岩变形与支护结构承载能力之间的矛盾并不存在。

深埋硬岩巷道或硐室中，掌子面前方围岩一定范围内存在极高的岩爆风险，及时而系统的支护虽然可以在一定程度上控制岩爆灾害，但支护工序复杂耗时，工作人员长时间暴露在掌子面后方高岩爆冲击风险区域，生命安全受到严重威胁。因此，在有岩爆倾向性的区域，系统支护对岩爆灾害的控制作用与系统支护工序复杂耗时构成了工程安全的基本矛盾。解决这一矛盾的主要途径是掌握岩爆发生的时间与空间规律，在高岩爆风险硐段应避免使用耗时较长的支护工序。

在有轻微或中等岩爆倾向性的硐段，系统支护可降低岩爆发生的概率，由于岩爆本身的威胁较小，因此，此类硐段开挖后必须及时进行系统支护。在有强烈或极强烈岩爆倾向性的巷道与硐室，系统支护不一定能有效降低岩爆发生概率，且系统支护中的刚性锚杆吸能较少，因此，应适当优化支护结构的施作时间。在有强烈或极强烈岩爆倾向的巷道与硐室，支护施作顺序为：初喷钢纤维混凝土→吸能锚杆→钢筋挂网→系统锚杆→复喷钢纤维混凝土。为了控制即时型岩爆，保证施工人员的安全，吸能锚杆必须及时施作；而钢筋挂网耗时较长，为规避岩爆风险，可以将此道工序的施作安排在岩爆风险降低后的区域。根据前人研究成果，掌子面后方2倍巷道直径范围内的围岩能量聚集受当前爆破开挖的影响较大，围岩能量释放也最为剧烈，岩爆风险相对较高。因此，工序“钢筋挂网→系统锚杆→复喷钢纤维混凝土”的最佳时机为距离掌子面2倍硐径以外的围岩断面。

7.2.4.3 适用于深部开采的吸能锚杆

随着矿山开采深度的不断增加，工程开挖后围岩应力不断增大，锚杆支护不仅需要考虑支护体系的强度问题，还需要考虑围岩的变形量。由此，一种可延伸锚杆（也称能量吸收锚杆或屈服锚杆）孕育而生，这种新型锚杆能够在围岩蠕变阶段提供一定的工作阻力，同时又具有良好的延伸量。屈服锚杆的主要原理：当锚杆受到大于设计张拉力的荷载作用时，锚杆在内力不增加的条件下持续伸长，以此释放围岩变形能量，并维持锚杆的设计张拉力。

近些年来，科研工作者研发了一系列吸能锚杆，比较适于深部硬岩岩爆支护的吸能锚杆包括以下几类。

A 全螺纹钢锚杆（见图7.7）

大多数锚杆都有螺齿，用于安装螺帽。但是，螺齿常是锚杆中最薄弱环节。全螺纹锚杆通过表面热轧形成的螺齿（间距10mm）覆盖整个杆，从而可避免传统锚杆螺齿的薄弱环节。与普通的螺纹锚杆相比，全螺纹锚杆受载时的伸长率相对较高，可承受的动荷载也较高。

理论上讲，脱黏长度1m长的全螺纹锚杆（直径19mm）的位移量是90mm，吸收的能量约是13kJ。

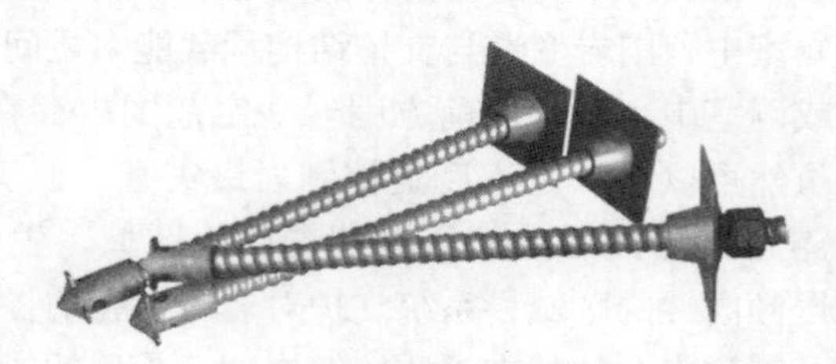

图7.7 全螺纹钢锚杆结构示意图

B Yield - Loc 锚杆（见图7.8）

Yield - Loc 锚杆是一种新型屈服锚杆，可应用于岩爆支护和大变形巷道的支护。Yield - Loc 锚杆最小屈服荷载为125kN，极限抗拉荷载为167kN。该锚杆的屈服装置由镦粗的锚杆头部和包裹锚杆前段杆体的聚合物包壳组成。聚合物包壳的尖状头部便于戳破树脂药卷，锥塔形的形状有利于较好地固定于树脂注浆体中。在动态拉拔荷载作用下，镦粗的锚杆头部在聚合物包壳上产生侧向压力，并引起附近聚合物的热软化和流动，由此使锚杆产生动态屈服位移，能量消耗于锚杆头部和聚合物摩擦做功中，即所谓的“犁沟效应”。由于在 Yield - Loc 锚杆制造过程中，很好地控制了聚合物包壳的质量，因而 Yield - Loc 锚杆的屈服性能较稳定。

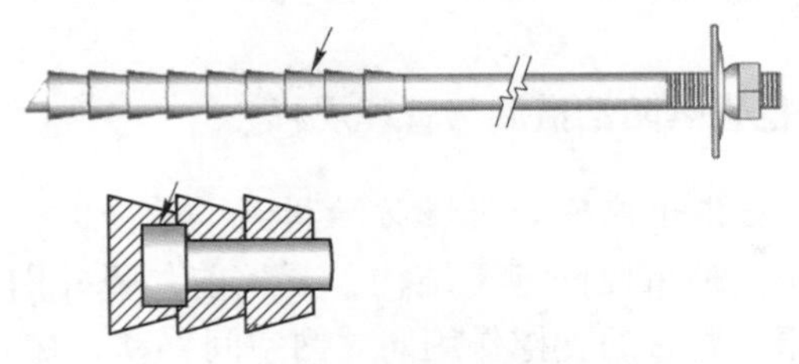

图 7.8 Yield - Loc 锚杆结构示意图

C D 型锚杆（见图 7.9）

D 型锚杆是挪威科技大学于 2010 年开发的一种用于地下工程支护的新型吸能锚杆，可有效防治地下工程中的围岩挤胀变形、塌方、岩爆等灾害。锚杆采用平滑钢材，沿其长度方向有三个（或更多）均匀或不均匀的锚固点，锚杆安装可使用水泥或树脂锚固剂。当围岩变形时，锚定件固定在注浆体中，锚定件间的光滑杆体可自由变形，穿过围岩开裂面的杆体受荷均匀，显著低于全长黏结螺纹钢锚杆受到的集中荷载。

经测试，直径为 20mm 的 D 型锚杆的屈服荷载为 190kN，吸收能量为 13.1kJ（伸展长度为 0.8m）。

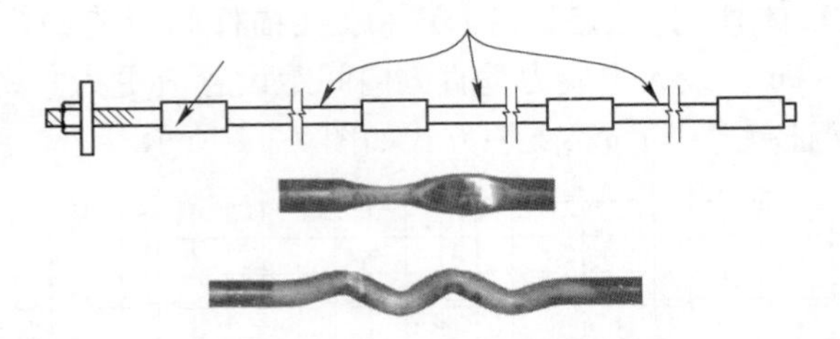

图 7.9 D 型锚杆结构示意图

D 恒阻大变形锚杆（见图 7.10）

恒阻大变形锚杆是由中国矿业大学深部岩土力学与地下工程国家重点实验室开发的一种新型锚杆。它依靠锚杆和钢管之间的滑动机制来提供摩擦阻力。钢管具有热轧粗螺纹，其预设长度为 1m。锚杆靠近面板的一段有一锥形头，另一端被灌注进钻孔里固定锚杆。

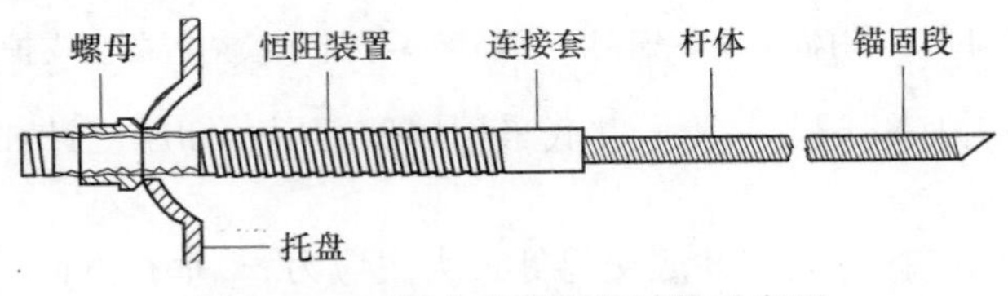

图 7.10 恒阻大变形锚杆结构示意图

实验室试验结果表明，恒阻大变形锚杆在整个 1m 长的变形过程中，摩擦阻力可以保持在 110kN。

7.2.5 深部硬岩开挖岩爆防治措施与管理规程

7.2.5.1 深部竖井开挖硬岩岩爆防治措施

竖井是采矿领域一种重要的地下结构，开挖前，竖井围岩体处于平衡状态。开挖后，井壁失去原有岩石的支撑作用向井内空间移动，在井筒周围的岩体内会产生较大的附加应力，将可能导致竖井发生井壁塑性破坏、井壁岩帮片帮弹射、井底鼓底弹射等灾害，威胁施工安全。

所以，以灵宝地区金矿开采为例，建议矿山在深部竖井开挖时应采取如下岩爆防控措施。

（1）第一轮作业按下列步骤进行：

1）井壁加固。如图 7.11 所示，现有井筒自井底以上 2m（根据井筒直径具体确定）采用喷射混凝土 + 钢网 + 钢筋梁 + 锚杆 + 喷射混凝土加固方法，对井壁加强支护，确保井下施工人员安全。具体要求：第一步喷射混凝土 3 ~ 4cm；第二步锚杆钻孔挂钢筋网，加环状钢筋梁，网片搭茬 20cm，钢筋量长与井壁圆周等长，只设一个开口，开口放在最大主应力方向，排距 0.6m，环状钢筋梁要求井下焊接，采取整体挂网；第三步锚杆（刚性锚杆和吸能锚杆并用）加固，锚杆环向间距 0.6 ~ 1m，最大主应力垂直方向间距设置应更为紧密；第四步喷射混凝土 7 ~ 8cm，保证壁厚 10cm。支护方式如图 7.11 所示。

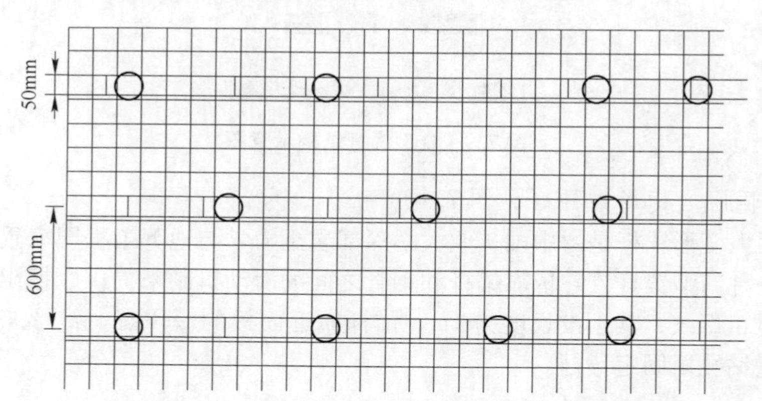

图 7.11 喷射混凝土 + 钢网 + 钢筋梁 + 锚杆 + 喷射混凝土支护形式

2）井筒、井底卸压。井筒、井底采用爆破卸压，卸压设计如图 7.12 所示安排钻孔和装药。

① 井筒卸压。在井筒与井底交界处最大主应力 σ_1 垂直方向（最小主应力 σ_3 方向）各布置三个 42mm 的钻孔，孔深为 3.5m，孔间距 0.6m，朝向筒轴线方向

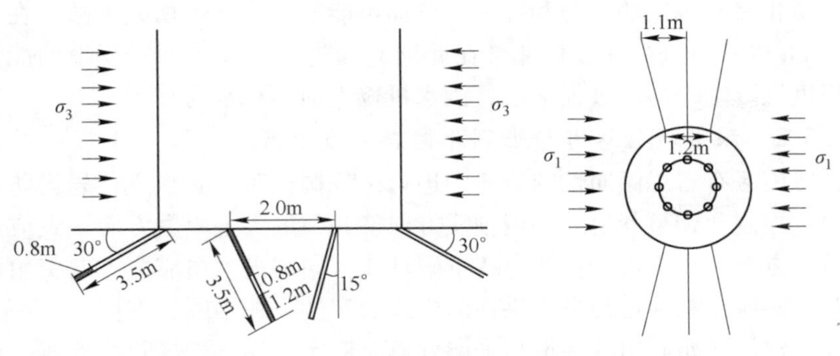

图 7.12 井筒、井底卸压设计

与井筒垂线夹角呈30°；钻孔完成后，卸压孔装药3～4卷，总长0.6～0.8m，各爆破孔装药后，在其上部充填0.6m厚的黄土封孔，以达到深部爆破的目的。

② 井底卸压与掏槽眼。掏槽眼比平时掘进的掏槽眼加深2～2.5倍，井底卸压孔比平时炮孔加长1～1.5倍，炮孔与井筒轴线的夹角控制呈15°左右。炮孔布置：在以竖井中轴为中心，半径为0.9～1.0m的圆周上对称布置8个3.5m深炮孔。采用组合分段装药，炮眼下部装药量为1.0kg，在它上部充填0.8m惰性材料，以分开装药，上部装药量先按正常进行，视情况增减，实施毫秒级控制爆破。

爆破采用先底部后边帮爆破顺序。

爆破后要求：向爆破面适量洒水，以充分软化岩石，达到卸压效果。

（2）第二轮作业按下列步骤进行：

1）对井底进行清渣。清渣深度宜到原水平，即清渣0.5m左右（不要对井底中心强行掏挖），并向边壁已爆的三孔注入高压水。

2）进行井底平整，平整应进行小量爆破，完成筒径的要求，出渣，对新形成的筒壁应及时喷射混凝土3～4cm，对新成型竖井裸壁进行钢网+钢筋梁+锚杆+喷射混凝土支护（见图7.11），喷射混凝土厚度7～8cm。

3）支护完成后，向下掘进实施光面爆破，爆破钻孔应控制在1.5m以内，每层爆破量应在1～1.2m，再次出渣。整平，对新形成的壁面进行喷射混凝土3～4cm，并及时施作钢网+钢筋梁+锚杆+喷射混凝土支护。

（3）新一轮掘进。

第一步，井底卸压。第二步，井帮卸压。第三步，装药。第四步，出渣。第五步，整平。具体实施程序与第一轮和第二轮相一致，如此向下连续施工。

（4）施工要求：

每一循环的上下钢筋网应进行焊接，以保证其整体性。

爆破后工作要求：起爆后向爆破面洒水，过2h再清理井底，按光面爆破要求打其他炮孔，装药爆破。

为了防止爆破诱发的井筒和井底工作面可能发生的岩爆伤人事故，在光面爆破起爆后2h内不得进行井底作业，在此期间为进一步释放围岩积聚的能量、降低井底温度和降尘，向爆破面喷水，洒水量以表面不积水为宜。

7.2.5.2 深部硬岩巷道与平硐开挖岩爆防治措施

在高应力区有岩爆倾向性的岩体中进行工程掘进时，必须进行岩爆防控。一方面，通过控制和调整巷道或平硐轴线方向使其与最大主应力方向一致或成较小夹角；另一方面，在不可避免巷道或平硐轴线方向与最大主应力方向交角较大甚至垂直时，则应注意巷道与平硐拱顶的岩体稳定性，加强围岩支护。

所以，建议金属矿山在巷道与平硐开挖时应实施如下岩爆防控措施：

(1) 巷道与平硐围岩高应力区的应力释放。即通过爆破应力接触等方法使高应力集中区向岩体深处转移，降低拱顶和侧帮局部的应力集中程度。爆破钻孔要深入高应力区中，进行内部爆破，以达到既降低应力集中程度，又不破坏巷道浅部围岩。巷道拱顶及巷道侧帮卸压设计如图7.13所示。

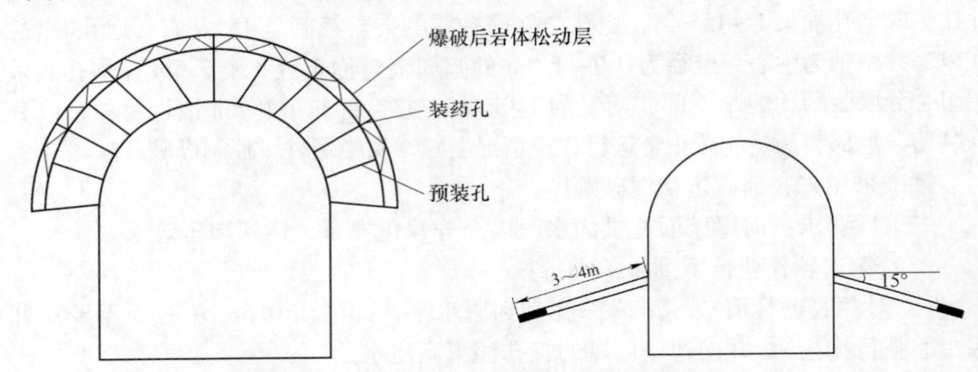

图7.13 巷道拱顶及巷道侧帮卸压图

拱顶爆破钻孔深度3～4m，在不方便深度钻进的情况下，可相对巷道拱顶垂直呈30°斜向内钻进，每钻孔装药500g左右。爆破后，还应沿拱顶径向进行锚杆支护，对有中等及强烈岩爆倾向性的区域，建议采用刚性锚杆与吸能锚杆联合支护。锚杆长度应超过爆破松动区，以达到锚固加强的效果，从而防止岩爆的发生和岩块的崩落。沿巷道纵向卸压，爆破间距可视卸压效果决定，一般0.5～1.5m。另外，巷道侧帮也要进行类似拱顶卸压孔的爆破卸压处理，装药量为钻孔长度的1/5～1/4。

(2) 以灵宝地区金矿深部开采为例，该区域地应力场主应力方向近东西走向，所以采矿运输巷道应设计为近东西走向，这对巷道拱顶的稳定有利，但仍不能排除岩爆灾害的危险性，需加强观察，尤其当巷道穿过断层区域。由于巷道轴线设计与主应力方向基本一致，因此掘进头位置将存在较大的岩爆危险，需要进行超前应力释放。应力释放仍可采用爆破卸压的方式。卸压钻孔可按与巷道轴线

15°～20°钻进，深4～5m，深部装药应不少于爆破孔深度的1/4，其余部分以黄土泥封孔，实现内部爆破，从而达到卸压效果。卸压钻孔个数可根据巷道断面面积确定。掘进头卸压设计如图7.14所示。

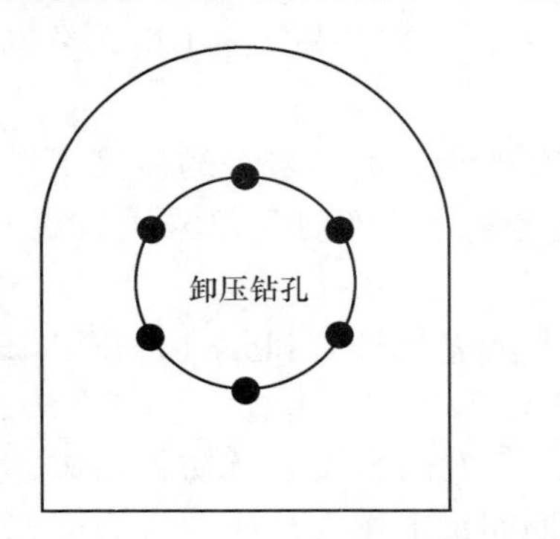

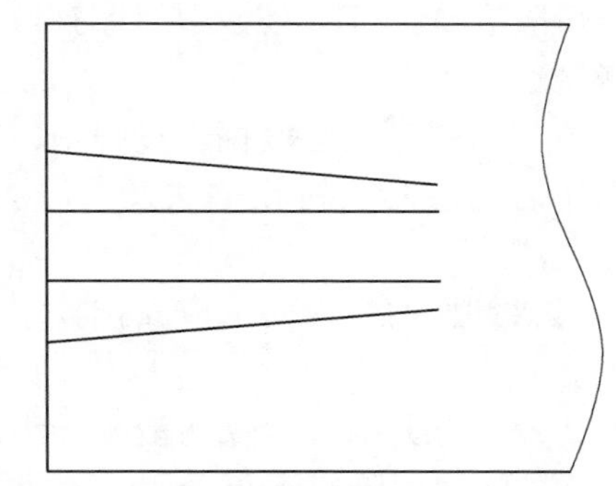

图7.14　掘进头卸压设计示意图

（3）在巷道及平硐掘进过程中，所有掘进爆破都应采用光面爆破技术，减少局部不平整带来的应力集中，降低岩爆的危险性。在巷道掘进过程中采用“短进尺，弱爆破”。缩短循环进尺，减少一次装药量。尤其巷道顶部应采用小药卷光面爆破措施，减少对围岩的爆破扰动，减少爆破动荷载的叠加，控制爆发裂隙的生成，以降低由于爆破诱发岩爆的频率和强度。

（4）在掘进爆破后应立即向工作面及其前方约15m范围内巷道周边喷洒高压水，以改变岩石表面物理力学性质，降低岩石脆性、增强塑性，从而释放能量，以达到消除或减弱岩爆危险性的目的。对于弱岩爆危险区域，应及时喷射混凝土支护，喷射厚度不应小于10cm，使围岩得到一定的侧压支护，防止岩爆的发生；对于有中等岩爆威胁的区域，应加铺钢筋网，再喷射混凝土；对于有强烈岩爆威胁的区域，应及时采用喷射混凝土＋吸能锚杆＋刚性锚杆＋钢筋网＋钢筋梁＋喷射混凝土的联合支护，防止岩爆灾害的发生。

（5）此外，由于岩爆在时间和空间上的不确定性，因此要安排巡视、警戒人员对岩爆段，特别是强烈岩爆段的围岩变化情况进行仔细观察，发现异常及时采取措施，撤离施工人员及设备，以保证安全。

7.2.5.3　岩爆潜在区域岩爆防控管理规程

基于大量的实验与理论分析成果，可见灵宝地区金矿深部开采具有岩爆倾向性，特别是在巷道与硐室掘进过程中存在发生严重岩爆危害的可能。所以，在此制定了有岩爆发生倾向的巷道与硐室掘进过程中岩爆防控的技术与管理规程，具体如下：

（1）成立专门的岩爆防控领导小组，对岩爆防控工作实行专项管理，任务与责任落实到个人。

(2) 实行副矿长、技术员和坑巷负责人的专人负责与指导协调制度，对有岩爆威胁井巷的施工队实行下发“岩爆潜在区域施工技术要求”签单制度。

(3) 加强岩爆防治知识的宣传和培训，除了对从事工作面生产与管理的人员进行岩爆防治知识和作业过程培训与考试外，矿级岩爆领导小组人员也要进行培训与考试。

(4) 在对岩爆危险区域掘进过程中，安排专人负责岩爆的监测工作。监测方法可采用岩层层芯“饼化”法及钻屑法等，有条件时建议采用微震监测法、声发射监测法等。

(5) 爆破卸压的技术要求应安排技术人员进行指导和验收，并记录实施情况和效果。

(6) 严格遵守并执行岩爆防治领导小组下发的岩爆区域防控措施，放炮后进入工作面的时间间隔应不小于2h。在此期间，工作人员应向放炮面充分洒水以消除烟尘，并湿润爆破后破碎岩石与岩体裂隙，达到浸水耗能的目的。同时还应加大放炮警戒的安全距离，其距离不小于150m。躲炮地点须宽敞，支护须完整和牢固。

(7) 由于岩爆在时间和空间上的不确定性，因此要安排巡视、警戒人员对岩爆段，特别是强烈岩爆段岩石的变化情况进行仔细观察，做好记录工作。

(8) 如生产和监测中心发现有异常情况，应立即停止生产，撤离作业面人员，并通知岩爆防治领导小组和技术人员到场，确定解危方案与技术措施。

7.3 一种深部硬岩环境开采岩爆防控措施的探讨

7.3.1 酸性化学溶液作用下花岗岩力学特性与参数损伤效应

岩石由矿物颗粒或晶体相互胶结聚集而成，内部存在微裂隙、矿物节理、粒间空隙、晶格缺陷等孔隙结构，其力学特性主要取决于岩石矿物成分、颗粒间联系及其内部孔隙结构。化学溶液可以削弱矿物颗粒间联系，改变岩石微观结构、物理状态及表征岩石特征的各项参数，致使岩石宏观力学特性不断劣化。本次研究基于不同流速的蒸馏水及酸性化学溶液侵蚀作用，开展了一系列岩石力学试验，以探索化学－渗流耦合作用下花岗岩的损伤破坏机理，探讨一种岩爆防控措施。

7.3.1.1 实验设计

A 岩石试件制备与化学溶液配置

本次试验岩石样本选用矿区深部赋存的花岗岩，如图7.15所示，共计加工圆柱（ϕ50mm×100mm）试件36个，圆盘（ϕ50mm×25mm）试件20个。为了掌握酸性水化学溶液对岩石的损伤效应，配置了4种水化学溶液（见表7.2）。

配置试验中化学溶液的用具如图 7.16 所示，试验中化学溶液的配制与标定步骤如下：

（1）用量筒量取一定量的浓盐酸，倒入 500mL 容量瓶中，加蒸馏水稀释到 500mL，盖上玻璃塞，摇匀。

表 7.2 试验配置的水化学溶液

溶液组分	浓度/mol · L^{-1}	pH 值
蒸馏水	—	7
NaCl	0.01	7
NaCl	0.01	4
NaCl	0.01	2

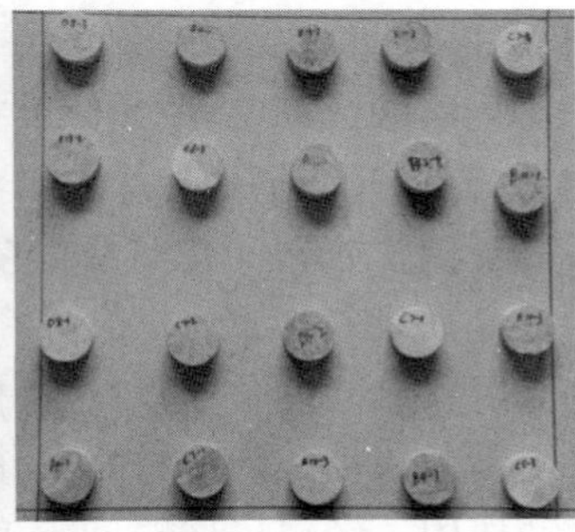

图 7.15 试验所用的花岗岩试件

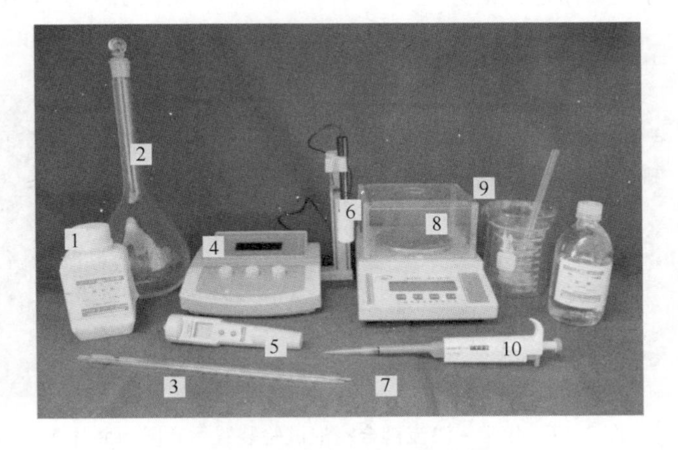

图 7.16 配置化学溶液所用的器材

1—固体 NaCl；2—容量瓶；3—移液刻管；4—pH 分析仪；5—pH 测试笔；
6—分析天平；7—移液枪；8—不同规格烧杯；9—玻璃棒；10—浓盐酸

（2）用电子天平准确称取基准物质0.11~0.14g无水碳酸钠3份，分别置于250mL烧杯中，加入20~30mL蒸馏水溶解后，各加入2滴甲基橙指示剂。

（3）分别用HCl滴定至溶液由黄色变为橙色，即为终点。根据所称取的碳酸钠固体的质量和滴定时所消耗的HCl溶液的体积，计算HCl标准溶液的浓度。

（4）将配置出的HCl标准溶液注入酸缸中，并根据HCl标准溶液的浓度，在酸缸中用蒸馏水稀释至表7.2中所需化学溶液的浓度。在稀释的同时，用电子天平称取适量的NaCl粉末，加入酸缸并充分搅拌。

B 化学－渗流耦合浸泡试验装置的研制

为了起到预防岩爆的效果，希望化学溶液在岩体裂隙间处于流动状态。化学溶液的流动不仅对岩体产生冲蚀溶解作用，而且溶液中某些离子通过与岩体中的矿物成分发生化学反应而腐蚀改造岩体及裂隙面，进而影响岩体的力学性质。而化学溶液的水压作用使岩体中的裂纹面和颗粒间的受力状态发生改变，加速了岩石裂纹的扩展，减小岩体中的有效应力或降低岩石的强度。

所以，针对化学溶液对岩石（体）的物理、化学、力学特性响应机制，需要构建一个化学场－渗流场－应力场耦合的实验环境。如图7.17所示，本次实验研制组装了一套模拟岩石受化学溶液溶解、渗流冲蚀作用的试验装置。

将花岗岩试件在事先配置好的化学溶液中进行一段时间的浸泡试验，近似模拟花岗岩与化学溶液之间的化学反应作用过程；借助水泵的动力作用，使化学溶液在试验容器中不断流动，形成一定的渗流水压力，来模拟化学溶液在花岗岩试件中的渗透流动作用；经过一段时间浸泡的试件经处理后在岩石力学试验机上进行试验，通过试验结果分析水化学溶液侵蚀作用后花岗岩的变形特征、物理力学参数劣化程度等，从而达到研究应力－化学－渗流多场耦合效应下花岗岩损伤效应的目的。

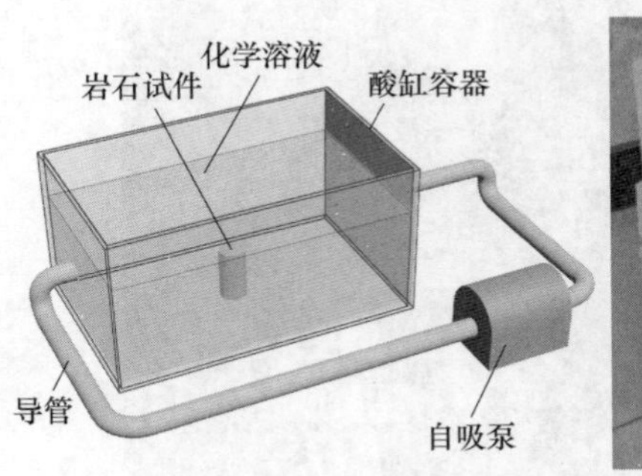

图7.17 化学－渗流耦合浸泡试验装置示意图与照片

图7.17中的试验装置由酸缸容器、增压自吸泵、导管组成。酸缸由聚氯乙烯合成材料制成，能耐强酸强碱，尺寸500mm×350mm×350mm，厚度

15mm。酸缸主体采用内外缸双层设计，外缸的最下面与最上面都设置了由专用粘合剂粘合的封条，长期使用不会漏液，保证试验的安全性。增压自吸泵吸程高、功效大，水泵压力可以通过水泵的功率设置进行调节，以实现化学溶液在酸缸内的自动循环，满足试验条件要求。自吸泵与导管也满足耐酸碱腐蚀的试验条件。

C 化学-渗流耦合浸泡试验

在浸泡试验前，对每个试件进行分组编号，并依次测定其尺寸、质量、孔隙度等指标，然后将试件分组置于已装有事先配制好的化学溶液的酸缸中。准备工作完成后，打开水泵电源，水流从酸缸一侧靠近底部的水中被抽出，流经水泵后通过导管重新返回容器中，实现重复循环流动。根据岩爆防控研究目的，通过水泵工作功率调节共设置三种试验流速环境：静水状态（$v=0$）、低循环水流速（$v=200\text{mm/s}$）和高循环水流速（$v=400\text{mm/s}$）。为了利于实现化学溶液的水循环，设定每个试件对应的化学浸泡溶液为2L。浸泡试验期间每隔一定的时间测定所有岩石试件的质量、弹性波波速等物理指标，并取样分析化学溶液的离子成分、pH值。浸泡60d后，取出试件并开展相应的力学试验。

7.3.1.2 单轴压缩试验及花岗岩力学特性

A 花岗岩单轴压缩变形特征分析

花岗岩圆柱试件按表7.2浸泡于不同流速的不同水化学溶液60d后，进行单轴压缩试验，获得的应力-应变曲线如图7.18（a）~（c）所示。结合岩石单轴压缩典型应力-应变曲线图7.18（d），得到不同水化学环境下花岗岩试件单轴压缩变形特征及其规律如下：

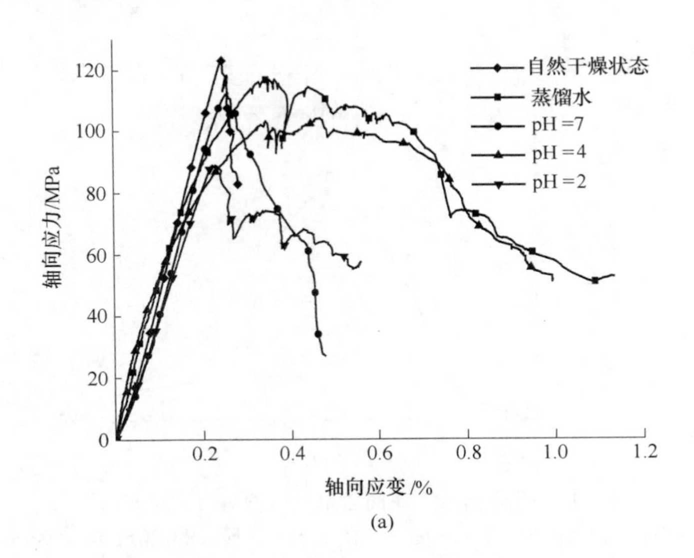

(a)

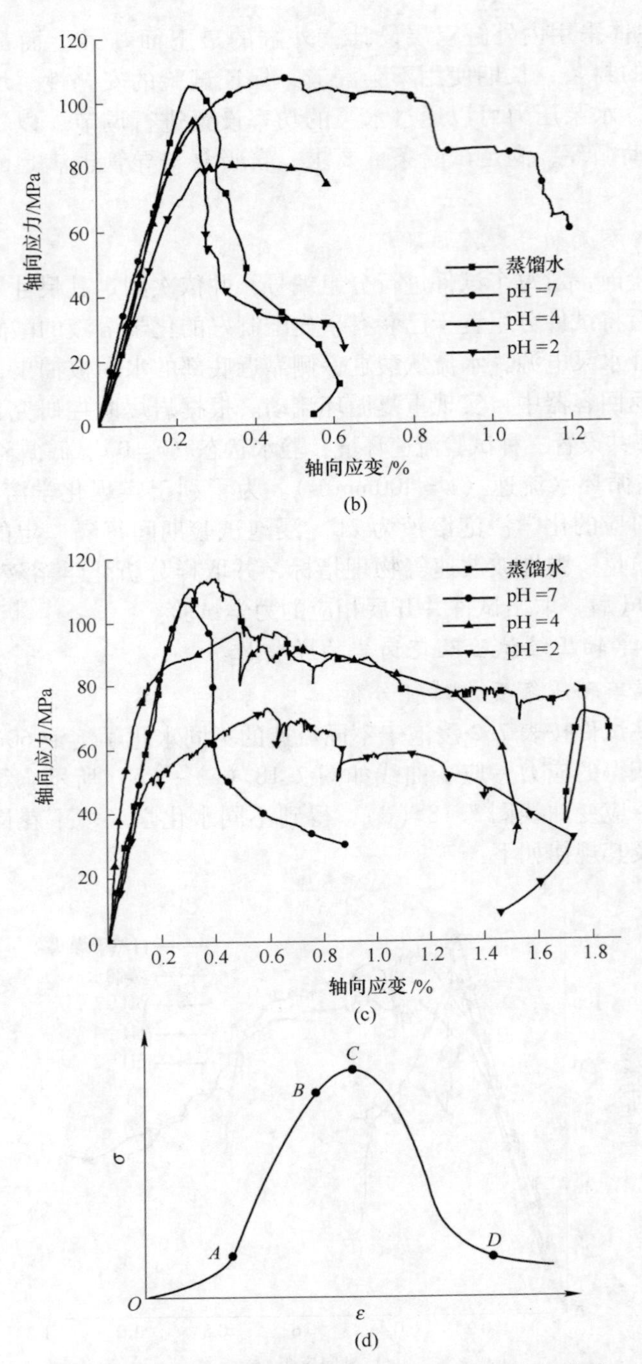

图 7.18 化学溶液下花岗岩单轴压缩应力－应变曲线

（a）自然干燥状态及不同水化学溶液（$v=0$）作用后；（b）不同水化学溶液（$v=200$mm/s）作用后；（c）不同水化学溶液（$v=400$mm/s）作用后；（d）岩石单轴压缩试验典型应力－应变曲线

（1）*OA* 段——初始裂隙压密阶段。水化学溶液作用后，随着荷载的增加，部分试件原有张开性结构面或微裂隙逐渐闭合，岩石被压密形成早期的非线性变形，$\sigma-\varepsilon$ 曲线呈现出较明显的下凹型，尤以 pH = 2 的 NaCl 溶液作用效果最为显著，$d\sigma/d\varepsilon$ 随应力增加而递增，$d^2\sigma/d\varepsilon^2>0$。说明化学溶液对岩石产生侵蚀与溶解，使孔隙增多或延长，初始裂隙压密阶段变长。该阶段的变形对于裂隙发育的岩石比较明显，而坚硬致密的岩石则不明显。

由图 7.18（a）可以发现，天然干燥条件下的花岗岩试件的压密阶段很短，整个压密过程比较短暂。说明试件比较致密，变形较早进入弹性变形阶段；在受到水化学作用后，花岗岩试件的压密阶段变得比较明显，大多经历了相对较长的下凹阶段后才进入弹性变形阶段。孔隙裂隙压密阶段的长度与试件裂隙发育的程度密切相关。化学溶液对花岗岩试件的侵蚀与溶解越大，引起的孔隙增加越显著，压密阶段越长。需要注意的是，由于花岗岩试件的非均质性以及化学侵蚀的选择性，也存在部分压密阶段不显著的试件。

（2）*AB* 段——弹性变形至微弹性裂隙稳定发展阶段。在该阶段中 $d\sigma/d\varepsilon=k$（k 为常数，弹性模量），$d^2\sigma/d\varepsilon^2=0$，$\sigma-\varepsilon$ 曲线近似为直线，k 也反映了直线段的斜率。水化学溶液作用后，花岗岩试件在该阶段的曲线斜率发生了不同程度的降低，说明花岗岩受化学溶液作用软化，弹性模量变小。

（3）*BC* 段——非稳定破裂发展阶段。微裂隙发生、发展、贯通阶段或微破裂稳定发展阶段，$d\sigma/d\varepsilon$ 随应力增加而递减，$d^2\sigma/d\varepsilon^2<0$。自然干燥状态下花岗岩试件的应力－应变曲线在峰值前基本为一直线，没有明显的屈服阶段，但是有比较明显的峰值点。水化学溶液作用后，当应力达到一定值后，部分花岗岩试件应力－应变曲线开始向下弯曲，屈服特征明显；而峰值强度随溶液 pH 值减小及循环水流速增大而降低，其中花岗岩在流速 $v=400$mm/s、pH = 2 的 NaCl 溶液中作用 60d 后，单轴压缩峰值强度较自然干燥状态降幅最大，达 41.38%。该阶段与岩石受化学溶液侵蚀前后的微观结构变化以及岩石的软化程度有关。

（4）*CD* 段——破裂后阶段。自然干燥状态下的花岗岩破坏具有明显的脆性特征，试件在加载过程中出现突然破坏，同时伴有响亮的破裂声。从自然干燥状态下花岗岩的应力－应变曲线可以发现，达到峰值后曲线快速向下发展，有比较大的应力降；峰值后的曲线在经历短暂的阶梯状下降后，应力迅速跌落至 0 附近，破坏方式呈现为非稳定的脆性破坏。水化学溶液作用后，岩石有所软化，其破坏时的脆性有所减弱，试件在峰值点后仍有较大变形发展，说明化学溶液作用下花岗岩有由脆性向延性转变的趋势。

另外，由于试验花岗岩的自然属性差异、试件的非均质性以及受化学侵蚀的选择性，使岩石受化学溶液侵蚀后的微观结构变化及腐蚀软化程度略有不同，导致部分试件在水化学溶液作用后的力学表征不尽相同。

B 水化学溶液对花岗岩 E、μ 的影响

弹性模量 E 与泊松比 μ 是表征岩石力学变形特性的重要参数之一，通常有两种测定方法：

（1）割线弹性模量与泊松比：

$$\left.\begin{aligned} E &= \sigma_{c(50\%)}/\varepsilon_{h(50\%)} \\ \mu &= \varepsilon_{d(50\%)}/\varepsilon_{h(50\%)} \end{aligned}\right\} \tag{7.1}$$

式中 $\sigma_{c(50\%)}$——试件抗压强度的 50%，MPa；

$\varepsilon_{h(50\%)}$，$\varepsilon_{d(50\%)}$——分别为 $\sigma_{c(50\%)}$ 时对应的轴向和径向应变。

（2）平均弹性模量与泊松比：

$$\left.\begin{aligned} E &= (\sigma_B - \sigma_A)/(\varepsilon_{hB} - \varepsilon_{hA}) \\ \mu &= (\varepsilon_{dB} - \varepsilon_{dA})/(\varepsilon_{hB} - \varepsilon_{hA}) \end{aligned}\right\} \tag{7.2}$$

式中 σ_A，σ_B——分别为应力－应变曲线近似直线部分起点 A 与终点 B 的应力值，MPa；

ε_{hA}，ε_{dA}，ε_{hB}，ε_{dB}——分别为 A 点与 B 点对应的轴向与径向应变。

平均弹性模量受试验条件影响较小，能较准确地反应水化学溶液作用对花岗岩变形特征的影响。根据式（7.2），计算出各个花岗岩试件的平均弹性模量（见图 7.19）和泊松比（见图 7.20）。

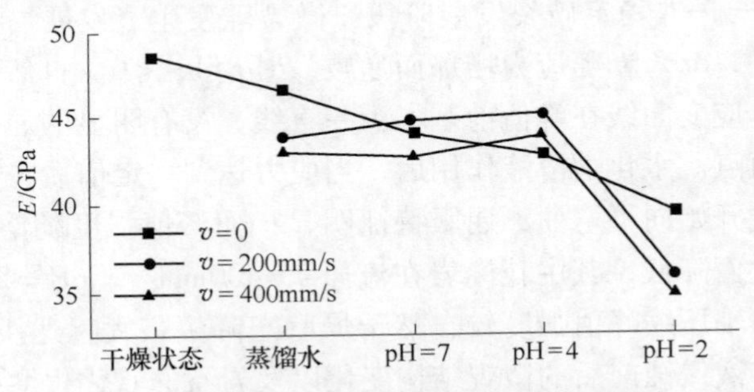

图 7.19 化学溶液对花岗岩弹性模量的影响

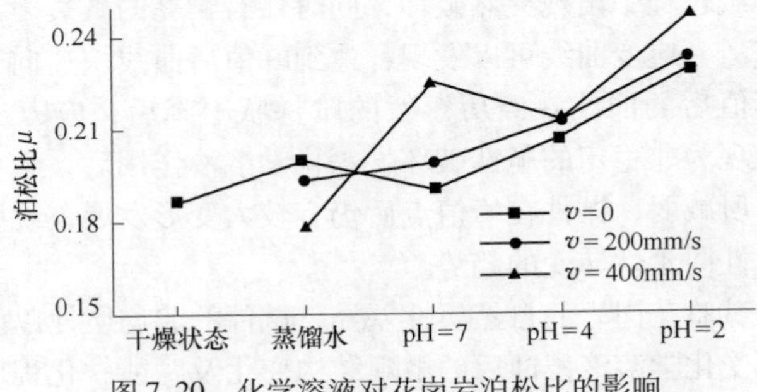

图 7.20 化学溶液对花岗岩泊松比的影响

由图7.18和图7.19可知，水化学溶液作用后，花岗岩试件在近似直线段的变形量普遍增大，即弹性模量降低；而花岗岩在流速 $v=400\text{mm/s}$、pH = 2 的 NaCl 溶液中浸泡 60d 后，弹性模量较自然干燥状态降幅最大，达 27.98%。虽然岩石的非均质性及化学腐蚀的差异性导致部分试件的强度及变形存在离散性，但仍然可以看出：花岗岩的弹性模量对化学溶液的 pH 值很敏感，随着 pH 值的减小而降低；而当化学溶液成分、pH 值相同时，循环水流速越大，花岗岩的弹性模量越小。

由图7.20可知，花岗岩的泊松比对水化学环境也比较敏感，化学溶液作用后，试件的泊松比出现了不同程度的增大；在流速 $v=400\text{mm/s}$、pH = 2 的 NaCl 溶液中浸泡 60d 后，花岗岩的泊松比较自然干燥状态下增大了 32.25%。

7.3.1.3 三轴压缩试验及花岗岩力学特性

A 花岗岩三轴压缩力学特性分析

花岗岩圆柱试件按表7.2静水浸泡于不同水化学溶液 60d 后，进行三轴压缩试验。围压分别设为 5MPa、10MPa、20MPa、30MPa，获得的应力－应变曲线如图7.21所示。

由图可见，花岗岩的三轴峰值抗压强度随围压的增大而显著提高，但水化学溶液的影响使这一增幅变小。经不同水化学溶液浸泡后的花岗岩试件出现不同程度的软化，当围压一定时，化学溶液的 pH 值对试件峰值抗压强度影响较大，在 pH = 2 的 NaCl 溶液浸泡 60d 后，花岗岩峰值强度降幅最大，较自然干燥状态分别下降了 31.4%、39.9%、31.2%和 27.8%。

单轴压缩试验下花岗岩的弹性模量随浸泡溶液 pH 值减小而降低，但围压能使岩石试件初始裂隙闭合，弹性模量变大；所以，不同的围压、水化学溶液作用下花岗岩的三轴压缩应力－应变曲线斜率（≈弹性模量）大小呈现离散性，要掌握其规律还需要进行大量而具体的试验研究。

B 水化学溶液对花岗岩 c、φ 值的影响

化学溶液与岩石间的化学反应会使岩石强度参数弱化，而黏聚力 c 与内摩擦角 φ 是岩石最具代表性的强度参数。试验获得了不同水化学环境下花岗岩三轴压缩峰值强度与围压的拟合曲线。

如图7.22所示，花岗岩试件的三轴压缩峰值强度与围压呈良好的线性关系，符合摩尔－库仑强度准则。按式（7.3）、式（7.4）可以计算出花岗岩在水化学溶液作用前后的黏聚力与内摩擦角，结果如图7.22所示。

$$\varphi = \arcsin\frac{k-1}{k+1} \tag{7.3}$$

$$c = \frac{b(1-\sin\varphi)}{2\cos\varphi} \tag{7.4}$$

式中 φ——岩石的内摩擦角，(°)；

c——岩石的黏聚力，MPa；

k，b——分别为三轴压缩峰值强度与围压拟合直线的斜率及与纵坐标的应力截距。

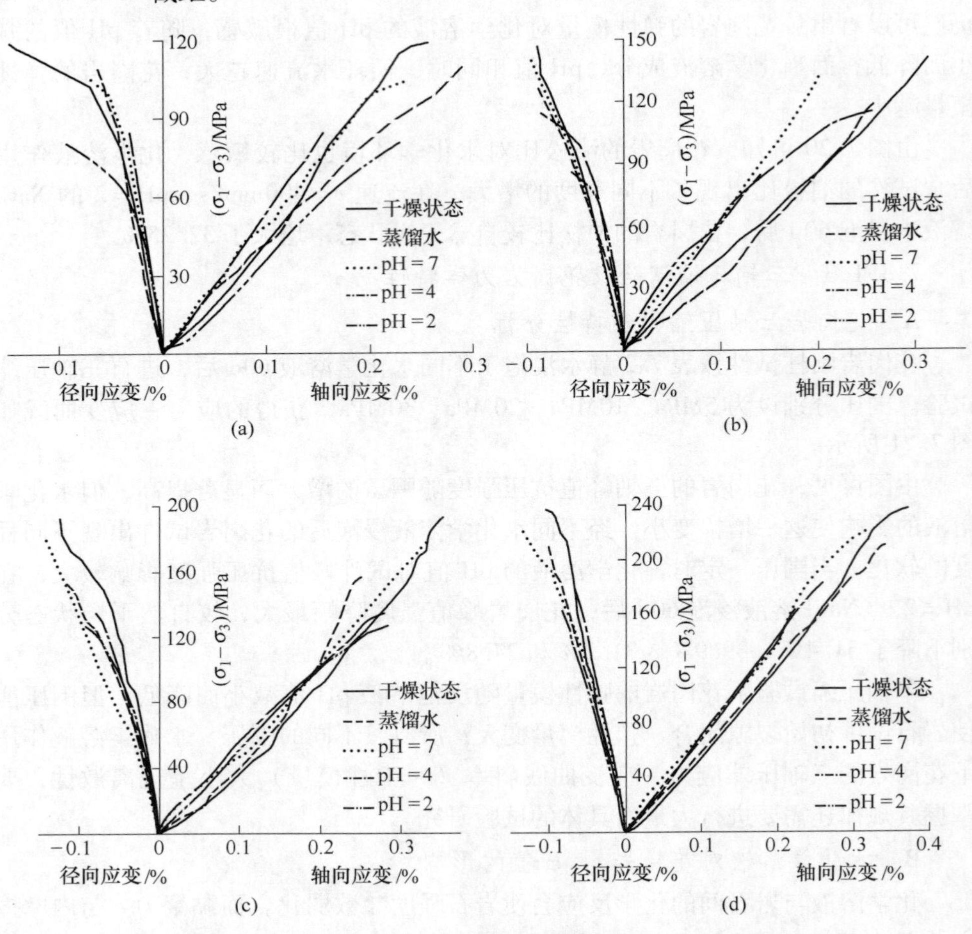

图 7.21 水化学溶液浸泡后花岗岩三轴压缩应力－应变曲线

（a）围压 $\sigma_3=5$MPa；（b）围压 $\sigma_3=10$MPa；（c）围压 $\sigma_3=20$MPa；（d）围压 $\sigma_3=30$MPa

由图 7.23 可知，经过水化学溶液浸泡 60d 后，花岗岩试件的黏聚力出现了不同幅度的衰减，其中 pH＝2 的 NaCl 溶液浸泡后的花岗岩黏聚力较自然干燥状态衰减幅度最大，达 34.16%，说明水化学作用对花岗岩黏聚力影响显著。与黏聚力相比，化学溶液对内摩擦角作用不明显，虽然 pH＝2 与 pH＝4 的 NaCl 溶液浸泡后的花岗岩内摩擦角较自然干燥状态下降幅度约为 10.9% 与 10.6%，但较蒸馏水浸泡后试件几乎无衰减。由此可见，花岗岩黏聚力对水化学溶液的敏感度要远大于内摩擦角对水化学溶液的敏感度；可以认为黏聚力受岩石裂隙结构影响较大，而内摩擦角的变化主要与岩石的含水量有关，对岩石裂隙结构不很敏感。

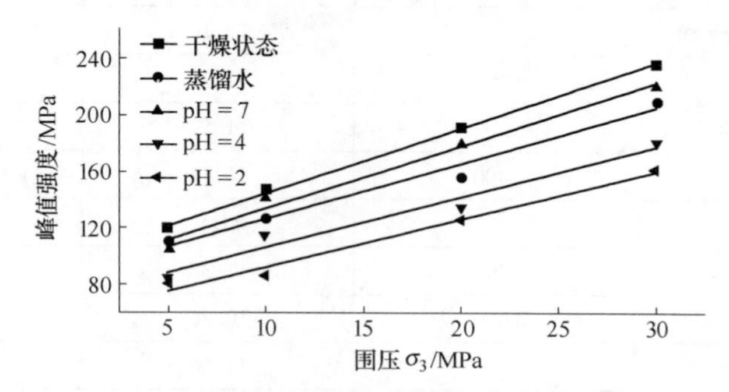

图 7.22 水化学溶液作用后花岗岩试件三轴压缩峰值强度

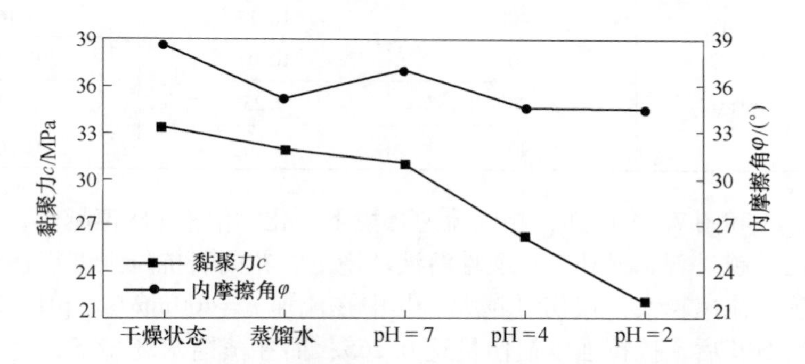

图 7.23 不同水化学溶液作用后花岗岩的黏聚力和内摩擦角

7.3.1.4 劈裂试验及花岗岩力学特性

花岗岩圆盘试件按表 7.2 浸泡于不同流速的不同水化学溶液 60d 后，进行劈裂试验，试验设计工况（每个工况制备 3 个试件）及不同水化学环境下花岗岩抗拉强度见表 7.3。

由表 7.3 可知，水化学溶液作用后，花岗岩试件抗拉强度呈不同程度的降低。为了研究水化学溶液作用对花岗岩抗拉强度的影响程度，在此定义水化学作用下岩石抗拉强度损伤量 D_t，见式（7.5）：

$$D_t = 1 - \sigma_{t(t)} / \sigma_{t(0)} \tag{7.5}$$

式中 D_t——水化学溶液作用 t 时间后的岩石抗拉强度损伤量；

$\sigma_{t(t)}$——水化学溶液作用 t 时间后的岩石抗拉强度，MPa；

$\sigma_{t(0)}$——岩石抗拉强度的无损伤初始值，MPa。

将花岗岩试件在自然干燥状态下的平均抗拉强度 12.16MPa 作为无损伤初始值，计算得到不同流速的不同水化学溶液作用 60d 后，花岗岩抗拉强度损伤量及其变化趋势，见表 7.3 与图 7.24。

表 7.3 不同水化学溶液作用下花岗岩抗拉强度

编号	水化学环境	溶液流速 /mm · s^{-1}	平均抗拉强度 /MPa	强度损伤量 D_t
1	自然干燥	—	12.16	0
2	蒸馏水	0	11.71	0.037
3		200	11.52	0.053
4		400	11.82	0.028
5	pH = 7	0	11.9	0.021
6		200	11.38	0.064
7		400	10.86	0.107
8	pH = 4	0	11.06	0.090
9		200	10.49	0.137
10		400	10.17	0.164
11	pH = 2	0	10.04	0.174
12		200	9.25	0.239
13		400	8.94	0.265

由表 7.3 和图 7.24 可知：相同流速环境下，化学溶液 pH 值越小，花岗岩抗拉强度损伤量越显著。另外，在酸性溶液环境下，花岗岩抗拉强度损伤量对流速也较为敏感，流速越大，损伤量越大。其中在流速 $v = 400$mm/s、pH = 2 的 NaCl 溶液中浸泡 60d 后，抗拉强度损伤量达 0.265；而在蒸馏水环境下，这一趋势不

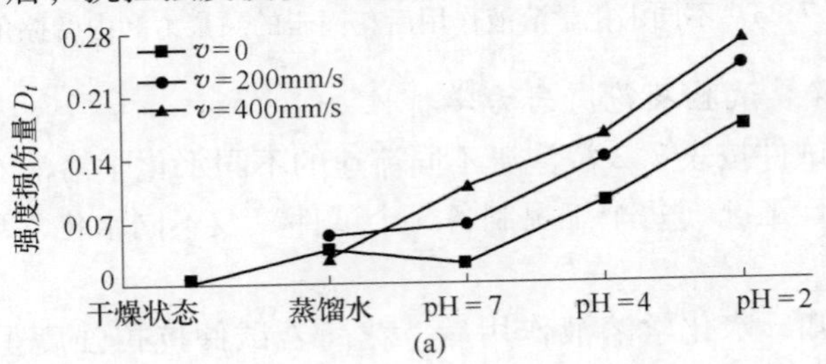

(a)

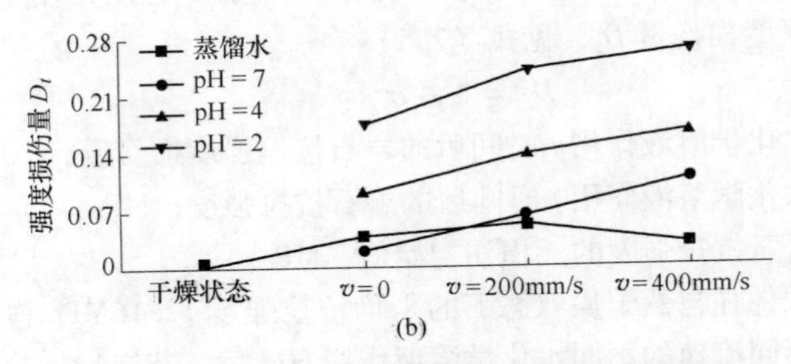

(b)

图 7.24 水化学作用下花岗岩抗拉强度损伤量变化趋势

(a) 不同水化学溶液浸泡环境；(b) 不同流速环境

明显。这说明酸性溶液中的 H^+ 离子通过花岗岩的孔隙结构渗入试件内部，与部分矿物组分发生反应，形成新裂隙，或使其原本存在的微裂隙发育、扩展甚至贯通，致使岩石强度降低。整体来看，化学作用致使花岗岩抗拉强度损伤的程度大于流速作用的影响。

7.3.2 酸性化学溶液作用下花岗岩损伤时效特征与机理

化学溶液流动过程中，一方面对岩石产生润滑、软化、泥化、结合水强化及冲刷运移等物理作用；另一方面又不断地与岩石发生溶解、水解、离子交换、氧化还原等化学反应，致使围岩体矿物组分、微细观结构及物理属性等发生变化，进而改变其宏观力学特性。这一过程主要取决于水化学溶液的化学属性与成分、温度和流速环境，以及岩石的矿物组分、节理裂隙发育状况、亲水性及渗透性等，已有研究显示“水岩相互作用”还具有强烈的时间效应。所以本次实验，在不同浸泡时间节点对不同酸性溶液作用下花岗岩试件的质量、弹性纵波波速及溶液的 pH 值等进行测定，并对浸泡后溶液化学组分与浓度进行离子色谱检测，分析花岗岩与酸性化学溶液相互作用的损伤时效特征。

7.3.2.1 酸性化学溶液作用后花岗岩形貌及孔隙率变化特征

A 化学侵蚀后花岗岩表观形貌特征

如图 7.25 所示，浸泡前，花岗岩试件表面平整光滑，在 pH = 7 的 NaCl 溶液浸泡 60d 后，表观形貌基本未发生改变；在 pH = 4 的 NaCl 溶液浸泡后，腐蚀特征已较为明显。经 pH = 2 的 NaCl 溶液浸泡后，试件表面颗粒变得更加粗糙，原有微裂纹扩展、延伸、贯通；而有些浸泡前致密、无裂隙发育的试件，浸泡后，表面也出现了明显的裂纹或较大面积的剥落与溶蚀。另外，个别裂隙或潜在裂隙比较发育的试件，在酸性溶液长时间浸泡过程中裂隙逐渐增大并发生崩解。对比不同酸性化学溶液作用后试件可以发现，花岗岩的腐蚀程度主要受其所处酸性化学溶液 pH 值控制，pH 值越低，腐蚀程度愈明显，而溶液流速并非主要影响因素。

另外，即使在相同酸性化学环境下，花岗岩的腐蚀效果也存在着明显的差异性与不均匀性。这是因为花岗岩由多种矿物组成，不同矿物与化学溶液发生物理化学反应的机理、方式与结果各不相同，这就造成了化学溶液对花岗岩腐蚀效应的选择差异性；而化学腐蚀降低了花岗岩的连续性与完整性，加剧了非均质性与各向异性，若试件中有微裂隙存在，这种作用效果就更为显著。

B 化学侵蚀后花岗岩微观结构变化

花岗岩宏观形貌变化与其微观结构的改变密不可分，为了研究酸性化学溶液对花岗岩微观结构的影响，采用 QUANTA 200F 场发射环境扫描电子显微镜（图 7.26）对水化学溶液作用前后试件表面矿物、缺陷形态及孔隙结构等进行对比分析，并利用电子能谱分析技术对孔隙周围矿物元素含量变化进行测试，结果如图7.27、图7.28所示。

化学溶液作用环境	浸泡前	作用60d后	浸泡前	作用60d后
0.01mol/L NaCl 溶液 pH=2		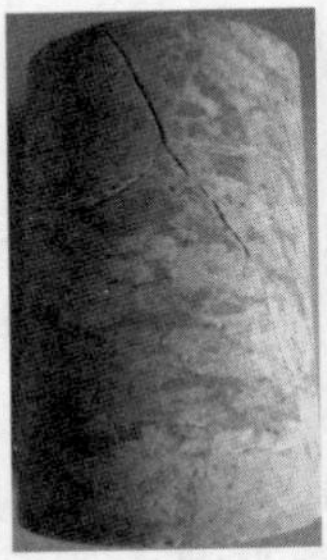		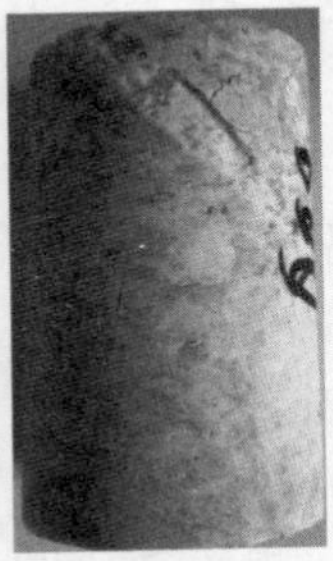

0.01mol/L NaCl 溶液 pH=4				
0.01mol/L NaCl 溶液 pH=7 及蒸馏水				

图 7.25 酸性化学溶液浸泡后花岗岩试件表观形貌特征

图 7.26 QUANTA 200F 场发射型扫描电子显微镜

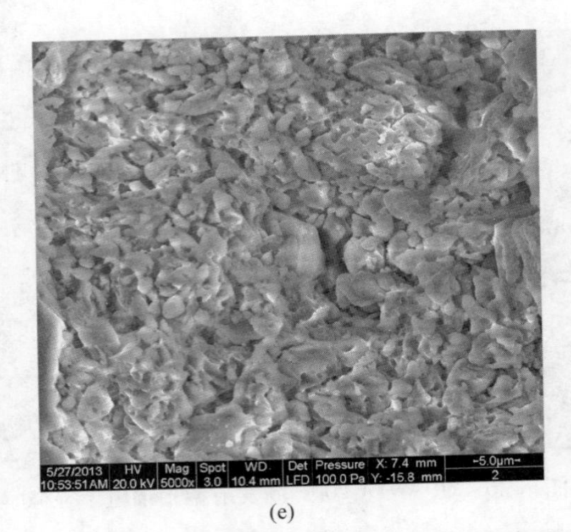

(e)

图 7.27 水及酸性化学溶液浸泡前后花岗岩表面电镜扫描图

(a) 原始花岗岩试件；(b) 蒸馏水浸泡 60d 后；(c) 0.01mol/L NaCl 溶液（pH =7）浸泡 60d 后；(d) 0.01mol/L NaCl 溶液（pH =2）浸泡 60d 后；(e) 0.01mol/L NaCl 溶液（pH =4）浸泡 60d 后

如图 7.27 所示，花岗岩经不同化学溶液作用后，出现了不同程度的腐蚀痕迹，微观形貌发生一定的变化，且不同化学溶液对花岗岩的化学腐蚀程度也存在较大的差异。水及酸性化学溶液作用前，花岗岩表面结构致密，孔隙不明显，晶体形状较规则，矿物解理形状清晰，棱角分明，断口特征明显，矿物晶体颗粒间具有广泛的胶结面，连续性较好。

在蒸馏水和 pH =7 的 NaCl 溶液作用下，矿物颗粒棱角变得圆滑或消失，偶见规则状晶体颗粒，局部产生了少量小颗粒物质，试件表面结构较致密，次生孔隙不明显，溶蚀效果较明显。经 pH =4 的 NaCl 溶液浸泡后，花岗岩表面结构变得比较松散，且有次生孔隙发育；在 pH =2 的 NaCl 溶液作用下，花岗岩化学腐蚀程度加剧，表面结构松散，许多晶面上出现溶蚀小孔洞，呈蜂窝状结构，矿物之间已无胶结，生成大量粒径较小的颗粒状物质，晶体由大颗粒转变为碎屑状小颗粒，具有规则形状的晶体颗粒已不复存在，同时产生许多次生孔隙。

如图 7.28 所示，电子能谱分析每次仅局限于一个微观区域（十字指针所在位置），而岩石是多种矿物的集合体，属非均质材料，单一点的分析结果具有很大的随机性，为了减小这种误差，在试件不同位置做多次能谱分析，对主要元素的质量和原子数含量取平均值（见表 7.4）。可以看出，由于花岗岩的吸附作用，经 NaCl 溶液浸泡后试件中 Cl 元素和 Na 元素的含量有一定程度的增加；在 pH =4 和 pH =2 的酸性 NaCl 溶液作用下，花岗岩中 Al、K、Ca 等元素的含量整体上有所下降；这主要是因为花岗岩部分矿物与酸性溶液 H^+ 发生化学反应，导致了该部分元素溶解而迁移出岩石；而若不考虑分析结果的随机性，经蒸馏水和 pH =7 的 NaCl 溶液浸泡后，各主要元素的含量整体上变化不大（数据差异由样本非均质性所致）。

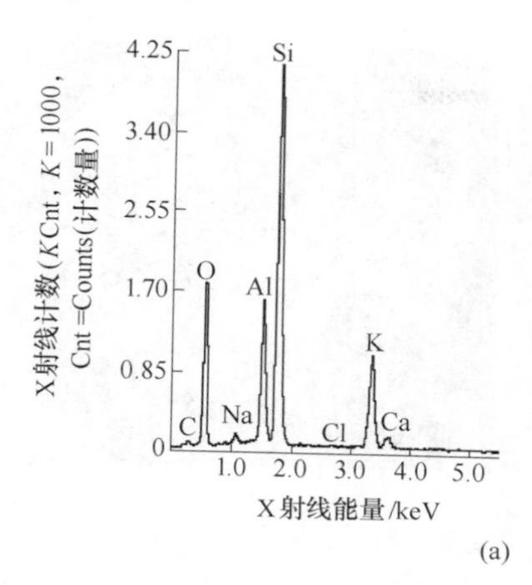

X射线计数(KCnt，K=1000，Cnt=Counts(计数量))
X射线能量/keV
Si
O
Al
K
C
Na
Cl
Ca

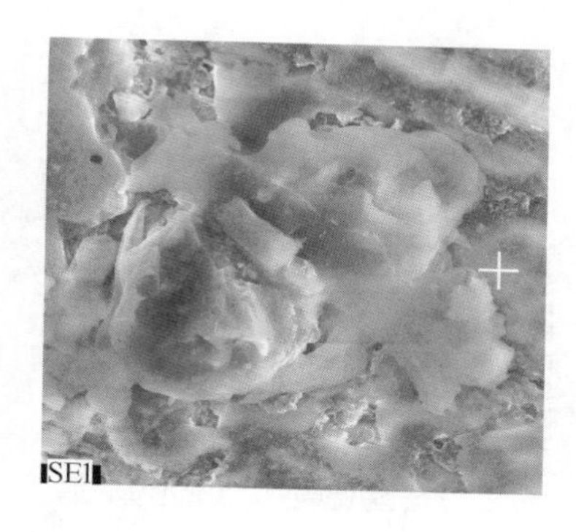

SE1

(a)

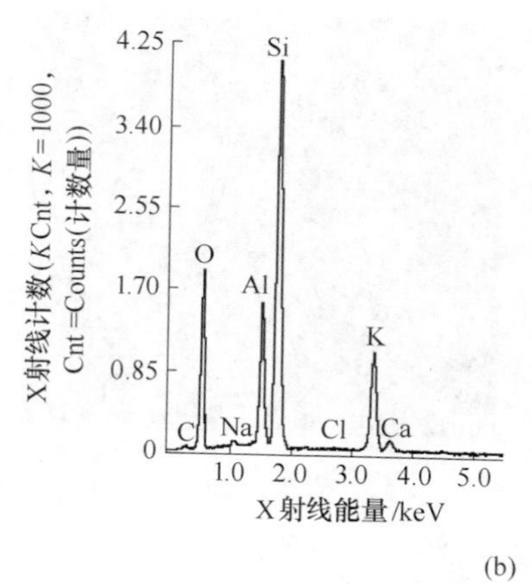

X射线计数(KCnt，K=1000，Cnt=Counts(计数量))
X射线能量/keV
Si
O
Al
K
C
Na
Cl
Ca

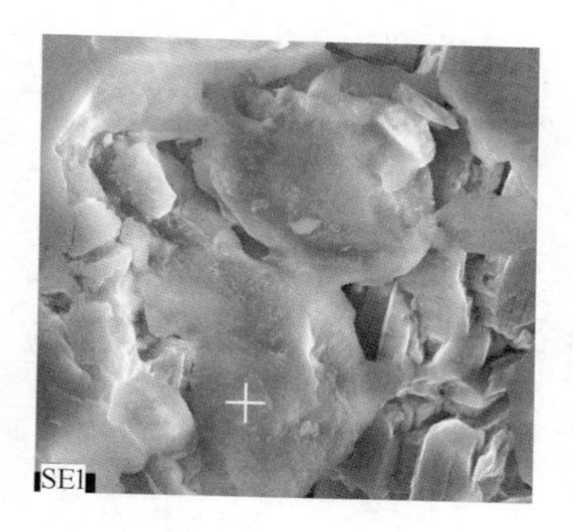

SE1

(b)

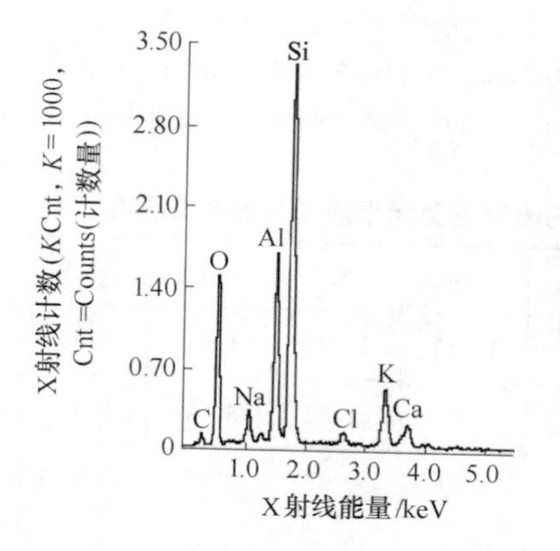

X射线计数(KCnt，K=1000，Cnt=Counts(计数量))
X射线能量/keV
Si
O
Al
K
C
Na
Cl
Ca

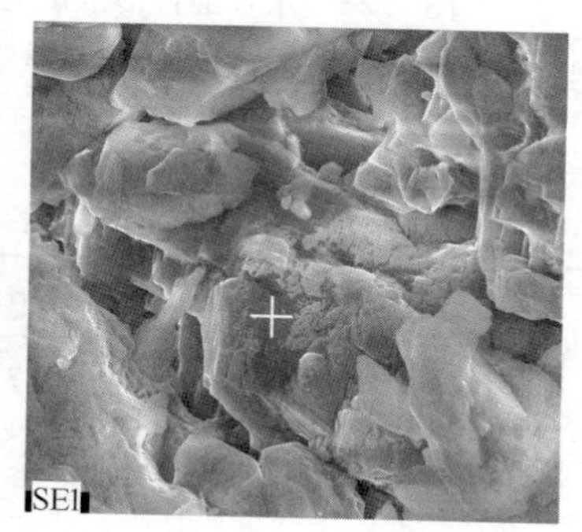

SE1

(c)

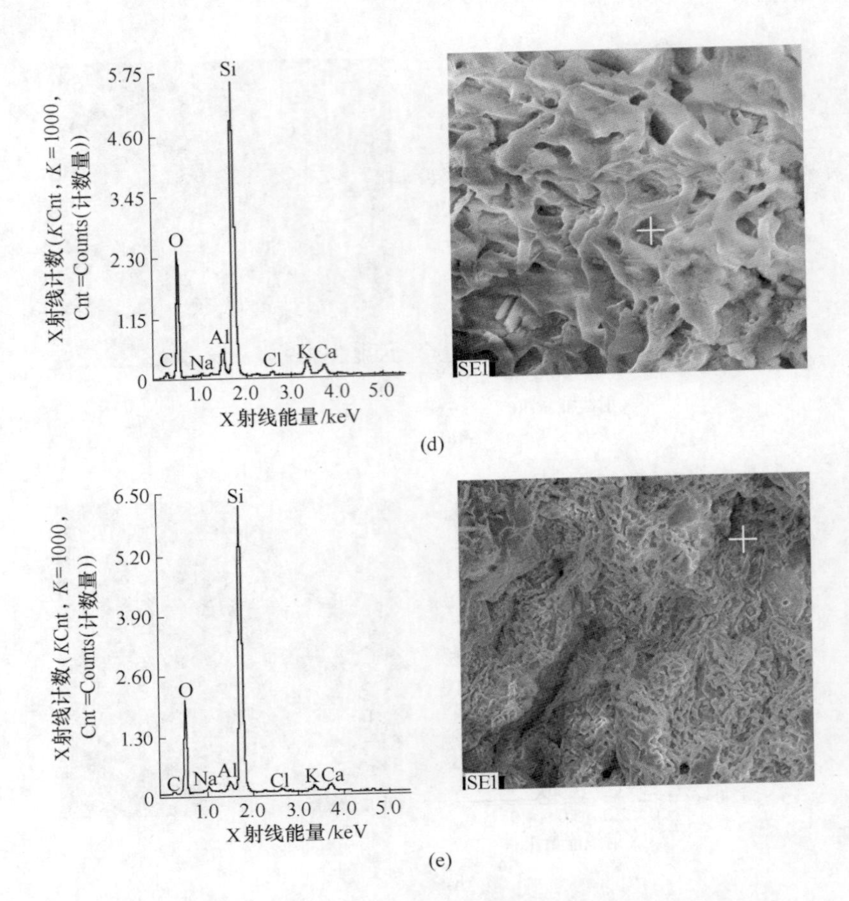

(d)

(e)

图 7.28 水及酸性溶液浸泡前后花岗岩电子能谱分析结果

(a) 自然干燥状态下；(b) 蒸馏水浸泡 60d 后；(c) pH =7 的 NaCl 溶液浸泡 60d 后；(d) pH =4 的 NaCl 溶液浸泡 60d 后；(e) pH =2 的 NaCl 溶液浸泡 60d 后

表 7.4 水化学溶液浸泡前后花岗岩主要元素质量与原子数含量

元素		C	O	Na	Al	Si	Cl	K	Ca
质量含量/%	Ⅰ	9.16	35.79	3.17	12.13	28.99	1.24	6.61	2.91
	Ⅱ	14.27	32.06	4.22	9.88	21.52	3.64	9.26	4.23
	Ⅲ	7.78	38.50	3.60	9.22	30.33	2.75	5.13	2.55
	Ⅳ	4.80	42.14	5.02	13.55	19.28	2.56	6.61	1.65
	Ⅴ	15.23	32.22	3.05	3.56	34.35	4.94	4.29	0.88

续表 7.4

元　素		C	O	Na	Al	Si	Cl	K	Ca
原子数含量/%	Ⅰ	15.58	45.69	2.81	9.18	21.08	0.72	3.45	1.48
	Ⅱ	18.93	40.71	3.65	5.86	16.09	1.08	5.18	2.10
	Ⅲ	12.25	48.51	3.27	6.88	23.36	1.66	3.24	1.19
	Ⅳ	10.09	50.10	4.22	10.39	14.78	2.00	3.45	0.88
	Ⅴ	20.58	41.96	2.73	2.60	25.18	2.73	2.67	0.51

注：Ⅰ、Ⅱ、Ⅲ、Ⅳ、Ⅴ分别代表自然干燥状态、蒸馏水及 pH = 7、4、2 的 NaCl 溶液浸泡 60d 后的状态。

C　酸性化学溶液对花岗岩孔隙率的影响

在水解、溶蚀作用下，化学溶液将活性矿物运移出岩石，内部形成溶洞及溶蚀裂隙，岩石孔隙率增大，影响其渗透特性与孔隙压力，进而改变岩石的物理力学性质。酸性化学溶液作用下，花岗岩次生孔隙增加，比表面积加大，整体结构变得松散，这种岩石的水化学损伤效应，在微观上体现为矿物溶蚀的化学动力学过程，宏观上表现为岩石孔隙率随时间的变化。本次试验按照比重瓶法测定水及不同酸性化学溶液作用下花岗岩试件的孔隙率，每个状态测量三个试件，结果如图 7.29 所示。

$$n = \frac{\rho_p - \rho_d}{\rho_p} \times 100\% \tag{7.6}$$

式中　n——孔隙率；

ρ_d——岩石的干燥密度；

ρ_p——岩石的颗粒密度。

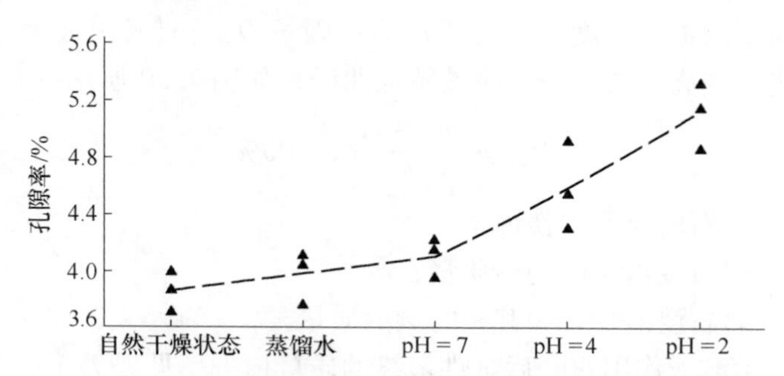

图 7.29　水及不同酸性化学溶液作用下花岗岩试件的孔隙率

由图 7.29 可知，花岗岩的孔隙率随酸性化学溶液 pH 值的降低逐渐增大，经 pH = 2 的 NaCl 溶液浸泡后，花岗岩的孔隙率较自然干燥状态增加了 32.6%。此外，经酸性化学溶液浸泡后，花岗岩试件孔隙率测量结果的离散性较自然干燥状况及 pH =7 的水化学溶液也更为显著，除了岩石自身的非均质性外，化学作用对岩石的选择差异性也是导致这种离散性的重要原因。

7.3.2.2 酸性化学溶液作用下花岗岩损伤过程的时效特征

A 试验方案

浸泡试验初期，花岗岩与酸性化学溶液反应较剧烈，试件中活性矿物被溶蚀并产生大量气泡，而后化学反应程度随时间逐渐降低，最终趋于平衡。为了研究化学－渗流耦合作用对花岗岩物理指标的影响机制及时效特征，浸泡期间设置多个时间节点对试件的质量、弹性波纵波波速及化学溶液的 pH 值进行测定，浸泡结束后对化学溶液取样并进行离子色谱分析，测定其离子成分及浓度。

在化学溶液的浸泡试验过程中，发现花岗岩与化学溶液的反应在浸泡初期比较明显，花岗岩中活性矿物因被溶蚀而产生大量的气泡。化学反应的剧烈程度随着时间而逐步降低，最终岩石与化学溶液之间的反应趋于平衡。因此，在浸泡试验的初期，选取较短的时间间隔对花岗岩试件、化学溶液进行测定。当浸泡时间为 0.5d、1d、2d、3d、5d、10d、15d、25d、40d 及 60d 时，对花岗岩试件的质量及化学溶液 pH 值进行测定。浸泡时间为 0.5d、1d、2d、3d、5d、10d、15d、30d、60d 时对花岗岩试件进行弹性波纵波波速的测定。浸泡试验结束后，对各组化学溶液进行取样并进行离子色谱定量分析测试，测定浸泡后化学溶液的离子成分及浓度。

B 花岗岩质量损伤时效特征

为了保证试件质量测定状态的一致性，减少随机误差，将化学－渗流耦合浸泡试验装置中“酸缸”的内缸及缸内试件同时取出，置于室内通风环境 30min 后，对每组试件进行质量测定，而第 60d 待试件烘干处理后进行质量测定。结果显示，经水及不同酸性化学溶液浸泡后，试件质量出现了不同程度的降低。为了表征花岗岩质量的损伤程度，定义质量损伤因子 D_{mt}，计算并绘制水及不同酸性化学溶液环境下花岗岩质量损伤时效特征曲线，如图 7.30 所示。

$$D_{mt} = \frac{m_0 - m_t}{m_0} \times 100\% \tag{7.7}$$

式中 D_{mt}——岩石的质量损伤因子；

m_0——岩石浸泡前的初始质量；

m_t——岩石浸泡过程中某一时刻的质量。

而经水化学溶液作用 60d 后试件最终的质量损失率见表 7.5。

化学溶液作用下岩石质量的变化具有非常显著的时效性，浸泡时间小于 5d 时，花岗岩试件质量明显下降，尤其以 24h 内的质量降幅最为明显，该时间内岩石质量的损伤量约占最终损失量的 50% ~70%。在浸泡 1 ~5d 的时间段内，质量的降幅逐渐缩小。当浸泡时间大于 5d 时，岩石的质量值基本趋于稳定。此外，经过烘干处理去除水分后，浸泡60d后测定的试件质量较之前一次的测定有一定幅度的降低。

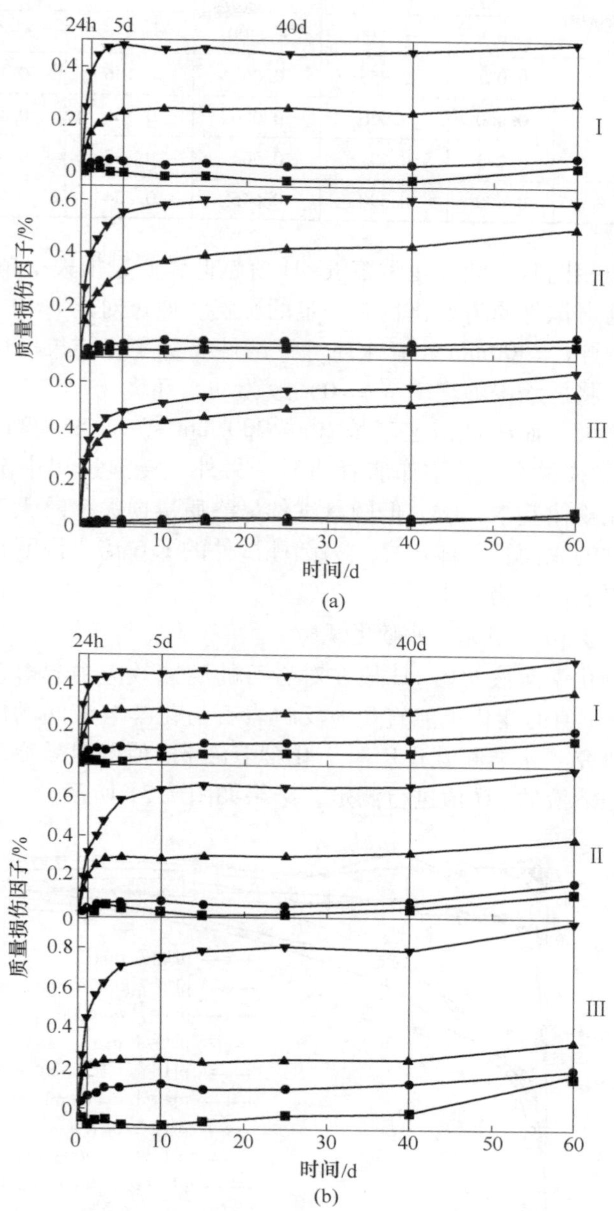

图7.30　浸泡过程中花岗岩试件质量损伤时效曲线

（a）花岗岩圆柱（ϕ50mm×100mm）试件；（b）花岗岩圆盘（ϕ50mm×25mm）试件

—■— 蒸馏水　—●— pH=7　—▲— pH=4　—▼— pH=2

Ⅰ—静水；Ⅱ—v=200mm/s；Ⅲ—v=400mm/s

表 7.5 水及酸性溶液作用后试件质量损失率（$t=60d$）

水化学环境 溶液流速 /mm·s^{-1}	圆柱试件 D_{mt}/%			圆盘试件 D_{mt}/%		
	$v=0$	$v=200$	$v=400$	$v=0$	$v=200$	$v=400$
蒸馏水	0.031	0.055	0.065	0.136	0.121	0.166
pH=7	0.060	0.076	0.060	0.166	0.177	0.170
pH=4	0.273	0.497	0.564	0.193	0.369	0.390
pH=2	0.490	0.590	0.645	0.534	0.737	0.928

当溶液流速相同时，酸性化学溶液 pH 值越低，质量损失率越大；而溶液 pH 值相同时，流速对试件质量变化也有一定的影响。通过对比 $v=0$ 与 $v=200$ mm/s 及 $v=200$mm/s 与 $v=400$mm/s 流速环境下试件质量变化结果可以看出，相同化学溶液作用下，将静水浸泡环境（$v=0$）改为动水环境（$v=200$mm/s），岩石质量损失率显著增大；而将低流速环境（$v=200$ mm/s）改变为高流速环境（$v=400$mm/s），质量损失率变化不如前者明显。另外，浸泡过程中圆柱试件与圆盘试件的质量变化规律基本一致，但圆盘试件最终质量损失率略大于圆柱试件，这是因为圆盘试件的表面积与体积之比为圆柱试件的 1.6 倍，说明化学溶液作用下的花岗岩损伤以表面矿物为主。

C　化学溶液 pH 值随时间变化规律

如前所述，化学溶液初始 pH 值在对岩石的腐蚀效应中起着重要作用，而浸泡过程中溶液 pH 值的变化也能直观地反映岩石与化学溶液间的反应状况、烈度与周期。为了研究“水岩相互作用”下化学溶液 pH 值的时效变化特征，在不同时间节点对浸泡溶液的 pH 值进行测定，结果如图 7.31 所示。

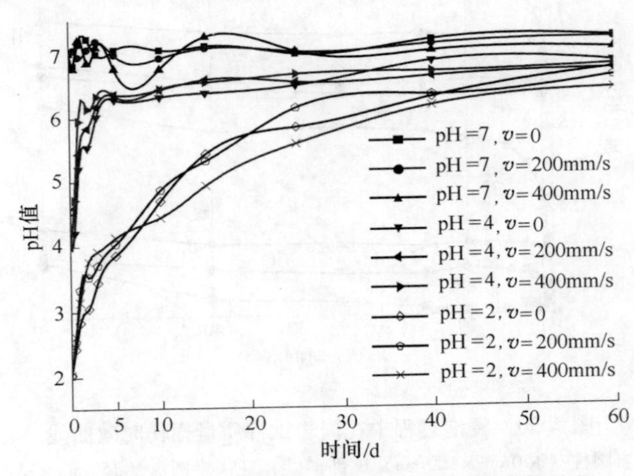

图 7.31　浸泡过程中化学溶液 pH 值时效变化特征

由图7.31可知，浸泡过程中，pH=7的NaCl溶液与花岗岩之间化学反应不很明显，实测pH值在6.73~7.24之间波动，较为稳定。而酸性化学溶液浸泡初期，尤其在动水环境下，花岗岩表面不断有新的活性矿物与H^+离子发生反应，被腐蚀的矿物被循环水流带走并溶于溶液中，溶液pH值变化显著；浸泡4~5d后，初始pH=4的NaCl溶液的pH值已基本趋于稳定，而初始pH=2的NaCl溶液的pH值变化速度也逐渐变小。最后，酸性化学溶液的pH值均趋于中性，此时水-岩之间的相互作用主要为物理作用与水力作用，化学腐蚀作用已非常微弱。

D　花岗岩弹性纵波波速随时间的变化规律

超声波在岩石中的传播速度与岩石的物理属性密切相关，岩石内部孔隙、裂隙的发育程度、含水状态及应力状态都会影响超声波在岩石中的传播速度。为了研究酸性化学溶液作用下花岗岩弹性纵波波速的时间变化规律，在浸泡过程中，利用声波测试仪在不同时间节点对花岗岩试件进行声波测试，结果如图7.32所示（为了更好地显示波速的变化趋势，横轴未按时间线性设置）。

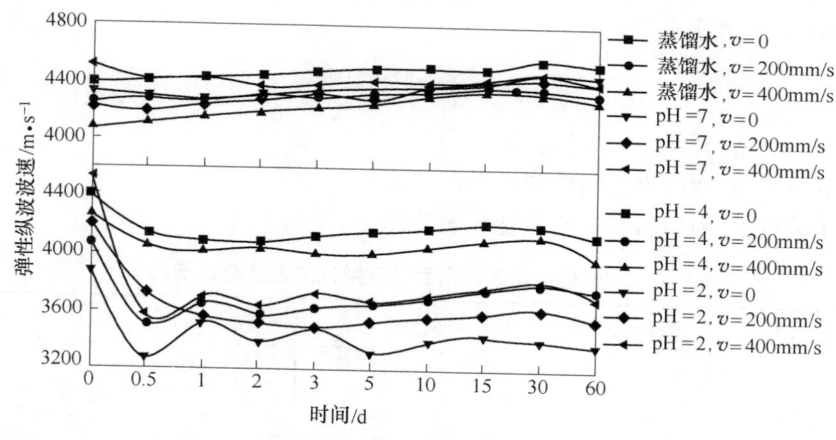

图7.32　浸泡过程中试件弹性纵波波速时效变化曲线

由图7.32可以看出，在pH=4及pH=2的NaCl溶液浸泡初期，花岗岩试件的弹性纵波波速v_p均出现明显的下降，随后呈现一种波动变化，而波动的幅度随时间而减小，周期则随时间而增大；浸泡5~10d后，v_p逐渐趋于稳定。在蒸馏水及pH=7的NaCl溶液浸泡过程中，部分试件的v_p亦有较小的波动，但总体呈缓慢增长趋势。

水化学环境作用下花岗岩试件的弹性纵波波速v_p随时间变化比较复杂，结合前人研究成果，我们认为：(1)理想完整的花岗岩试件在酸性溶液浸泡初期，pH=4及pH=2的NaCl溶液中的H^+离子与花岗岩中活性氧化物反应，使其迅速溶蚀，导致花岗岩孔隙率增大，波速降低；随后化学反应的腐蚀效应随时间降低，此时吸水作用及生成物沉淀使岩石的饱和度增大，均匀性逐渐提高，试件 v_p 呈现缓慢增长至平稳的趋势。但由于实验试件为非均质材料，且自身存在着一些隐含的微小裂隙，这些微小裂隙在受酸性溶液侵蚀过程中逐渐增大，并可能在不同时间导致新的裂隙的产生、发展、扩大；另外，岩石矿物化学腐蚀效应的选择差异性与不同饱和度所引起的 v_p 变化的尺度微观分布效应，均可能导致 v_p 的波动变化趋势。与静水环境相比，动水环境增加了岩石的吸水作用及水－岩化学反应的随机性与不确定性，v_p 的波动变化趋势相比更为明显。随着浸泡溶液的 pH 值逐渐趋向中性，试件趋于化学饱和，v_p 也趋于稳定。（2）蒸馏水及 pH＝7 的 NaCl 溶液环境下，有少量的 CaO、MgO 与水反应生成 $Ca(OH)_2$ 和 $Mg(OH)_2$，生成物填充于花岗岩的原生裂纹和缺陷中，对原生裂纹和缺陷有一定的修补作用；此外水溶液进入岩石中也使孔隙逐渐饱和，最终表现为 v_p 逐渐缓慢增加。（3）当 $t=60$d 时，试件经烘干处理饱和度下降，此时所测得的 v_p 较 $t=30$d 时饱水状态下 v_p 均有所下降。

在此定义岩石弹性纵波波速损伤因子 D_p，计算得到化学溶液作用后花岗岩试件的 D_p，见表 7.6。

$$D_p = \frac{v_{sp} - v_{fp}}{v_{sp}} \times 100\% \tag{7.8}$$

式中 D_p——岩石弹性纵波波速损伤因子；

v_{sp}——浸泡前岩石初始弹性纵波波速；

v_{fp}——浸泡后岩石最终弹性纵波波速。

表 7.6 水及酸性溶液作用后试件弹性纵波波速损伤因子

水化学溶液	溶液流速 /mm·s^{-1}	v_{sp}/m·s^{-1}	v_{fp}/m·s^{-1}	D_p/%
蒸馏水	0	4235	4388	－3.61
	200	4109	4184	－1.83
	400	3926	4136	－5.35
pH＝7 NaCl 溶液	0	4194	4296	－2.43
	200	4079	4254	－4.29
	400	4367	4243	2.84
pH＝4 NaCl 溶液	0	4280	3987	6.85
	200	3933	3598	8.52
	400	4126	3833	7.10
pH＝2 NaCl 溶液	0	3728	3218	13.68
	200	4064	3405	16.22
	400	4384	3569	18.59

如表7.6所示，尽管水岩作用后岩石饱和度增大，但酸性化学溶液 H^+ 离子与花岗岩活性矿物反应造成岩石颗粒活化、迁移、溶解，产生裂隙结构，增大了试件的孔隙性与非均质性，使其物理属性变差，最终 v_p 降低。当化学作用不明显时，影响 v_p 的主要因素是试件的饱和度及其尺度范围内流体微观分布状况。

7.3.2.3 酸性化学溶液作用下花岗岩矿物组分变化及损伤机理

A 花岗岩矿物、元素及化合物成分变化

为了探究酸性化学溶液对花岗岩微观矿物组分的影响及引起的岩石物理属性变化，通过X射线衍射物相定性、半定量测试，确定水及不同酸性化学溶液浸泡前后花岗岩试样的矿物成分及其变化，见表7.7。

表7.7 水及酸性化学溶液浸泡前后试件主要矿物成分含量

水化学环境	矿物含量（质量百分比）/%				
	斜长石	石英	云母	方解石	微斜长石
自然干燥	49	42	6	3	—
蒸馏水	52	40	7	1	—
pH =7	47	46	5	2	—
pH =4	33	52	9	—	6
pH =2	20	59	12	—	9

花岗岩中的矿物及其含量并不固定，且同一种矿物可能由多种不同的端员组分组成，如斜长石的端员组分有钠长石、钾长石、钙长石，三种端员组分的含量并不能完全确定。若将X射线衍射结果直接用于后续的定量计算与分析中，计算结果将有一定的不确定性。基于上述问题，对所有花岗岩样品进行了X射线荧光光谱分析，测定样品中的元素及化合物含量，结果见表7.8。

表7.8 水及酸性化学溶液浸泡前后花岗岩主要化学元素及化合物成分含量

水化学环境	元素及化合物含量（质量百分比）/%											
	SiO_2	Al_2O_3	C	CaO	K_2O	Na_2O	Fe_2O_3	Cl	N	TiO_2	MgO	其他
自然干燥	61.4	16.4	9.38	3.52	3.47	2.94	0.877	0.743	0.314	0.261	0.18	0.515
蒸馏水	64.1	14.8	9.58	1.78	3.66	4.02	1.04	0.0926	0.253	0.109	0.266	0.2994
pH =7	59.5	19.2	7.65	2.76	4.86	3.32	0.693	0.339	0.432	0.343	0.327	0.576
pH =4	66.8	12.4	10.89	0.833	3.8	2.4	0.754	0.469	0.517	0.187	0.272	0.678
pH =2	72.1	9.03	12.2	0.432	2.73	0.618	0.553	0.995	0.556	0.24	0.105	0.441

注：其他成分中包含的化合物及元素主要有S、MnO、Rb_2O、SrO、ZrO_2、BaO、Ga_2O_3 等，质量百分比一般不超过0.1%。

B 化学溶液离子浓度变化规律

岩石中的活性矿物与浸泡溶液发生化学反应，使岩石中某些元素以离子态析出，改变了溶液的矿化浓度。为了探究酸性化学溶液与花岗岩的反应机制，明确花岗岩内部参与水化学反应的矿物、化合物成分，推断水－岩化学反应的类型及程度，在浸泡试验结束后，对静水环境下化学溶液取样，进行离子色谱检测，结果如图 7.33 所示。

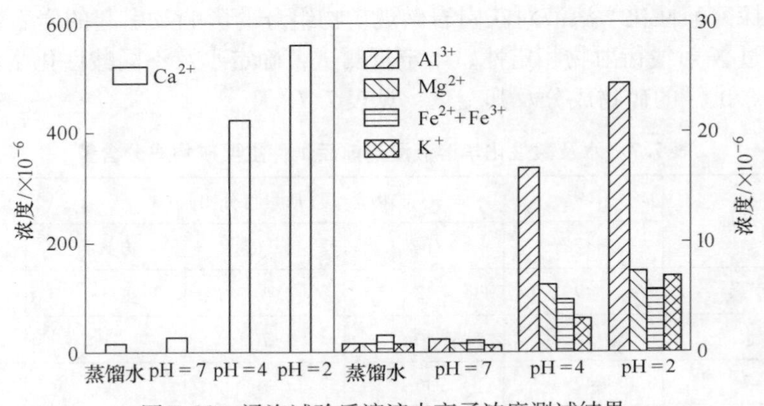

图 7.33 浸泡试验后溶液中离子浓度测试结果

如图 7.33 所示，浸泡过程中，花岗岩中的斜长石、方解石与酸性化学溶液的 H^+ 离子发生反应，生成 Ca^{2+}、Al^{3+}、Mg^{2+}、$Fe^{2+}+Fe^{3+}$、K^+、Na^+ 等，由于各矿物组分及矿物对化学环境的敏感度不同，所以同一化学溶液中各离子的浓度相差较大。另外，所配制的浸泡溶液中含有一定浓度的 NaCl，而化学反应从花岗岩中析出的 Na^+ 离子要比原浸泡溶液少很多，故本次不对 Na^+ 离子的含量变化进行讨论。

在蒸馏水和 pH = 7 的 NaCl 溶液中，花岗岩中各种矿物与 pH = 7 的水化学溶液较难发生化学反应，只有少量的碳酸盐和硅酸盐矿物发生水解反应，溶液中各金属阳离子的浓度稍有增加；经 pH = 4 的 NaCl 溶液浸泡 60d 后，溶液中 Ca^{2+}、Al^{3+}、Mg^{2+}、$Fe^{2+}+Fe^{3+}$、K^+ 的浓度大幅上升，说明花岗岩中的活性矿物与 H^+ 离子间的反应已比较活跃；经 pH = 2 的 NaCl 溶液浸泡 60d 后，溶液中 Ca^{2+} 的浓度达到了 558.2×10^{-6}，而 Al^{3+} 和 Mg^{2+} 的浓度分别为 24.3×10^{-6} 和 7.4×10^{-6}，说明化学溶液的初始 pH 值是影响溶液离子析出浓度的控制性因素。

C 酸性溶液与花岗岩矿物化学反应机制

由表 7.7 可知，本次试验用花岗岩样本的主要矿物成分为斜长石、石英、云母、方解石，这些矿物在酸性化学环境下易发生溶解、溶蚀反应，其中，斜长石、方解石与酸性溶液化学反应较显著，而石英与酸性溶液反应不明显。

（1）斜长石的成分在钠长石、钾长石、钙长石之间成连续系列，酸性环境下，相应的溶解反应为：

$$NaAlSi_3O_8 + 4H^+ \longrightarrow Al^{3+} + 3SiO_2 + 2H_2O + Na^+ \tag{7.9}$$

$$KAlSi_3O_8 + 4H^+ \longrightarrow Al^{3+} + 3SiO_2 + 2H_2O + K^+ \tag{7.10}$$

$$CaAl_2Si_2O_8 + 8H^+ \longrightarrow 2Al^{3+} + 2SiO_2 + 4H_2O + Ca^{2+} \tag{7.11}$$

（2）方解石易与酸性溶液的 H^+ 离子发生反应：

$$CaCO_3 + 2H^+ \longrightarrow Ca^{2+} + H_2O + CO_2 \tag{7.12}$$

（3）石英遇水会发生微弱的水解反应：

$$SiO_2 + 2H_2O \longrightarrow H_4SiO_4 \tag{7.13}$$

（4）仅有很少量的云母会与 H^+ 离子发生反应：

$$KAl_3Si_3O_{10}(OH)_2 + 10H^+ \longrightarrow 3Al^{3+} + 3SiO_2 + 6H_2O + K^+ \tag{7.14}$$

由 X 射线衍射结果可以看出，在 pH = 2、pH = 4 的 NaCl 溶液作用下，花岗岩中的斜长石含量明显降低，方解石几乎被完全溶蚀，并在反应过程中形成了新的矿物——微斜长石；石英、云母与溶液反应微弱，物质消耗量很小，质量百分比有一定程度的上升。酸性化学环境对花岗岩的微观矿物组分产生了显著的改变作用。而蒸馏水与 pH = 7 的 NaCl 溶液环境下，矿物含量基本没有变化（数据差异由岩石样本的非均质性所导致）。

D 酸性溶液作用下花岗岩损伤机制

酸性化学溶液各组分与花岗岩之间产生复杂的物理化学作用，使花岗岩内部矿物被溶蚀，孔隙结构、缺陷形态等发生变化，进而改变其物理力学特性。

a 化学损伤机制

根据化学动力学原理，花岗岩中主要化合物与盐酸之间存在以下化学反应：

$$CaO + 2HCl = CaCl_2 + H_2O \tag{7.15}$$

$$Al_2O_3 + 6HCl = 2AlCl_3 + 3H_2O \tag{7.16}$$

$$MgO + 2HCl = MgCl_2 + H_2O \tag{7.17}$$

$$Fe_2O_3 + 6HCl = 2FeCl_3 + 3H_2O \tag{7.18}$$

$$K_2O + 2HCl = 2KCl + H_2O \tag{7.19}$$

$$Na_2O + 2HCl = 2NaCl + H_2O \tag{7.20}$$

图 7.33 与表 7.8 均印证了，在酸性化学溶液作用下，上述化学反应导致花岗岩中 CaO、Al_2O_3、MgO、K_2O、Fe_2O_3、Na_2O 等活性化合物含量降低，而化学溶液中相应的 Ca^{2+}、Al^{3+}、Mg^{2+}、Fe^{2+} + Fe^{3+}、K^+ 等离子浓度均有所升高。另外，图 7.33 与表 7.8 还说明了花岗岩中不同化合物对酸的敏感度不同，CaO（$CaCO_3$）及 Al_2O_3 与盐酸之间的反应更为活跃，反应结束后化学溶液相应离子的浓度也更高。而在蒸馏水及 pH = 7 的 NaCl 溶液环境下，不易发生明显的化学反应，花岗岩中化合物含量基本未发生改变。

所以，酸性溶液作用下，花岗岩中部分矿物颗粒与溶液中的离子发生多种化学反应，造成该部分颗粒骨架物理力学性质的损伤；另外，生成物以离子状态存在，部分反应产物随溶液流动从岩石中析出，使岩石内部孔隙与裂隙增多、增大，改变了岩石矿物颗粒的大小和形状，以及岩石的微细观结构与缺陷形态，进而从宏观上改变了岩石的物理力学性质。

b 物理作用

酸性化学溶液对花岗岩的溶解作用，导致矿物颗粒间连接力减小，颗粒间或裂隙面间摩擦力降低，水的孔隙压力会降低颗粒间的压应力，对微孔隙产生劈裂作用，从而造成岩石强度损伤劣化。

总之，由于酸性化学溶液与岩石矿物之间存在着化学不平衡，水－岩之间会产生不可逆的热力学过程，岩石与地下水之间的各种物理作用及化学反应共同导致岩石矿物组分微细观结构的损伤破坏，原有矿物被溶蚀，新矿物和成分随之产生；岩石颗粒的晶架与胶结结构劣化、孔隙增大，岩石变得松散脆弱。所以，岩石的矿物组成及结构特征（孔隙、裂纹等）与水化学溶液的成分及性质，二者之间的耦合作用共同决定“水岩相互作用”岩石的损伤机制，并进一步改变了岩石的微观组成和细观结构。

7.3.3 深部硬岩环境开采预注化学溶液防控岩爆的探讨

通过本节实验研究可以看出：

（1）酸性 NaCl 溶液作用后，花岗岩单轴、三轴抗压强度及抗拉强度均出现不同程度降低，而且溶液 pH 值越小，循环水流速度越大，强度越低；花岗岩在流速 $v=400\text{mm/s}$、pH＝2 的 NaCl 溶液中作用 60d 后，单轴、三轴（静水）抗压强度及抗拉强度较自然干燥状态分别下降了 41.38%、32.58%（不同围压平均）、26.5%。

（2）酸性化学溶液对花岗岩的变形特征影响较大，单轴压缩应力－应变曲线压密、弹性、屈服及峰后各阶段变形特征均发生一定变化，变形形式有由脆性向延性转变的趋势，说明酸性化学溶液对花岗岩有软化作用。

（3）花岗岩的弹性模量和泊松比对酸性化学溶液 pH 值和循环水流速度都比较敏感；溶液 pH 值越小，水流速度越大，花岗岩弹性模量越小，而泊松比越大；花岗岩在流速 $v=400\text{mm/s}$、pH＝2 的 NaCl 溶液中作用 60d 后，弹性模量较自然干燥状态降低 27.98%，泊松比增大 32.25%。

（4）花岗岩的黏聚力随着酸性化学溶液 pH 值的减小而迅速降低，其中在 pH＝2 的 NaCl 溶液浸泡后较干燥状态降幅达 34.16%；而花岗岩的内摩擦角在酸性化学溶液浸泡后较蒸馏水浸泡后几乎未发生变化，其对化学溶液 pH 值敏感度不明显。

（5）扫描电镜、电子能谱分析结果显示，在不同酸性溶液作用下，花岗岩的微观结构、缺陷形态及矿物元素含量等会发生改变；酸性溶液的 pH 值是影响腐蚀程度的重要控制性因素，同时，这种化学腐蚀作用对岩石类材料具有一定的选择差异性。

（6）酸性化学溶液作用后，花岗岩的次生孔隙增加，比表面积增大，整体结构变得松散，孔隙率增大，且试件孔隙率的离散差异性也更为显著。

（7）花岗岩化学损伤时效特征试验结果表明，化学溶液对花岗岩的化学腐蚀在一定时间后趋于平衡，花岗岩试件的 $m-t$ 曲线、v_p-t 曲线以及化学溶液的 pH $-t$ 曲线最终均趋于稳定。在水－岩耦合作用后，花岗岩质量的损失以及弹性纵波波速的下降表征了其物理属性的劣化；而化学溶液的初始 pH 是影响岩石化学损伤程度的主控因素。

综上所述，在采用应力卸压孔或超前钻孔向岩体注水来防控岩爆措施时，可以考虑采用某种化学溶液替代水，以加速、加大岩体裂隙发育，降低岩体强度等宏观力学参数，在巷道开挖过程中提前释放或转移围岩体能量。

参考文献

[1] 蔡美峰，王金安，王双红．玲珑金矿深部开采岩体能量分析与岩爆综合预测［J］．岩石力学与工程学报，2001，20（1）：38～42.

[2] 蔡美峰，冀东，郭奇峰．基于地应力现场实测与开采扰动能量积聚理论的岩爆预测研究［J］．岩石力学与工程学报，2013，32（10）：1973～1980.

[3] 何满潮，谢和平，彭苏萍，等．深部开采岩体力学研究［J］．岩石力学与工程学报，2005，24（16）：2803～2813.

[4] 何满潮，刘冬桥，宫伟力，等．冲击岩爆试验系统研发及试验［J］．岩石力学与工程学报，2014，33（9）：1729～1739.

[5] 冯夏庭，陈炳瑞，明华军，等．深埋隧洞岩爆孕育规律与机制：即时型岩爆［J］．岩石力学与工程学报，2012，31（3）：433～444.

[6] 谢和平，Pariseau W G. 岩爆的分形特征和机理［J］．岩石力学与工程学报，1993（1）：28～37.

[7] 何满潮，赵菲，杜帅，等．不同卸载速率下岩爆破坏特征试验分析［J］．岩土力学，2014（10）：2737～2747.

[8] 蔡美峰，何满朝，刘东燕．岩石力学与工程［M］．北京：科学出版社，2002.

[9] 何满潮，郭志飚．恒阻大变形锚杆力学特性及其工程应用［J］．岩石力学与工程学报，2014，33（7）：1297～1308.

[10] 何满潮，苗金丽，李德建，等．深部花岗岩试样岩爆过程实验研究［J］．岩石力学与工程学报，2007，26（5）：865～876.

[11] 钱七虎．岩爆、冲击地压的定义、机制、分类及其定量预测模型［J］．岩土力学，2014（1）：1～6.

[12] 蔡美峰．地应力测量原理和技术［M］．北京：科学出版社，1995.

[13] 中国科协学会学术部．岩爆机理探索［M］．北京：中国科学技术出版社，2011.

[14] 蔡美峰．金属矿山采矿设计优化与地压控制——理论与实践［M］．北京：科学出版社，2001.

[15] 苗胜军，蔡美峰，冀东，等．酸性化学溶液作用下花岗岩力学特性与参数损伤效应［J］．煤炭学报，2016，41（4）：829～835.

[16] 冯夏庭，张传庆，陈炳瑞，等．岩爆孕育过程的动态调控［J］．岩石力学与工程学报，2012，31（10）：1983～1997.

[17] 郭然，于润沧．新建有岩爆倾向硬岩矿床采矿技术研究工作程序［J］．中国工程科学，2002，4（7）：51～55.

[18] 傅宇方，唐春安．岩石声发射 Kaiser 效应的数值模拟试验研究［J］．力学与实践，2000，22（6）：42～44.

[19] 苗胜军，樊少武，蔡美峰，等．基于加卸载响应比的载荷岩石动力学特征试验研究［J］．煤炭学报，2009（3）：329～333.

[20] 王军强．金矿岩爆危险程度评估与防治措施——以崟鑫、枪马、鸿鑫金矿为例［J］．黄金，2007，28（6）：24～28.

[21] 张镜剑, 傅冰骏. 岩爆及其判据和防治 [J]. 岩石力学与工程学报, 2008, 27 (10): 2034 ~ 2042.

[22] 裴佃飞, 苗胜军, 龙超, 等. 基于多种判据和能量聚集的岩爆倾向性研究 [J]. 中国矿业, 2014 (2): 79 ~ 83.

[23] 黄滚. 岩石断裂失稳破坏与冲击地压的分叉和混沌特征研究 [D]. 重庆: 重庆大学, 2007.

[24] 李树春. 周期荷载作用下岩石变形与损伤规律及其非线性特征 [D]. 重庆: 重庆大学, 2008.

[25] 苗胜军, 蔡美峰, 冀东, 等. 酸性化学溶液作用下花岗岩损伤时效特征与机理 [J]. 煤炭学报, 2016, 41 (5): 1137 ~ 1144.

[26] 张德永, 卢翔. 常规三轴压缩下花岗岩声发射特征及其主破裂前兆信息研究 [J]. 岩石力学与工程学报, 2015, 34 (4): 694 ~ 702.

[27] 尚彦军, 张镜剑, 傅冰骏. 应变型岩爆三要素分析及岩爆势表达 [J]. 岩石力学与工程学报, 2013, 32 (8): 1520 ~ 1527.

[28] 张志镇, 高峰. 3 种岩石能量演化特征的试验研究 [J]. 中国矿业大学学报, 2015, 44 (3): 416 ~ 422.

[29] 李化敏, 李华奇. 煤矿深井的基本概念与判别准则 [J]. 煤矿设计, 1999 (10): 5 ~ 7.

[30] 马春驰, 李天斌, 陈国庆, 等. 硬脆岩石的微观颗粒模型及其卸荷岩爆效应研究 [J]. 岩石力学与工程学报, 2015, 34 (2): 217 ~ 227.

[31] 郭立. 深部硬岩岩爆倾向性动态预测模型及其应用 [D]. 长沙: 中南大学, 2004.

[32] 徐林生, 王兰生, 李天斌. 国内外岩爆研究现状综述 [J]. 长江科学院院报, 1999, 16 (4): 24 ~ 27.

[33] 张黎明, 王在泉, 贺俊征. 岩石卸荷破坏与岩爆效应 [J]. 西安建筑科技大学学报 (自然科学版), 2007, 39 (1): 110 ~ 114.

[34] 陈卫忠, 吕森鹏, 郭小红, 等. 脆性岩石卸围压试验与岩爆机理研究 [J]. 岩土工程学报, 2010, 32 (6): 963 ~ 969.

[35] 司林坡. 小孔径钻孔触探法围岩强度测试原理研究及应用 [D]. 北京: 煤炭科学研究总院, 2006.

[36] 贾雪娜. 应变岩爆实验的声发射本征频谱特征 [D]. 北京: 中国矿业大学 (北京), 2013.

[37] 杨健, 王连俊. 岩爆机理声发射试验研究 [J]. 岩石力学与工程学报, 2005, 24 (20): 3796 ~ 3802.

[38] 李世民, 李晓军, 徐宝. 新型屈服锚杆发展现状综述 [J]. 四川建筑科学研究, 2014, 40 (1): 43 ~ 48.

[39] 康勇, 李晓红, 王青海, 等. 隧道地应力测试及岩爆预测研究 [J]. 岩土力学, 2005, 26 (6): 959 ~ 963.

[40] 吉学文, 王春来, 吴爱祥, 等. 某深井矿山岩爆特征及形成机理研究 [J]. 金属矿山, 2008 (9): 23 ~ 25.

[41] 王树栋. 复杂地应力区隧道软弱围岩大变形控制技术研究 [D]. 北京: 北京交通大

学，2010.
[42] 李地元. 高应力硬岩胞性板裂破坏和应变型岩爆机理研究 [D]. 长沙：中南大学，2010.
[43] 李占海，李邵军，冯夏庭，等. 深部岩体岩芯饼化特征分析与形成机制研究 [J]. 岩石力学与工程学报，2011，30 (11)：2254～2266.
[44] 杨健，武雄. 岩爆综合预测评价方法 [J]. 岩石力学与工程学报，2005，24 (3)：411～416.
[45] 许迎年，徐文胜，王元汉，等. 岩爆模拟试验及岩爆机理研究 [J]. 岩石力学与工程学报，2002，21 (10)：1462～1466.
[46] 崔希民，刘艳华. 地下资源安全开采深度的研究 [J]. 矿业研究与开发，2000，20 (6)：1～2.
[47] 陶振宇. 岩石力学原理与方法 [M]. 北京：中国地质大学出版社，1991.
[48] 余锋. 平顶山矿区煤岩冲击试验及冲击地压预测研究 [D]. 焦作：河南理工大学，2009.
[49] 潘立友. 冲击地压前兆信息的可识别性研究及应用 [J]. 岩石力学与工程学报，2004，23 (8)：1411.
[50] 刘玉鼎，霍丙杰，辛龙泉. 深部开采环境及岩体力学行为研究 [J]. 矿业工程，2009，7 (3)：14～16.
[51] 顾金才，范俊奇，孔福利，等. 抛掷型岩爆机制与模拟试验技术 [J]. 岩石力学与工程学报，2014，33 (6)：1081～1089.
[52] 杜坤. 真三轴卸载下深部岩体破裂特性及诱发型岩爆机理研究 [D]. 长沙：中南大学，2013.
[53] 郑建国. 锦屏二级水电站交通辅助洞岩爆机制及其地质力学模式研究 [D]. 成都：成都理工大学，2005.
[54] 马秀敏. 新疆精伊霍铁路北天山越岭深埋特长隧道区水压致裂地应力测量与隧道工程稳定性研究 [D]. 北京：中国地质科学院，2006.
[55] 姚高辉. 金属矿山深部开采岩爆预测及工程应用研究 [D]. 武汉：武汉科技大学，2008.
[56] 马艾阳，伍法权，沙鹏，等. 锦屏大理岩真三轴岩爆试验的渐进破坏过程研究 [J]. 岩土力学，2014 (10)：2868～2874.
[57] 周卫滨. 苍岭隧道岩爆预测和防治研究 [D]. 杭州：浙江大学，2005.
[58] 张德永. 江边水电站引水隧洞岩爆预测与控制研究 [D]. 济南：山东大学，2011.
[59] 李志力. 锦屏二级水电站洞室群开挖岩爆防治措施探讨 [D]. 天津：天津大学，2010.
[60] 徐则民，黄润秋. 岩爆与爆破的关系 [J]. 岩石力学与工程学报，2003，22 (3)：414～419.
[61] 唐礼忠，潘长良，谢学斌. 深埋硬岩矿床岩爆控制研究 [J]. 岩石力学与工程学报，2003，22 (7)：1067～1071.
[62] 张永利，李忠华，陈德怀. 北京大台井深部岩巷岩爆发生条件及影响因素 [J]. 中国地质灾害与防治学报，2006，17 (3)：84～86.
[63] 李丽娟，曹平，陈瑜. 深井矿山开采中岩爆发生机理及其预测方法研究 [J]. 南华大学学报（自然科学版），2008，22 (4)：80～83.
[64] 郭鹏. 深埋高地应力条件下的隧道支护技术研究 [D]. 西安：西安科技大学，2009.

[65] 赵兴东，石长岩，刘建坡，等．红透山铜矿微震监测系统及其应用［J］．东北大学学报（自然科学版），2008，29（3）：399～402.
[66] 潘一山，章梦涛．稳定性动力准则的圆形洞室岩爆分析［J］．岩土工程学报，1993，15（5）：59～66.
[67] 张文东，马天辉，唐春安，等．锦屏二级水电站引水隧洞岩爆特征及微震监测规律研究［J］．岩石力学与工程学报，2014，33（2）：339～348.
[68] 邱士利，冯夏庭，张传庆，等．深埋硬岩隧洞岩爆倾向性指标 RVI 的建立及验证［J］．岩石力学与工程学报，2011，30（6）：1126～1141.
[69] 许江，李树春，唐晓军，等．单轴压缩下岩石声发射定位实验的影响因素分析［J］．岩石力学与工程学报，2008，27（4）：765～772.
[70] 王元汉，李卧东，李启光，等．岩爆预测的模糊数学综合评判方法［J］．岩石力学与工程学报，1998，17（5）：493～501.
[71] 张艳博，刘祥鑫，梁正召，等．基于多物理场参数变化的花岗岩巷道岩爆前兆模拟实验研究［J］．岩石力学与工程学报，2014，33（7）：1347～1357.
[72] 张志镇，高峰．受载岩石能量演化的围压效应研究［J］．岩石力学与工程学报，2015，34（1）：1～11.
[73] 唐礼忠，王文星．一种新的岩爆倾向性指标［J］．岩石力学与工程学报，2002，21（6）：874～878.
[74] 贾义鹏，吕庆，尚岳全，等．基于证据理论的岩爆预测［J］．岩土工程学报，2014（6）：1079～1086.
[75] 李金锁．南水北调西线麻尔曲——阿柯河特长深埋隧道岩爆灾害预测及其对工程的影响［D］．北京：中国地质科学院，2006.
[76] 王迎超，尚岳全，孙红月，等．基于功效系数法的岩爆烈度分级预测研究［J］．岩土力学，2010，31（2）：529～534.
[77] 李世民，徐宝，郭彦明．新型锚杆、锚索的发展现状及展望［J］．预应力技术，2015（2）：12～19.
[78] 王耀辉，陈莉雯，沈峰．岩爆破坏过程能量释放的数值模拟［J］．岩土力学，2008，29（3）：790～794.
[79] 夏元友，吝曼卿，廖璐璐，等．大尺寸试件岩爆试验碎屑分形特征分析［J］．岩石力学与工程学报，2014，33（7）：1358～1365.
[80] 黄满斌．深埋隧道岩爆机理与微震监测预警初探［D］．大连：大连理工大学，2011.
[81] 周瑞忠．岩爆发生的规律和断裂力学机理分析［J］．岩土工程学报，1995，17（6）：111～117.
[82] 赵周能，冯夏庭，陈炳瑞，等．深埋隧洞微震活动区与岩爆的相关性研究［J］．岩土力学，2013，34（2）：491～497.
[83] 张晓君．深部巷（隧）道围岩的劈裂岩爆试验研究［J］．采矿与安全工程学报，2011，28（1）：66～71.
[84] 石林，张旭东，金衍，等．深层地应力测量新方法［J］．岩石力学与工程学报，2004，23（14）：2355～2358.

[85] 苗金丽．岩爆的能量特征实验分析［D］．北京：中国矿业大学（北京），2009.
[86] 唐礼忠．深井矿山地震活动与岩爆监测及预测研究［D］．长沙：中南大学，2008.
[87] 张志镇，高峰．单轴压缩下红砂岩能量演化试验研究［J］．岩石力学与工程学报，2012，31（5）：953～962.
[88] 周辉，孟凡震，张传庆，等．深埋硬岩隧洞岩爆的结构面作用机制分析［J］．岩石力学与工程学报，2015，34（4）：720～727.
[89] 冯夏庭．岩爆孕育过程的机制、预警与动态调控［M］．北京：科学出版社，2013.
[90] 陈卫忠，吕森鹏，郭小红，等．基于能量原理的卸围压试验与岩爆判据研究［J］．岩石力学与工程学报，2009，28（8）：1530～1540.
[91] 郑文华．高地应力脆性岩体张开位移发生机理研究［D］．济南：山东大学，2010.
[92] 徐则民，黄润秋，罗杏春，等．静荷载理论在岩爆研究中的局限性及岩爆岩石动力学机理的初步分析［J］．岩石力学与工程学报，2003，22（8）：1255～1262.
[93] 张晓春．矿山岩爆机理与防治实践［M］．南京：东南大学出版社，2010.
[94] 汪洋，王继敏，尹健民，等．基于快速应力释放的深埋隧洞岩爆防治对策研究［J］．岩土力学，2012，33（2）：547～553.
[95] 刘立鹏．锦屏二级水电站施工排水洞岩爆问题研究［D］．北京：中国地质大学（北京），2011.
[96] 王学滨，潘一山．不同侧压系数条件下圆形巷道岩爆过程模拟［J］．岩土力学，2010，31（6）：1937～1942.
[97] 于群，唐春安，李连崇，等．基于微震监测的锦屏二级水电站深埋隧洞岩爆孕育过程分析［J］．岩土工程学报，2014（12）：2315～2322.
[98] 王春来，吴爱祥，刘晓辉．深井开采岩爆灾害微震监测预警及控制技术［M］．北京：冶金工业出版社，2013.
[99] 徐林生，王兰生，李永林．岩爆形成机制与判据研究［J］．岩土力学，2002，23（3）：300～303.
[100] 杜先照，沈业仓．水工隧洞钻爆法施工条件下岩爆机理与防治［J］．中国水运（学术版），2007，7（9）.
[101] 王斌，李夕兵，马春德，等．基于三维地应力测量的岩爆预测问题研究［J］．岩土力学，2011，32（3）：849～854.
[102] 陈炳瑞，冯夏庭，明华军，等．深埋隧洞岩爆孕育规律与机制：时滞型岩爆［J］．岩石力学与工程学报，2012，31（3）：561～569.
[103] 王学知．夏甸金矿采场及巷道围岩稳定性分类与控制研究［D］．青岛：山东科技大学，2006.
[104] Hedley D G F, Udd J E. The Canada－Ontario－industry rock burst project［J］. Pure and Applied Geophysics, 1989, 129（3－4）：661～672.
[105] Nikolaevskij V N. Mechanics of Porous and Fractured Media［M］. Dordrecht：Springer, 1990.
[106] Canadian Mining Industry Research Organization. Canadian rock burst research program 1990－1995［R］. Sudbury：CAMIRO Mining Division, 1995.
[107] Ortlepp W D, Stacey T R. Rock burst mechanisms in tunnels and shafts［J］. Tunnelling and

Underground Space Technology, 1994, 9 (1): 59 ~ 65.

[108] Frid V. Rock burst hazard forecast by electromagnetic radiation excited by rock fracture [J]. Rock Mechanics and Rock Engineering, 1997, 30 (4): 229 ~ 236.

[109] Frid V. Calculation of Electromagnetic Radiation Criterion for Rock burst Hazard Forecast in Coal Mines [J]. Pure and Applied Geophysics, 2001, 158 (5 - 6): 931 ~ 944.

[110] Wang J A, Park H D. Comprehensive prediction of rockburst based on analysis of strain energy in rocks [J]. Tunnelling and Underground Space Technology, 2001, 16 (1): 49 ~ 57.

[111] Adoko A C, Gokceoglu G, Wu L, Zuo Q J. Knowledge - based and data - driven fuzzy modeling for rock burst prediction [J]. International Journal of Rock Mechanics and Mining Sciences, 2013, 61 (7): 86 ~ 95.

[112] Miao S J, Li Y, Tan W H, Ren F H. Relation between the in - situ stress field and geological tectonics of a gold mine area in Jiaodong Peninsula, China [J]. International Journal of Rock Mechanics and Mining Sciences, 2012, 51 (4): 76 ~ 80.

[113] Hoek E, Marinos P G. Tunnelling in overstressed rock [C] . ISRM Regional Symposium - EUROCK 2009: 49 ~ 60.

[114] Zembaty Z. Rockburst induced ground motion - a comparative study [J]. Soil Dynamics and Earthquake Engineering, 2004, 21 (1): 11 ~ 23.

[115] Hudson J P, Harrison J A, Popescu M E. Engineering Rock Mechanics: An Introduction to the Principles [M]. Pergamon, 2002.

[116] Harrison J P, Hudson J A, Popescu M E. Engineering Rock Mechanics: Part 2. Illustrative Worked Examples [M]. Pergamon, 2002.

[117] He M C, Miao J L, Feng J L. Rock burst process of limestone and its acoustic emission characteristics under true - triaxial unloading conditions [J]. International Journal of Rock Mechanics and Mining Sciences, 2010, 47 (2): 286 ~ 298.

[118] Kaiser P K, Cai M. Design of rock support system under rock burst condition [J]. Journal of Rock Mechanics and Geotechnical Engineering, 2012, 4 (3): 215 ~ 227.

[119] Qiu S L, Feng X T, Zhang C Q, et al. Estimation of rockburst wall - rock velocity invoked by slab flexure sources in deep tunnels [J]. Canadian Geotechnical Journal, 2013, 51 (5): 520 ~ 539.

[120] Mutke G, Dubinski J, Lurka A. New criteria to assess seismic and rock burst hazard in coal mines [J]. Archives of Mining Sciences, 2015, 60 (3): 743 ~ 760.

[121] Liu Z B, Shao J F, Xu W Y, Meng Y D. Prediction of rock burst classification using the technique of cloud models with attribution weight [J]. Natural Hazards, 2013, 68 (2): 549 ~ 568.

[122] Ma T H, Tang C A, Tang L X, et al. Rockburst characteristics and microseismic monitoring of deep - buried tunnels for Jinping Ⅱ Hydropower Station [J]. Tunnelling and Underground Space Technology, 2015, 49 (6): 345 ~ 368.

[123] Miao S J, Cai M F, Guo Q F, et al. Rock burst prediction based on in - situ stress and energy accumulation theory [J]. International Journal of Rock Mechanics & Mining Sciences, 2016, 83: 86 ~ 94.

[124] Beck D A, Brady B H G. Evaluation and application of controlling parameters for seismic events in hard – rock mines [J]. International Journal of Rock Mechanics and Mining Sciences, 2002, 39 (5): 633 ~ 642.

[125] Cai M, Morioka H, Kaiser P K, et al. Back – analysis of rock mass strength parameters using AE monitoring data [J]. International Journal of Rock Mechanics and Mining Sciences, 2007, 44 (4): 538 ~ 549.

[126] Chang S H, Lee C I. Estimation of cracking and damage mechanisms in rock under triaxial compression by moment tensor analysis of acoustic emission [J]. International Journal of Rock Mechanics and Mining Sciences, 2004, 41 (7): 1069 ~ 1086.

[127] Zhang G B, Yang Y C, Wang J, et al. Geology, geochemistry, and genesis of the hot – spring – type Sipingshan gold deposit, eastern Heilongjiang Province, Northeast China [J]. International Geology Review, 2013, 55 (4): 482 ~ 495.

[128] Deng Y H, Tang J X, Zhu X K, et al. Analysis and application in controlling surrounding rock of support reinforced roadway in gob – side entry with fully mechanized mining [J]. Mining Science and Technology, 2010, 20 (6): 839 ~ 845.

[129] Zhou X P, Qian Q H, Yang H Q. Rock burst of deep circular tunnels surrounded by weakened rock mass with cracks [J]. Theoretical and Applied Fracture Mechanics, 2011, 56 (2): 79 ~ 88.

[130] Diederichs M S, Kaiser P K, Eberhardt E. Damage initiation and propagation in hard rock during tunnelling and the influence of near – face stress rotation [J]. International Journal of Rock Mechanics and Mining Sciences, 2004, 41 (5): 785 ~ 812.

[131] Diederichs M S. The 2003 Canadian Geotechnical Colloquium: Mechanistic interpretation and practical application of damage and spalling prediction criteria for deep tunnelling [J]. Canadian Geotechnical Journal, 2007, 44 (9): 1082 ~ 1116.

[132] Shiotani T, Ohtsu M, Ikeda K. Detection and evaluation of AE waves due to rock deformation [J]. Construction and Building Materials, 2001, 15 (5 – 6): 235 ~ 246.

[133] Paschos N K, Aggelis D G, Barkoula N M, et al. An Acoustic Emission Study for Monitoring Anterior Cruciate Ligament Failure Under Tension [J]. Experimental Mechanics, 2012, 53 (5): 1 ~ 8.

[134] Gong Q M, Yin L J, Wu S Y, et al. Rock burst and slabbing failure and its influence on TBM excavation at headrace tunnels in Jinping Ⅱ hydropower station [J]. Engineering Geology, 2012, 124 (2): 98 ~ 108.

[135] Majewska Z, Zie̜etek J. Acoustic emission and sorptive deformation induced in coals of various rank by the sorption – desorption of gas [J]. Acta Geophysica, 2007, 55 (3): 324 ~ 343.

[136] Kahraman S. Estimating the direct P – wave velocity value of intact rock from indirect laboratory measurements [J]. International Journal of Rock Mechanics and Mining Sciences, 2002, 39 (1): 101 ~ 104.

[137] Vάzquez P, Alonso F J, Esbert R M, et al. Ornamental granites: Relationships between p – waves velocity, water capillary absorption and the crack network [J]. Construction and Build-

ing Materials, 2010, 24 (12): 2536 ~ 2541.

[138] Ortlepp W D, Stacey T R. Rockburst mechanisms in tunnels and shafts [J]. Tunnelling and Underground Space Technology, 1994, 9 (1): 59 ~ 65.

[139] Gong W L, Peng Y Y, Wang H, et al. Fracture Angle Analysis of Rock Burst Faulting Planes Based on True - Triaxial Experiment [J]. Rock Mechanics and Rock Engineering, 2015, 48 (3): 1017 ~ 1039.

[140] Meng Z, Pan J. Correlation between petrographic characteristics and failure duration in clastic rocks [J]. Engineering Geology, 2007, 89 (3 - 4): 258 ~ 265.

[141] Mazaira A, Konicek P. Intense rockburst impacts in deep underground construction and their prevention [J]. Canadian Geotechnical Journal, 2015, 52 (10): 1426 ~ 1439.

[142] Li X, Du K, Li D. True Triaxial Strength and Failure Modes of Cubic Rock Specimens with Unloading the Minor Principal Stress [J]. Rock Mechanics and Rock Engineering, 2015, 48 (6): 2185 ~ 2196.

[143] Zhang C, Feng X T, Zhou H, et al. Case Histories of Four Extremely Intense Rockbursts in Deep Tunnels [J]. Rock Mechanics and Rock Engineering, 2012, 45 (3): 275 ~ 288.

[144] Sharan S K. A finite element perturbation method for the prediction of rockburst [J]. Computers and Structures, 2007, 85 (17 - 18): 1304 ~ 1309.

[145] Frid V. Electromagnetic radiation method water - infusion control in rockburst - prone strata [J]. Journal of Applied Geophysics, 2000, 43 (1): 5 ~ 13.

[146] Dou L, Chen T, Gong S, et al. Rockburst hazard determination by using computed tomography technology in deep workface [J]. Safety Science, 2012, 50 (4): 736 ~ 740.

[147] Zubelewicz A, Mróz Z. Numerical simulation of rock burst processes treated as problems of dynamic instability [J]. Rock Mechanics and Rock Engineering, 1983, 16 (4): 253 ~ 274.

[148] Jiang Q, Feng X T, Xiang T B, et al. Rockburst characteristics and numerical simulation based on a new energy index: a case study of a tunnel at 2,500 m depth [J]. Bulletin of Engineering Geology and the Environment, 2010, 69 (3): 381 ~ 388.

[149] Hua A Z, You M Q. Rock failure due to energy release during unloading and application to underground rock burst control [J]. Tunnelling and Underground Space Technology, 2001, 16 (3): 241 ~ 246.

[150] Wang L, Lu Z L, Gao Q. A numerical study of rock burst development and strain energy release [J]. International Journal of Mining Science & Technology, 2012, 22 (5): 675 ~ 680.

[151] Brady B H G, Brown E T. Rock mechanics: for underground mining (third edition) [M]. Dordrecht: Springer, 2006.